新起点电脑教程

PHP+MySQL动态网站设计基础入门与实战(微课版)

文杰书院 编著

清华大学出版社
北 京

内 容 简 介

PHP是当前市面上最为常用的编程语言之一，是Web开发领域的领军开发语言。本书以通俗易懂的语言、翔实生动的操作案例、精挑细选的使用技巧，指导初学者快速掌握PHP语言的基础知识与使用方法。本书共分为16章，主要内容包括PHP开发基础、PHP语言的基础语法、流程控制语句、函数、数组、字符串操作、处理Web网页、会话管理、操作文件和目录、使用库GD实现图像处理、面向对象开发技术、正则表达式、错误调试、使用MySQL数据库、PHP和MySQL数据库、在线商城系统等。全书循序渐进、结构清晰、以实战演练的方式介绍知识点，让读者一看就懂。

本书面向学习PHP开发的初、中级用户，适合无基础又想快速掌握PHP开发入门的读者，同时对有经验的PHP使用者也有很高的参考价值，还可以作为高等院校专业课教材和社会培训机构的培训教材。

图书在版编目(CIP)数据

PHP+MySQL动态网站设计基础入门与实战：微课版/文杰书院编著. —北京：清华大学出版社，2020（2024.9重印）

新起点电脑教程

ISBN 978-7-302-54085-4

Ⅰ. ①P… Ⅱ. ①文… Ⅲ. ①PHP语言—程序设计—教材 ②SQL语言—程序设计—教材 Ⅳ. ①TP312.8 ②TP311.132.3

中国版本图书馆CIP数据核字(2019)第239165号

责任编辑：魏 莹 桑任松
封面设计：杨玉兰
责任校对：李玉茹
责任印制：宋 林
出版发行：清华大学出版社
网 址：https://www.tup.com.cn，https://www.wqxuetang.com
地 址：北京清华大学学研大厦A座 邮 编：100084
社 总 机：010-83470000 邮 购：010-62786544
投稿与读者服务：010-62776969，c-service@tup.tsinghua.edu.cn
质量反馈：010-62772015，zhiliang@tup.tsinghua.edu.cn
印 装 者：北京建宏印刷有限公司
经 销：全国新华书店
开 本：185mm×260mm 印 张：18.5 字 数：449千字
版 次：2020年1月第1版 印 次：2024年9月第3次印刷
定 价：69.00元

产品编号：079822-01

前　言

随着电脑的推广与普及，电脑已走进了千家万户，成为人们日常生活、工作、娱乐和通信必不可少的工具。正因为如此，开发电脑程序成为一个很重要的市场需求。根据权威机构预测，在未来几年，国内外的高层次软件人才将处于供不应求的状态。而 PHP 作为一门功能强大的开发语言，是当今市面中最为强大的 Web 开发语言之一，一直在业界处于领军地位。为了帮助大家快速地掌握 PHP 这门编程语言的开发知识，以便在日常的学习和工作中学以致用，我们编写了本书。

购买本书能学到什么

本书在编写过程中根据 PHP 语言的基础语法和常见应用为导向，深入贴合初学者的学习习惯，采用由浅入深、由易到难的方式讲解，读者还可以通过随书赠送的多媒体视频教学学习。全书结构清晰，内容丰富，主要包括以下 5 个方面的内容。

1. 学习必备

第 1 章是 PHP 开发基础，逐一介绍了什么是 PHP、搭建 PHP 开发环境和使用 Dreamweaver CS 的知识，主要目的是让读者初步认识 PHP 语言的作用。

2. 基础语法

第 2 章～第 6 章，循序渐进地介绍了 PHP 语言的基础语法、流程控制语句、函数、数组、字符串操作等内容，这些内容都是学习 PHP 语言所必须具备的基础语法知识。

3. 核心技术

第 7 章～第 10 章，介绍了 PHP 语言的核心语法知识，主要包括处理 Web 网页、会话管理、操作文件和目录、使用库 GD 实现图像处理等相关知识及具体用法，并讲解了各个知识点的使用技巧。

4. 进阶提高

第 11 章～第 15 章，介绍了 PHP 语言的高级开发技术，包括面向对象开发技术、正则表达式、错误调试、使用 MySQL 数据库、PHP 和 MySQL 数据库等方面的知识，并讲解了这些知识点的用法和使用技巧。

5. 综合实战

第 16 章通过一个在线商城系统的实现过程，介绍了使用前面所学的 PHP 知识开发一个大型数据库软件的过程，对前面所学的知识融会贯通，了解 PHP 语言在大型软件项目中的使用方法和技巧。

如何获取本书的学习资源

为帮助读者高效、快捷地学习本书的知识点，我们不但为读者准备了与本书知识点有关的配套素材文件，而且设计并制作了精品视频教学课程，还为教师准备了 PPT 课件资源。购买本书的读者，可以通过以下途径获取相关的配套学习资源。

1. 扫描书中二维码获取在线学习视频

读者在学习本书的过程中，可以使用微信的扫一扫功能，扫描本书标题左下角的二维码，在打开的视频播放页面中可以在线观看视频课程。这些课程读者也可以下载并保存到手机或电脑中离线观看。

2. 登录网站获取更多学习资源

本书配套素材和 PPT 课件资源，读者可登录网址 http://www.tup.com.cn(清华大学出版社官方网站)下载相关学习资料，也可关注“文杰书院”微信公众号获取更多的学习资源。

本书由文杰书院负责组织编写，具体工作为薛小龙、李军组稿，戴秋结承担内容编写工作，参与本书编写的人员还有叶维忠、燕成立、李桂华、袁帅、文雪、李强、高桂华、冯臣、宋艳辉等。

我们真切希望读者在阅读本书之后，可以开阔视野，提升实践操作技能，并从中学习和总结操作的经验和规律，达到灵活运用的水平。鉴于编者水平有限，书中纰漏和考虑不周之处在所难免，热忱欢迎读者予以批评、指正，以便我们日后能为您编写更好的图书。

编　者

新起点 电脑教程

目 录

新起点
电脑教程

第 1 章

PHP 开发基础

本章要点

- 什么是 PHP
- 搭建 PHP 7 开发环境
- 使用 Dreamweaver CS
- 运行第一个 PHP 程序

本章主要内容

PHP 是一门优秀的网络编程语言，有着独立运行的环境，在学习 PHP 之前，首先需要明白什么是 PHP，它在怎样一个环境下运行。在本章的内容中，将向大家详细讲解学习 PHP 必须具备的基础知识，介绍自定义搭建 PHP 开发环境的过程，为大家步入本书后面知识的学习打下基础。

1.1 什么是 PHP

PHP 是 Hypertext Preprocessor(超文本预处理器)的缩写，是一种服务器端、跨平台、HTML 嵌入式的脚本语言。PHP 语言的语法结构比较独特，混合了 C 语言、Java 语言和 Perl 等编程语言的特点，是一种被广泛应用的开源式的多用途脚本语言，尤其适合 Web 开发。

↑扫码看视频

1.1.1 PHP 的地位

在动态 Web 开发世界，PHP 的占有率一直十分稳定，保持了三分之一份额的市场占有率。根据最新权威数据统计，全世界有超过 1.32 亿的网站和 12.5 万家公司在使用 PHP 语言，包括百度、雅虎、Google、YouTube、Digg 等著名网站，也包括汉莎航空电子订票系统、德意志银行的网上银行、华尔街在线的金融信息发布系统等，甚至军队系统这类苛刻的环境也选择使用 PHP 语言。除此之外，PHP 也是企业用来构建服务导向型和服务创新型混合于一体的、新一代的综合性商业所使用的语言，成为开源商业应用发展的方向。

1.1.2 PHP 的特点

PHP 语言具有以下特点。

- 快速：这是最突出的特点，PHP 是一种强大的 CGI 脚本语言，语法混合了 C、Java、Perl 和 PHP 式的新语法，执行网页的速度比 CGI、Perl 和 ASP 等语言更快。
- 开放性和可扩展性：PHP 是自由软件，其源代码完全公开，任何程序员都可以非常容易地为 PHP 扩展附加功能。
- 数据库支持功能强大：PHP 支持多种主流与非主流的数据库，如 MySQL、Microsoft SQL Server、Solid、Oracle 和 PostgreSQL 等。其中 PHP 与 MySQL 是绝佳组合，可以实现跨平台运行。
- 功能丰富：从对象式的设计、结构化的特性、数据库的处理、网络接口应用到安全编码机制等，PHP 几乎涵盖了所有网站的一切功能。
- 易学好用：只需要了解一些基本的语法和语言特色，就可以开始你的 PHP 编码之旅。如果在编码的过程中遇到了什么麻烦，可以去翻阅相关文档，如同查找词典一样，十分方便。
- 学习速度快：只需 30 分钟就可以熟练掌握 PHP 的核心语言，PHP 代码通常嵌入 HTML 中，在设计和维护站点的同时，可以轻松地加入 PHP，使站点更加具有动态特性。

➢ 功能全面：PHP 包括图形处理、编码与解码、压缩文件处理、XML 解析、支持 HTTP 的身份认证、Cookie、POP3、SNMP 等。可以利用 PHP 连接包括 Oracle、MS-Access、MySQL 在内的大部分数据库。

1.2　搭建 PHP 开发环境

截至目前，PHP 的最流行版本是 PHP 7。在接下来的内容中，将首先详细讲解搭建 PHP 开发环境的基本知识，为读者步入本书后面知识的学习打下基础。

↑扫码看视频

1.2.1　使用 AppServ 组合包

组合包，就是将 Apache、PHP、MySQL 等服务器软件和工具安装配置完成后打包处理。开发人员只要将已配置的套件解压到本地硬盘中即可使用，无须再另行配置。组合包实现了 PHP 开发环境的快速搭建。对于刚开始学习 PHP 语言的读者来说，建议采用组合包方法搭建 PHP 的开发环境。虽然组合包在灵活性上要差很多，但是具备安装简单、安装速度较快和运行稳定的优点，所以比较适合初学者使用。

目前网上流行的组合包有十几种，安装步骤基本上大同小异。其中比较常用的组合包有 EasyPHP、AppServ 和 XAMPP。笔者在此建议新手使用 EasyPHP 或 AppServ，这两个组合包都对 Apache+MySQL+PHP 开发环境进行了集成。几个组合包的下载地址如下。

➢ EasyPHP：http://www.easyphp.org/。
➢ AppServ：http://www.AppServnetwork.com/。
➢ XAMPP：http://www.Apachefriends.org/。

智慧锦囊

要想使用 PHP 开发语言，必须先搭建 PHP 开发环境，可以通过如下步骤来完成开发环境的搭建工作。

(1) 安装 Apache 服务器：用户要想运行 PHP 程序，必须在电脑上安装 Apache 服务器软件。

(2) 安装 PHP：最流行版本是 PHP 7。

(3) 安装 MySQL：MySQL 是数据库工具，是 PHP 语言的黄金伙伴。

(4) 安装 PHPMyAdmin：PHPMyAdmin 是一款管理 MySQL 数据库的软件，功能很强大，能完成其他 MySQL 管理软件都能完成的功能。

1.2.2 搭建 AppServ 开发环境

在 Windows 10(64 位)环境中，搭建 AppServ 开发环境的具体流程如下所示。

第 1 步 登录 AppServ 的官方下载地址：https://www.appserv.org/en/download/，其页面如图 1-1 所示。

AppServ 8.4.0

- Apache 2.4.20
- PHP 5.6.22
- PHP 7.0.7
- MySQL 5.7.13
- phpMyAdmin 4.6.2
- Support TLS,SSL or https
- Can switch the PHP version as you need.

Release Date : 2016-06-08

SHA1SUM : d523337a5105d6bddd4308550c4f761b12bef11d

Windows version support

- Windows 7
- Windows 8.1
- Windows 10

Can't run on Windows XP or Windows Server 2003

This version can swith PHP version by AppServ Shortcut -> PHP Version Switch you can switch version between PHP 5.6.x & 7.0.x

图 1-1 AppServ 官方下载页面

第 2 步 单击下方红色的 DOWNLOAD 按钮开始下载，下载后将得到一个.exe 文件。(用鼠标)右击这个文件，在弹出的快捷菜单中选择“以管理员身份运行”命令，在弹出的安装向导的欢迎界面中单击 Next 按钮，如图 1-2 所示。

第 3 步 在弹出的如图 1-3 所示的界面中单击 I Agree 按钮，同意安装协议。

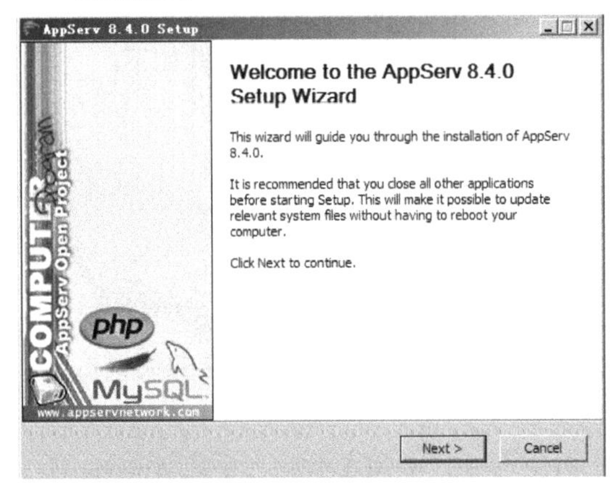

图 1-2 欢迎安装界面

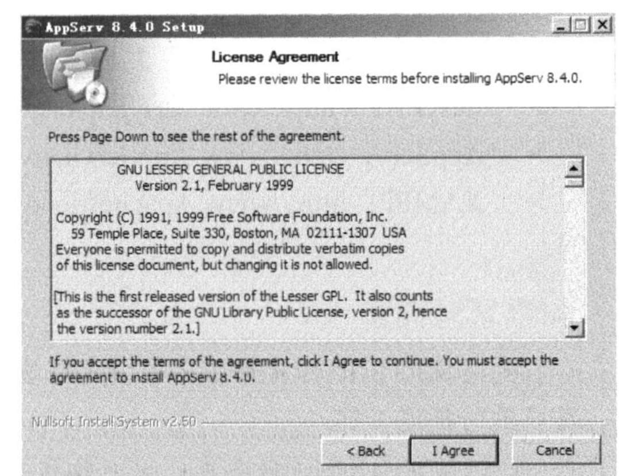

图 1-3 许可协议界面

第 4 步 在弹出的如图 1-4 所示的选择安装位置界面中设置程序的安装路径，建议不要安装在系统盘 C 上，然后单击 Next 按钮。

第 5 步 在弹出的如图 1-5 所示的选择组件界面中显示四个复选框，分别代表要安装的功能。在此全部选中这 4 个复选框，然后单击 Next 按钮。

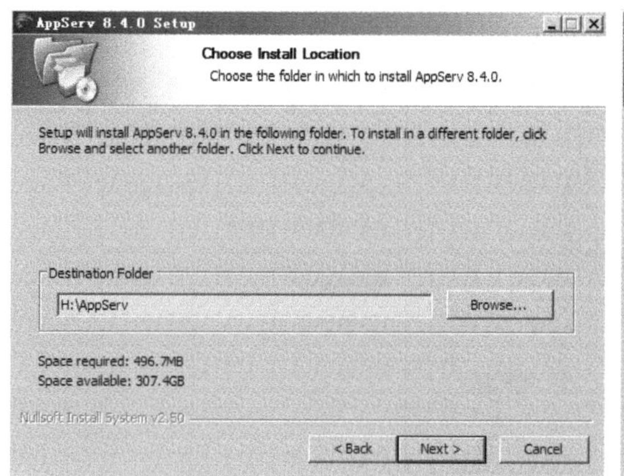

图 1-4　安装路径设置界面

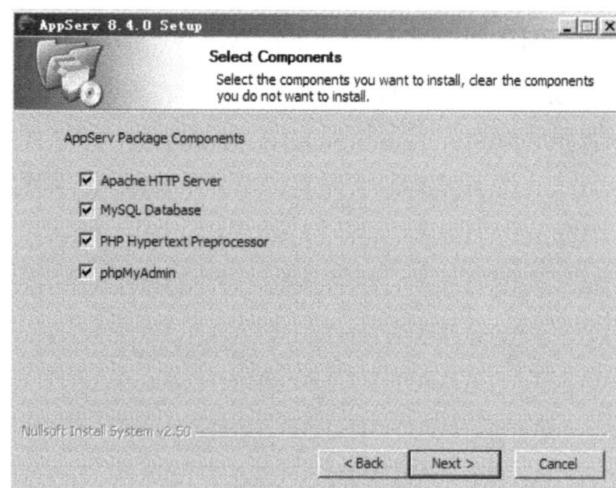

图 1-5　安装功能选择界面

第 6 步　在弹出的如图 1-6 所示的界面中设置网站信息，在第一个文本框中输入自己网站的域名，在第二个文本框中输入网站管理员的邮箱地址，在第三个文本框中输入想使用的端口，默认是 80。在此只需使用图 1-6 中的默认设置即可，然后单击 Next 按钮。

第 7 步　在弹出的如图 1-7 所示的数据库服务器配置界面中设置网站数据库的密码及使用的编码。在第一个文本框中输入想设置的数据库的密码(密码至少 8 位)，在第二个文本框中输入刚才输入的密码进行确认。然后选择设置一个编码，默认为 UTF-8。最后单击 Install 按钮。

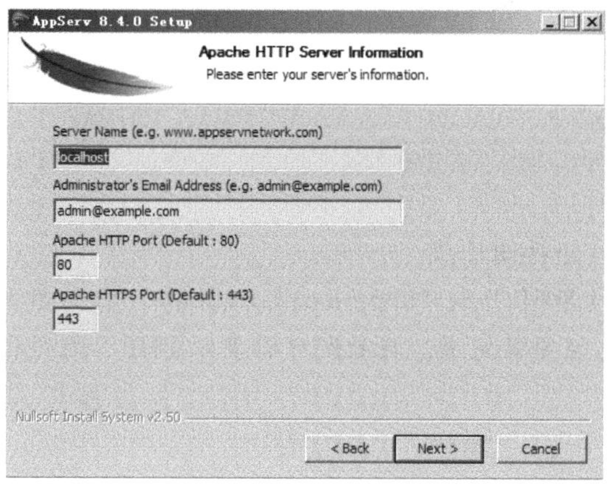

图 1-6　网站信息设置界面

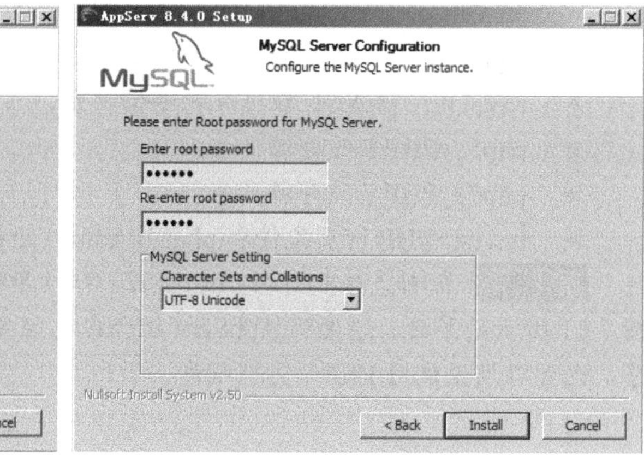

图 1-7　密码及编码设置界面

注意：这里设置的是组合包中安装的 MySQL 数据库的密码。在设置时必须要牢记设置的密码，因为以后在程序中连接数据库时要使用到。建议读者将密码设置为 66688888，因为这是本书所使用的数据库密码。

第 8 步　在弹出的如图 1-8 所示的界面中显示安装进度。

第 9 步　进度完成后弹出如图 1-9 所示的界面，单击 Finish 按钮完成安装。

第 10 步　在安装好 AppServ 之后，整个目录默认安装在“C:\AppServ”路径下，笔者的安装目录是“H:\AppServ”，在此目录下包含 5 个子目录，如图 1-10 所示，读者可以将所有 PHP 网页文件存放到“www”目录下进行调试。

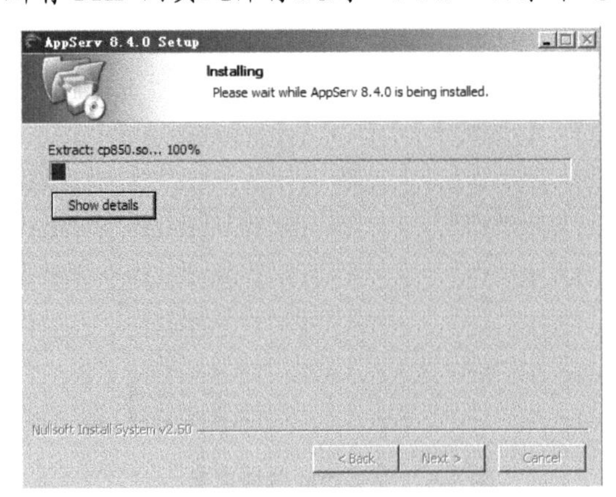

图 1-8　安装进度界面

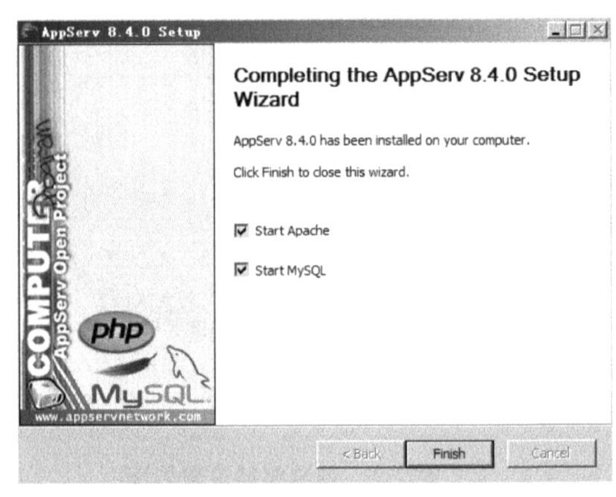

图 1-9　安装完成界面

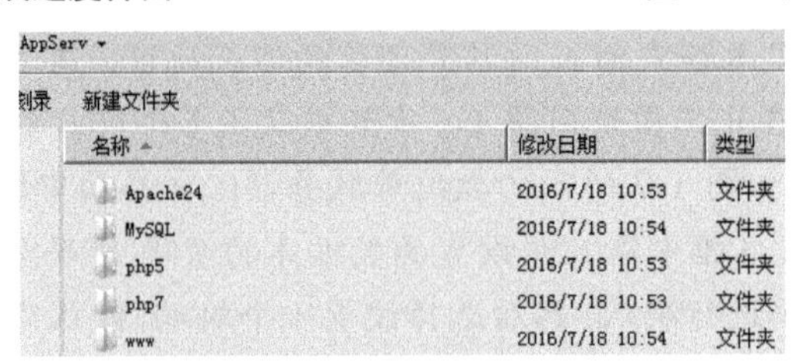

图 1-10　AppServ 的安装目录

- Apache24：Apache 的存储目录。
- MySQL：MySQL 数据库的存储目录。
- php5：PHP 5 的存储目录。
- php7：PHP 7 的存储目录。
- www：PHP 网页文件和 phpMyAdmin 的存储目录。

第 11 步 在浏览器中输入“http://127.0.0.1:8080/”或“http://localhost:8080/”会显示如图 1-11 所示的界面，这说明 AppServ 组合包已经安装完成。在此既可设置以 PHP 5 运行程序，也可以设置使用 PHP 7 运行程序。

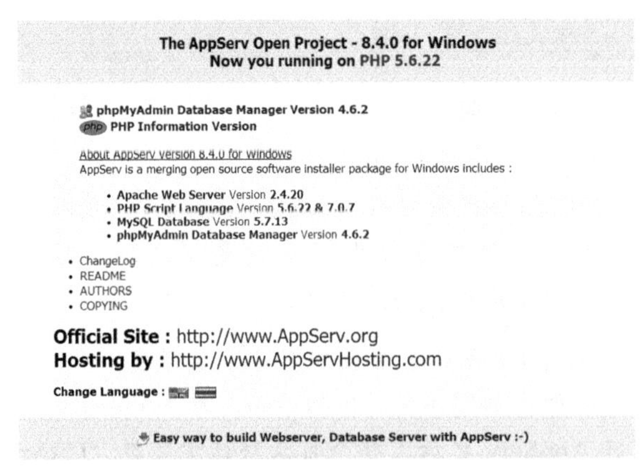

图 1-11　AppServ 组合包安装完成

1.2.3　选择 PHP 7 运行环境

因为 AppServ 组合包同时集成了 PHP 5 和 PHP 7，并且安装完成后会默认运行 PHP 5 环境，具体如图 1-11 所示。本书讲解的是 PHP 7，所以需要设置 PHP 7 环境。具体方法是：单击“开始”按钮，选择“所有应用”→AppServ 命令，在其子菜单中选择 PHP Version Switch 命令，如图 1-12 所示。然后在打开的如图 1-13 所示的界面中输入数字“7”，并按 Enter 键，系统将自动设置为 PHP 7 环境。

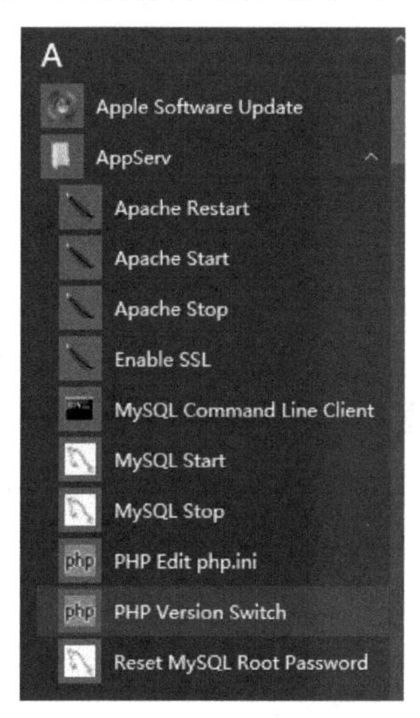

图 1-12　选择 PHP Version Switch 命令

```
PHP Version Switch

Change PHP version for AppServ

Please choose your PHP Version :
   5) PHP 5.6
   7) PHP 7.0
   0) Exit

Select choice : 7
```

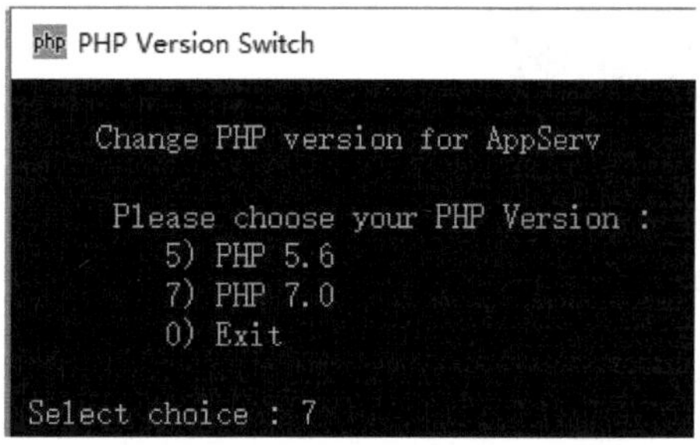

图 1-13　PHP Version Switch 界面

设置完成后，在浏览器中输入“http://127.0.0.1:8080/”或“http://localhost:8080/”后会显示 PHP 7 环境界面，具体如图 1-14 所示。

图 1-14　运行 PHP 7 环境

问：听说 HHVM 是开发 PHP 的一款利器，其效率真有大家说的那么牛吗？

答：HHVM 是脸谱公司为提高 PHP 性能而开发出来的工具，使用了 Just-In-Time (JIT)编译方式将 PHP 代码转换成某种字节码。在实际测试过程中，HHVM 对于 PHP 的性能提高是一个质的飞跃，高效的 PHP 运行环境能提升 PHP 性能 9 倍以上。在 PHP 7 正式发布后，在 PHP 性能方面得到了非常大的改善，实际测试发现，在部分场合 PHP 7 性能超过了 HHVM。

1.3 使用 Dreamweaver

在当今市面中，Dreamweaver 是最为常用的网页设计工具之一，也是 PHP 开发人员的最佳开发工具之一。在本书后面的内容中，将使用 Adobe Dreamweaver CS6 作为开发工具进行讲解。

↑扫码看视频

1.3.1 安装 Dreamweaver

在获取 Dreamweaver CS6 安装包后，接下来按照如下所示的步骤进行安装。

第 1 步 下载完安装文件后双击安装图标，弹出解压缩界面，在此选择一个保存解压缩安装文件的路径，如图 1-15 所示。

第 2 步 单击“下一步”按钮，弹出“正在准备文件”界面，如图 1-16 所示。

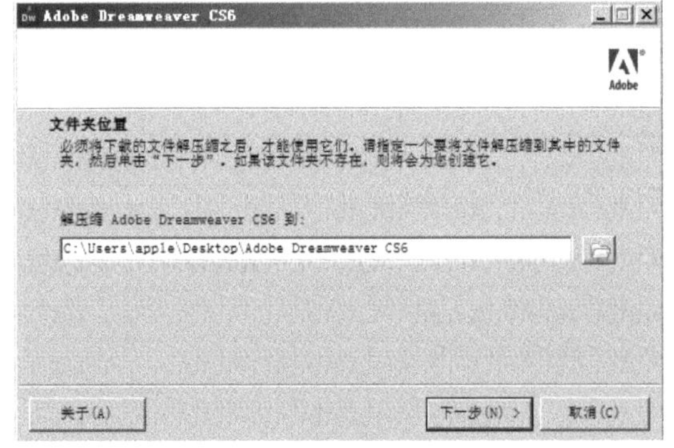

图 1-15 选择一个保存解压缩安装文件的路径

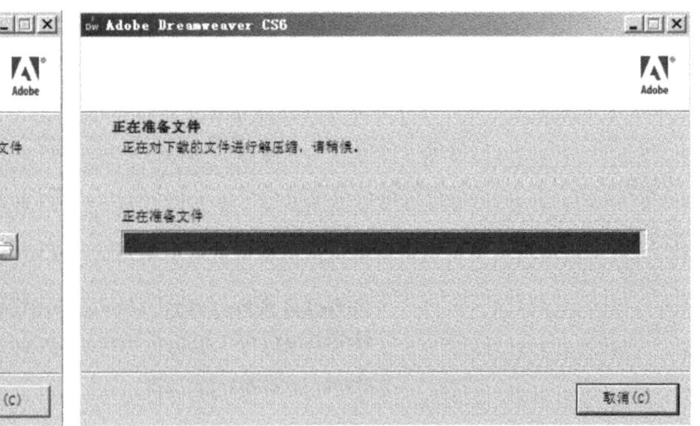

图 1-16 “正在准备文件”界面

第 3 步 进度完成后弹出“欢迎”界面，在此选择“安装”选项，如图 1-17 所示。

第 4 步 弹出“Adobe 软件许可协议”界面，在此单击“接受”按钮，如图 1-18 所示。

图 1-17 “欢迎”界面

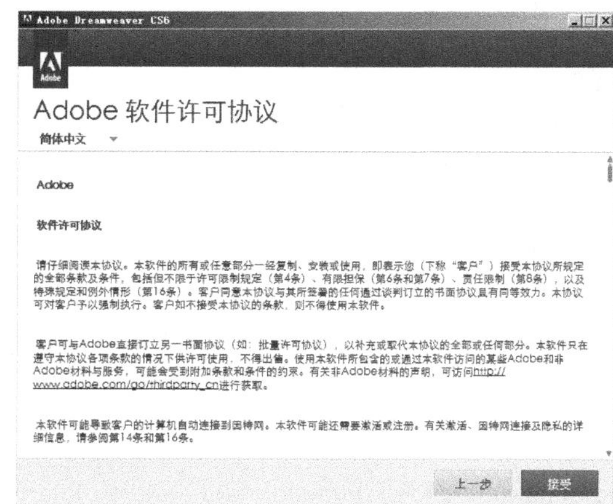

图 1-18 “Adobe 软件许可协议”界面

第 5 步 弹出“序列号”界面，在此输入合法的序列号，并单击“下一步”按钮，如图 1-19 所示。

第 6 步 在弹出的“选项”界面中设置安装目录，然后单击“安装”按钮，如图 1-20 所示。

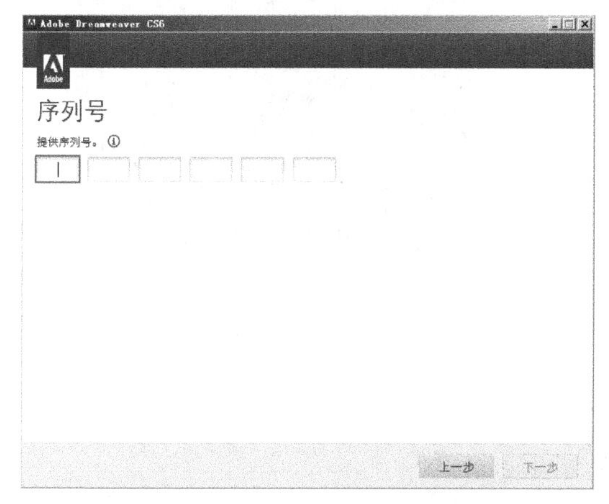

图 1-19 “序列号”界面

图 1-20 “选项”界面

第 7 步 在弹出的“安装”界面中显示安装进度条，如图 1-21 所示。

第 8 步 进度完成后弹出“安装完成”界面，如图 1-22 所示。

第 9 步 当第一次打开 Dreamweaver CS6 的时候，会弹出“默认编辑器”对话框，在此可以设置我们常用的文件类型，如图 1-23 所示。

第 10 步 单击图 1-23 中的“确定”按钮后进入启动界面，如图 1-24 所示。

第 11 步 启动 Dreamweaver CS6 后的界面效果如图 1-25 所示，在此可以设置新建页面的类型。

注意： 在安装 Dreamweaver CS6 之前，一定要确保在本地机器上没有安装过 Dreamweaver。如果已经安装过其他的版本，请务必确保卸载干净，否则会安装失败。

图 1-21 “安装”界面

图 1-22 “安装完成”界面

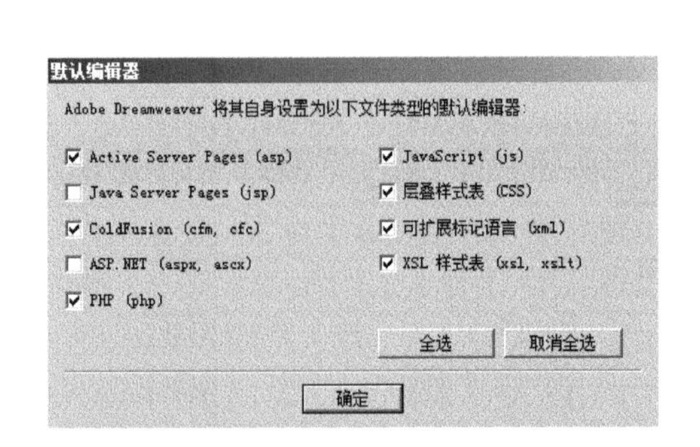

图 1-23 “默认编辑器”对话框

图 1-24 启动界面

图 1-25 启动 Dreamweaver CS6 后的界面

1.3.2　使用 Dreamweaver 建立 PHP 站点

第 1 步 打开 Dreamweaver CS6，在菜单栏中选择“站点”→“管理站点”命令，打开如图 1-26 所示的“管理站点”对话框。

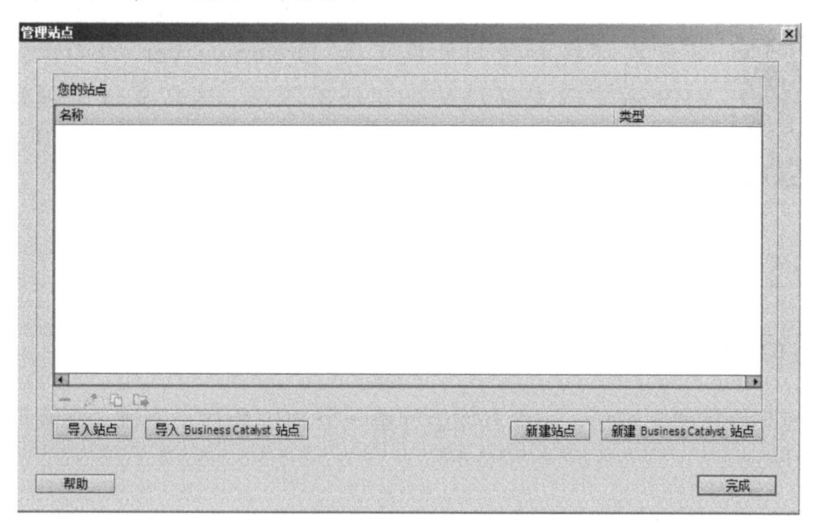

图 1-26　“管理站点”对话框

第 2 步 单击“管理站点”对话框中的“新建站点”按钮，在弹出的“站点设置对象”对话框中设置“站点名称”为“PHPBook”，设置“本地站点文件夹”为“H:\AppServ\www\book\”，如图 1-27 所示。

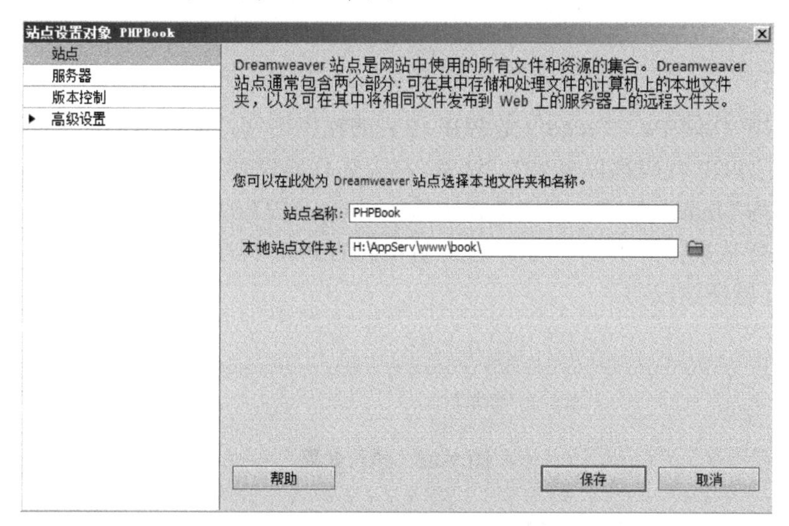

图 1-27　“站点设置对象”对话框

这样即成功将本地文件夹“H:\AppServ\www\book\”设置为一个站点。

1.4 实践案例与上机指导

通过对本章内容的学习，读者基本可以掌握搭建 PHP 语言开发环境和使用开发工具 Dreamweaver 的知识。其实搭建 PHP 语言开发环境的知识还有很多，这需要读者通过课外渠道来加深学习。下面通过练习操作，以达到巩固学习、拓展提高的目的。

↑扫码看视频

1.4.1 运行第一个 PHP 程序

PHP 开发环境搭建完毕后，下面开始运行第一个 PHP 程序，测试一下我们的开发环境是否搭建成功。

实例 1-1：第一个 PHP 程序

源文件路径：daima\1\1-1

实例文件 index.php 的主要实现代码如下：

```
<body>
<?php
    echo "欢迎进入 PHP 的世界！！";
?>
</body>
```

在上述 PHP 代码中，“echo”是 PHP 语言的输出语句，能够将后面的字符串或值显示在页面中，每行 PHP 代码都以分号“;”结束。将上述代码保存在“AppServ\www\daima\1\1-1\”目录下，命名为“index.php”。在浏览器中输入“http://127.0.0.1:8080/daima/1/1-1/index.php”进行测试，执行效果如图 1-28 所示。这说明我们的 PHP 程序已经正确运行了，标志着我们的 PHP 开发环境搭建成功。

127.0.0.1:8080/daima/1/1-1/

欢迎进入PHP的世界！！

图 1-28　执行效果

1.4.2 输出显示当前时间

通过使用 PHP 程序，可以输出显示服务器的当前时间。

实例 1-2：输出显示当前时间

源文件路径：daima\1\1-2

实例文件 index.php 的主要实现代码如下：

```
<body style="font-family:'华文彩云'; color:#0000CC; font-size:16px">
系统的当前时间是：
<?php
    date_default_timezone_set('Asia/ShangHai');
    echo date('Y-m-d H:i:s');
?>
</body>
```

将上述代码保存在“AppServ\www\daima\1\1-2\”目录下，命名为“index.php”。在浏览器中输入“http://127.0.0.1:8080/daima/1/1-2/index.php”进行测试，执行效果如图 1-29 所示。

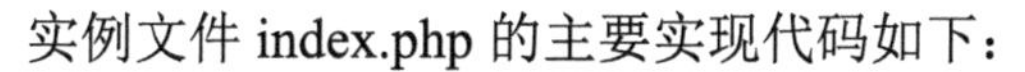

图 1-29　执行效果

1.5　思考与练习

本章首先介绍了什么是 PHP，然后详细阐述了搭建 PHP 7 开发环境的知识，最后讲解了使用 Dreamweaver CS 并调试运行第一个 PHP 程序的知识。通过对本章内容的学习，读者应该初步了解 PHP 语言的基础知识，掌握其使用方法和技巧。

1. 选择题

(1) (　　)是 PHP 初学者的最佳开发工具。

A. Notepad　　B. Editplus　　C. Dreamweaver

(2) 被认为和 PHP 是最佳拍档的数据库工具是(　　)。

A. MySQL　　B. SQL Server　　C. Oracle　　D. Access

2. 判断对错

(1) “TIOBE 编程语言社区排行榜”只是反映某个编程语言的热门程度，并不能说明一门编程语言好不好，或者一门语言所编写的代码数量多少。这个排行榜可以考查大家的编程技能是否与时俱进，也可以在开发新系统时作为一个语言选择依据。　(　　)

(2) MySQL 是一个小型关系型数据库管理系统，开发者为瑞典 MySQL AB 公司。在 2008 年 1 月 16 日被 SUN 公司收购。而 2009 年，SUN 又被 Oracle 公司收购。目前 MySQL 被广泛地应用在 Internet 上的中小型网站中。　(　　)

3. 上机练习

(1) 下载并安装 Editplus，并尝试调试本章中的实例 1-1。

(2) 下载并安装 Notepad，并尝试调试本章中的实例 1-1。

第 2 章

PHP 语言的基础语法

本章要点

- 语法结构
- 页面注释
- 变量
- 常量
- 数据类型
- 运算符和表达式

本章主要内容

无论是初出茅庐的“菜鸟”，还是资历深厚的“高手”，没有扎实的基础做后盾是不行的。在本章的内容中，将向大家详细讲解 PHP 语言基本语法的知识。只要掌握了这些基础语法，就等于有了坚固的地基，由此可以“万丈高楼平地起”，为步入本书后面知识的学习打下基础。

2.1 语法结构

在 PHP Web 项目中，PHP 代码是嵌套在 HTML 程序中的，本节将通过语法结构的知识讲解哪些是 HTML 语句，哪些是 PHP 语句，一个完整的 PHP 语句的构成元素等知识。

↑扫码看视频

2.1.1 PHP 文件构成

PHP 文件实际上是一个十分简单的文本文件，用户可以使用任何文本工具对它进行编写，如记事本、Dreamweaver 等工具，然后将其保存为.php 文件。当编辑好 PHP 文件后，开发者只需要将文件复制到本书第 1 章所配置的环境目录中即可运行，然后就可以通过浏览器浏览运行后的 PHP 文件。一个 PHP 文件通常由以下元素构成。

- HTML 代码。
- PHP 标记。
- PHP 代码。
- 注释。
- 空格。
- 其他元素。

实例 2-1：在网页中显示文字
源文件路径：daima\2\2-1

本实例的功能是在浏览器中显示“欢迎进入 PHP 的世界！！”，主要实现代码如下：

```
<body>
<?php
        echo "欢迎进入 PHP 的世界！！";
?>
</body>
```

将上述代码文件保存到服务器环境下，运行后得到如图 2-1 所示的结果。

← → C ⓘ 127.0.0.1:8080/daima/2/2-1/

欢迎进入PHP的世界！！

图 2-1 在网页中显示文字

智慧锦囊

经过上面的实例学习，读者可能会有一个疑问：通过第 1 章的学习，也可以制作出同样的效果，何必这样麻烦？实际上两者之间是有很大不同的，用 HTML 语言写出同样功能的语句，只能算是静态网页，双击打开后也会得到同样的效果。两个实例不同的是，前者是显示出来的，而后者是输出出来的，它只能在符合 PHP 运行条件时才能得到上面的效果图，双击是无法打开看到效果的，这就是两者之间的区别。

2.1.2　PHP 标记

通常 PHP 代码被嵌套在 HTML(超文本标记语言，标准通用标记语言下的一个应用。“超文本”就是指页面内可以包含图片、链接，甚至音乐、程序等非文字元素)代码中，在 HTML 中有多种元素，例如文本、表单和按钮等。PHP 用什么标记和各种 HTML 标记进行区分呢？在通常情况下，可以用以下几种标记来标识 PHP 代码：

- <?php…?>
- <?…?>
- <script language="php">…</script>
- <%…%>

在大多数情况下，开发者会使用第一种标记来声明这部分是 PHP 代码。<?…?>是 XML 标记，有时可能会和 XML 冲突，<script language="php">…</script>是脚本语言的标记，<%…%>是 ASP 的语法风格。所以在此建议读者使用<?php…?>，这是 PHP 语言的标准标记。例如在下面的实例中，使用 4 种标记方式在页面中显示了一段文字。

实例 2-2：使用 4 种标记方式显示一段文字
源文件路径：daima\2\2-2

实例文件 index.php 的主要实现代码如下：

```
<?php echo("第一种书写方法!\n");
 ?>
<script language="php">
    echo ("script 书写方法!");
</script>
<%
    echo("这是 ASP 的标记输出");
%>
<?
    echo("这是 PHP 的简写标记输出");
?>
```

将上述代码文件保存到服务器的环境下，浏览运行后的效果如图 2-2 所示。

第一种书写方法! script书写方法!<% echo("这是ASP的标记输出"); %> 这是PHP的简写标记输出

图 2-2　PHP 的 4 种标记方式

智慧锦囊

在运行本实例时，有的读者的电脑可能不能正确显示 ASP 方式的代码，并没有输出任何东西。这是因为用户没有对 php.ini 进行设置，如果用户要用 ASP 分隔符风格编写 PHP，必须修改 php.ini 文件的内容，将 php.ini 的如下文本：

```
;Allow ASP-style<% %> tags.
Asp_tags=off
```

修改为：

```
;Allow ASP-style<% %> tags.
Asp_tags=ON
```

然后重新启动服务器软件，即可得到前面正确的运行结果。

2.2 页面注释

注释是每一种编程语言都离不开的元素，它是对代码的解释和说明。JSP、ASP.NET 和 PHP 等程序都离不开注释，注释能帮助开发者进行后期维护。良好的代码注释对后期维护、升级能够起到非常重要的作用。PHP 是一种优秀的网络编程设计语言，其注释风格和经典程序设计语言 C 大致相同。

↑扫码看视频

到目前，PHP 语言支持以下 3 种注释方式。

- //：C++风格的单行注释，单行注释以“//”开始，到该行结束或者 PHP 标记结束之前的内容都是注释。
- #：Shell 脚本风格的注释，Shell 脚本注释以“#”开始，到该行结束或者 PHP 标记结束之前的内容都是注释。
- /*和*/：C 风格的多行注释。

读者可以根据自己的喜好和习惯来选择一种方式，例如在下面的实例中使用了上述三种注释风格。

实例 2-3：使用注释
源文件路径：daima\2\2-3

实例文件 index.php 的主要实现代码如下：

```
<?php
 echo "我是 C++语言注释的方法  // <br>"; // 采用 C++的注释方法
/* 多行注释
```

```
  对于大段的注释很有用的哦 */
  echo "我是 C 语言注释的方法，对多行注释十分有用 /*...*/ <br>";
  echo "我是 Unix 的注释方法  # <br>"; # 使用 UNIX Shell 语法注释
?>
```

将上述代码文件保存到服务器环境下，运行浏览后得到如图 2-3 所示的结果。

```
我是C++语言注释的方法 //
我是C语言注释的方法，对多行注释十分有用 /*...*/
我是Unix的注释方法 #
```

图 2-3　几种注释方法

2.3　变　　量

在 PHP 语言程序中，变量是指在程序执行过程中数值可以变化的量，通过一个名字(变量名)来标识。PHP 的变量与其他语言有所不同，例如在 PHP 中使用变量之前不需要声明，只需为变量赋值后即可使用。

↑扫码看视频

2.3.1　变量的定义

PHP 中的变量名称用“$”和标识符表示，变量名是区分大小写的。变量赋值，是指给变量一个具体的数据值，对于字符串和数字类型的变量，可以通过“:”来实现赋值。

变量赋值是指赋予变量具体的数据，自从 PHP 4.0 开始，PHP 不但可以对变量赋值，还可以对变量赋予一个变量地址，即引用赋值。定义并赋值 PHP 变量的语法格式如下：

```
<?php $name = value; ?>
```

请看下面的演示代码，运行后会输出两次“My name is Bob”，因为在第 3 行代码中变量$bar 通过引用赋值得到了变量$foo 的内存地址，所以当在第 4 行改变$bar 的值时，$foo 的值也会发生变化。

```
<?php
$foo = 'Bob';                 //变量$foo 赋值为 Bob
$bar = &$foo;                 //变量$bar 赋值得到了变量$foo 的内存地址
$bar = "My name is $bar";     //改变变量$bar 的值
echo $bar;                    //输出变量$bar 的值
echo $foo;                    //输出变量$foo 的值
?>
```

PHP 语言规定：变量名用“$”和标识符表示，并且需要遵循以下规则。

➢　在 PHP 中的变量名是区分大小写的。

- 变量名必须以美元符号“$”开始。
- 变量名开头可以以下划线开始。
- 变量名不能以数字字符开头。
- 变量名可以是中文。
- 变量名可以包含一些扩展字符(如重音拉丁字母)，但不能包含非法扩展字符(如汉字字符和汉字字母)。

2.3.2 变量的作用域

在 PHP 程序中使用变量时一定要符合使用变量的规则，变量必须在有效范围内使用，如果变量超出有效范围，变量也就失去其意义。PHP 变量有以下三种使用范围。

(1) 局部变量：即在函数的内部定义的变量，其作用域是所在函数。

(2) 全局变量：即被定义在所有函数以外的变量，其作用域是整个 PHP 文件，但是在用户自定义函数内部是不可用的。要想在用户自定义函数内部使用全局变量，需要使用 global 关键字进行声明。

(3) 超级变量：在任何位置都可用的特定数量的变量，并且可以从脚本的任何位置访问它们。

请看下面的演示代码，考虑为什么下面的代码没有输出任何结果。

```
<?php
$a = 1;              //定义变量 a，并赋值为 1
function Test()      //定义函数 Test()
{
    echo $a;         //输出变量 a 的值
}
Test();              //执行函数 Test()
?>
```

这是因为 echo 语句引用了一个局部版本的变量“$a”，而且在这个范围内它并没有被赋值。读者可能注意到 PHP 的全局变量和 C 语言有一点点不同。因为在 C 语言中，全局变量在函数中自动生效，除非被局部变量覆盖。这可能引起一些问题，有些人可能会漫不经心地改变一个全局变量。PHP 中的全局变量在函数中使用时必须声明为全局变量。

2.3.3 可变变量

在 PHP 程序中，可变变量是一种独特的变量，允许动态地改变一个变量名称。可变变量的工作原理是，该变量的名称由另外一个变量的值来确定，一个普通的变量通过声明来设置，一个可变变量获取一个普通变量的值作为这个可变变量的变量名。例如在下面的代码中，“hello”使用了两个美元符号“$”以后，就可以作为一个可变变量的变量了。

```
<?php
$a = 'hello';
?>
```

紧接着上述代码，在下面的代码中，这时两个变量都被定义了，其中$a 的内容是

“hello”，并且 $hello 的内容是“world”。

```
<?php
$$a = 'world';
?>
```

智慧锦囊

在 PHP 程序中规定，变量不可以与已有的变量重名，否则将引起冲突。在给变量命名的时候，最好让变量有一定的含义，因为这样有利于阅读代码，同时也有利于对变量名的引用。

2.4　常　　量

在 PHP 程序中，常量是指其值在程序的运行过程中不发生变化的量，常量值被定义后，在脚本的其他任何地方都不能改变。在本节的内容中，将详细讲解 PHP 常量的基本知识和用法。

↑扫码看视频

2.4.1　定义并使用常量

在 PHP 程序中，定义常量的语法格式如下：

```
bool define ( string name, mixed value [, bool case_insensitive] ) ;
```

上述函数 define 有如下所示的 3 个参数。

- 第一个参数为常量名称，即标识符。
- 第二个参数为常量的值。
- 第三个参数指定是否大小写敏感，设定为 true，表示不敏感。

在 PHP 程序中，可以通过指定其名字来取得常量的值，切记不要在常量前面加“$”符号。如果要在程序中动态获取常量值，可以使用 constant()函数，该函数要求一个字符串作为参数，并返回该参数的值。如果要判断一个常量是否已经定义，可以使用 defined()函数，该函数也需要一个字符串参数，该参数为需要检测的常量名称，若该常量已经定义，则返回 true；如果想获取所有当前已经定义的常数列表，可以使用 get_defined_constants()函数来实现。请看下面的实例，演示了定义并使用常量的过程。

实例 2-4：定义并使用常量
源文件路径：daima\2\2-4

实例文件 index.php 的主要实现代码如下：

```
<?php
define ("MESSAGE","能看到一次");                //设置常量 MESSAGE 的值
echo MESSAGE."<BR>";                           //输出常量 MESSAGE
echo Message."<BR>";                           //输出“Message”，表示没有该常量
define ("COUNT","能看到多次",true);
echo COUNT."<BR>";                             //输出常量 COUNT
echo Count."<BR>";                             //输出常量 COUNT，因为设定大小写不敏感
$name = "count";
echo constant ($name)."<BR>";                  //输出常量 COUNT
echo (defined ("MESSAGE"))."<BR>";             //如果定义返回 True，使用 echo 输出显示 1
?>
```

在上述代码中使用了 define()、constant0 和 defined()共 3 个函数。其中使用 define()函数来定义一个常量，使用 constant()函数来动态获取常量的值，使用 defined()函数来判断常量是否被定义。执行效果如图 2-4 所示。

```
能看到一次
Message
能看到多次
能看到多次
能看到多次
1
```

图 2-4 实例 2-4 的执行效果

2.4.2 预定义常量

在 PHP 程序中，可以使用预定义常量获取 PHP 中的信息，常用的预定义常量如表 2-1 所示。

表 2-1 PHP 常用的预定义常量

常 量 名	功 能
FILE	默认常量，PHP 程序文件名
LINE	默认常量，PHP 程序行数
PHP VERSION	内置常量，PHP 程序的版本，如 3.0.8_dev
PHP_OS	内置常量，执行 PHP 解析器的操作系统名称，如 Windows
TRUE	该常量是一个真值(true)
FALSE	该常量是一个假值(false)
NULL	一个 null 值
E_ERROR	该常量指到最近的错误处
E_WARNING	该常量指到最近的警告处
E_PARSE	该常量指到解析语法有潜在问题处
E_NOTICE	该常量为发生不寻常处的提示，但不一定是错误处

实例 2-5：定义并使用预定义常量

源文件路径：daima\2\2-5

实例文件 index.php 的主要实现代码如下：

```
<?php
echo "当前文件路径： ".__FILE__;          //显示当前文件路径
```

```
echo "<br>当前行数：".__LINE__;          //显示当前文件的行数
echo "<br> 当前操作系统：".PHP_OS ;      //显示当前的操作系统
?>
```

本实例的执行效果如图 2-5 所示。

```
当前文件路径： H:\AppServ\www\book\2\2-8\index.php
当前行数：8
当前操作系统: WINNT
```

图 2-5　实例 2-5 的执行效果

2.5　数 据 类 型

无论是变量、常量，还是在以后要学习的数组，都有属于自己的数据类型。在 PHP 程序中支持 8 种数据类型，这 8 种数据类型又可以分为三类，分别是简单类型、复合类型和特殊类型，下面对它们进行详细讲解。

↑扫码看视频

2.5.1　布尔型

布尔变量是 PHP 中最简单的，它保存了一个 true 或者 false 值。其中 true 或者 false 是 PHP 的内部关键字。设定一个布尔型的变量后，只需将 true 或者 false 赋值给该变量即可，并不区分大小写。

实例 2-6：使用布尔型
源文件路径：daima\2\2-6

实例文件 index.php 的主要实现代码如下：

```
<?php
        $boo = true;                    //变量 boo 的初始值为 true
        if($boo == true)                //如果变量 boo 的值为 true
                echo '变量$boo 为真!';   //输出对应的内容
        else                            //如果变量 boo 的值不为 true
                echo '变量$boo 为假!!'; //输出对应的内容
?>
```

上述代码中，在 if 条件控制语句中判断变量“$boo”中的值是否为 true，如果为 true，则输出“变量$boo 为真！”，否则输出“变量$boo 为假！！”，执行效果如图 2-6 所示。

```
变量$boo为真!
```

图 2-6　实例 2-6 的执行效果

2.5.2 整型

在 PHP 程序中，整数数据类型只能包含整数。这些数据类型可以是正数或负数。在 32 位的操作系统中，有效的范围是−2 147 483 648～+2 147 483 647。在 64 位系统下，无符号整型的最大值是 $2^{64}-1$ = 18446744073709551615，最小值为 0；有符号整型数的最大值是 $2^{63}-1$ =9223372036854775807，最小值是 -2^{63}=−9223372036854775808。

在给一个整型变量或者常量赋值时，可以采用十进制、十六进制或者八进制。例如下面的实例演示了使用整型的过程。

实例 2-7：使用整型

源文件路径：daima\2\2-7

实例文件 index.php 的主要实现代码如下：

```
<?php
    $int_D=2009483648;              //十进制赋值
    echo($int_D);                   //输出整型变量值
    echo("<br>");                   //换行
    $int_H=0x7AAAFFFFAA;            //进行十六进制赋值
    echo($int_H);                   //输出十六进制变量值
    echo("<br>");                   //换行
    $int_O=016666667766;            //八进制赋值
    echo($int_O);                   //输出八进制变量值
    echo("<BR>");                   //换行
?>
```

本实例的执行效果如图 2-7 所示。

```
2009483648
526854913962
1994092534
```

图 2-7　使用整型数据类型的结果

2.5.3 浮点型

浮点型数据类型是用来存储数字的，也可以用来保存小数，它提供的精度比整型数据大得多。在 32 位的操作系统中，有效的范围是 1.7E−308～1.7E+308，给浮点数据类型赋值的方法也很多。在 PHP 4.0 以前的版本中，浮点型的标识为 double，也称为双精度浮点数。请看下面的实例，演示了使用浮点型数据类型的过程。

实例 2-8：使用浮点型

源文件路径：daima\2\2-8

实例文件 index.php 的主要实现代码如下：

```
<?php
    $float_1=90000000000;           //定义浮点型变量 float_1
```

```
    echo($float_1);                  /输出变量 float_1 的值
    echo("<br>");                    //换行
    $float_2=9E10;                   //定义浮点型变量 float_2
    echo($float_2);                  //输出变量 float_2 的值
    echo("<br>");                    //换行
    $float_3=9E+10;                  //定义浮点型变量 float_3
    echo($float_3);                  //输出变量 float_3 的值
?>
```

本实例的执行效果如图 2-8 所示。

```
90000000000
90000000000
90000000000
```

图 2-8　使用浮点型数据类型的结果

2.5.4　字符串

字符串是一个连续的字符序列，字符串中的每个字符只占用一个字节。在 PHP 程序中，有如下 3 种定义字符串的方式。

- 单引号方式。
- 双引号方式。
- Heredoc 方式。

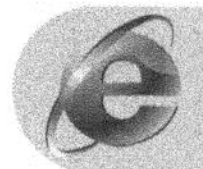

实例 2-9：使用字符串
源文件路径：daima\2\2-9

实例文件 index.php 的主要实现代码如下：

```
<?php
$single_str='我被单引号括起来了!<br>';      //定义字符串变量 single_str
    echo $single_str;                       //输出变量 single_str 的值
    $single_str='输出单引号：  \'嘿嘿，我在单引号里面\'<br>';
    echo $single_str;                       //输出变量 single_str 的值
    $single_str='输出双引号："我在双引号里面"<br>';
    print $single_str;                      //输出变量 single_str 的值
    $single_str='输出美元符号：$';          //定义字符串变量 single_str
    print $single_str;
    $single_str="输出单引号：'嘿嘿，我在单引号里面'<br>";
        //定义字符串变量，不需要转义符
    echo $single_str;
    $single_str="输出双引号：\"我在双引号里面\"<br>"; //定义字符串变量，需要转义符
    print $single_str;
    $single_str="输出美元符号：\$ <br>"; //定义字符串变量，需要转义符
    print $single_str;
    $single_str="输出反斜杠 ：\\ <br>";   //定义字符串变量，需要转义符
    print $single_str;
    $heredoc_str =<<<heredoc_mark       //Heredoc 方式定义变量
    你好<br>
    美元符号  $ <br>
```

```
    反斜杠   \<br>
    "我爱你"<br>
    '我恨你'
heredoc_mark;
    echo $heredoc_str;                          //输出 Heredoc 方式定义的变量
?>
```

本实例的执行效果如图 2-9 所示。

我被单引号括起来了!
输出单引号：'嘿嘿，我在单引号里面'
输出双引号："我在双引号里面"
输出美元符号：$输出单引号：'嘿嘿，我在单引号里面'
输出双引号："我在双引号里面"
输出美元符号：$
输出反斜杠 ：\
你好
美元符号 $
反斜杠 \
"我爱你"
'我恨你'

图 2-9　使用字符串数据类型的结果

知识精讲

在进行类型转换的过程中应该注意，当转换成 boolean 类型时，null、0 和未赋值的变量或数组会被转换为 false，其他的为 true。当转换成整型时，布尔型的 false 转换为 0，true 转换为 1，浮点型的小数部分被舍去，字符型如果以数字开头就截取到非数字位，否则输出 0。

2.6　运算符和表达式

在 PHP 语言中，运算符是对变量、常量或者数据进行计算的符号，它对一个值和一组值执行一个指定的操作。PHP 语言中的运算符包括算术运算符、赋值运算符、逻辑运算符、比较运算符、字符串运算符、逻辑运算符、自增/自减运算符、位运算符、执行运算符和错误控制运算符。而表达式是由运算符和变量或常量组成的式子。

↑扫码看视频

2.6.1　表达式

表达式是 PHP 语言中最重要的基石，几乎所有的 PHP 代码都是一个表达式。最基本的表达式形式是常量和变量。当键入表达式“$a = 5”时，表示将值“5”分配给变量 $a。$a 的值为 5。换句话说，$a 是一个值为 5 的表达式(在这里，“5”是一个整型常量)。赋值之后，所期待情况是 $a 的值为 5，因而如果写下 $b = $a，期望的是它犹如 $a = 5 一样。换句话说，$b 是一个值也为 5 的表达式。如果一切运行正确，那这正是将要发生的正确结果。

在 PHP 程序中，表达式通过具体的代码来实现，是一个个符号组合起来形成的代码。而这些符号只是一些对 PHP 解释程序有具体含义的原子单元，它们可以是变量名、函数名、运算符、字符串、数值和括号等。例如在下面的代码中，是由两个表达式组成的一个 PHP 代码，即“fine”和“$a="word"”。

```
<?php
"fine" ;
$a = "word" ;
?>
```

在 PHP 程序代码中，使用分号“;”来区分表达式，表达式也可以包含在括号内。我们可以这样理解，一个表达式加上一个分号后就是一条 PHP 语句。

提示：在编写 PHP 程序时，应该注意不要漏写表达式后面的分号“;”，这是一个出现频率很高的错误。

2.6.2　算术运算符

算术运算符是处理四则运算的符号，是最简单的，也是使用频率最高的运算符，尤其是对数字的处理。PHP 语言中常用的算术运算符如表 2-2 所示。

表 2-2　算术运算符

名　称	操 作 符	示　例
加法运算	+	$a + $b
减法运算	-	$a-$b
乘法运算	*	$a * $b
除法运算	/	$a / $b
取余数运算	%	$a % $b
累加	++	$a ++
自减	--	$a--

实例 2-10：使用算术运算符

源文件路径：daima\2\2-10

实例文件 index.php 的主要实现代码如下：

```
<?php
    $a= 21;                       //定义变量 a
```

```
    $b= 22;                     //定义变量 b
    $c= 23;                     //定义变量 c
    echo $a+$b . "<br>";        //加
    echo $a-$b . "<br>";        //减
    echo $a*$b . "<br>";        //乘
    echo $a/$b . "<br>";        //除
    echo$a%$b. "<br>";          //取余数
?>
```

本实例的执行效果如图 2-10 所示。

```
43
-1
462
0.95454545454545
21
```

图 2-10 使用算术运算符的执行效果

2.6.3 赋值运算符

赋值运算符是把基本赋值运算符号“=”右边的值赋给左边的变量或者常量，PHP 中常用的赋值运算符如表 2-3 所示。

表 2-3 赋值运算符

操 作	符 号	示 例	展开形式	意 义
赋值	=	$a=b	$a=3	将右边的值赋给左边
加	+=	$a+= b	$a=$a + b	将右边的值加到左边
减	-=	$a-= b	$a=$a-b	将右边的值减到左边
乘	*=	$a*= b	$a=$a * b	将左边的值乘以右边
除	/=	$a/= b	$a=$a / b	将左边的值除以右边
连接字符	.=	$a.= b	$a=$a. b	将右边的字串加到左边
取余数	%=	$a%= b	$a=$a % b	将左边的值对右边取余数

基本的赋值运算符是“=”，它的含义不是“等于”。它实际上意味着把右边表达式的值赋给左边的运算数。赋值运算表达式的值也就是所赋的值，例如“$a = 3”的值是 3。

实例 2-11：使用赋值运算符
源文件路径：daima\2\2-11

实例文件 index.php 的主要实现代码如下：

```
<?php
$a = ($b = 4) + 5; //$a 现在成了 9，而 $b 成了 4
echo $a;              //输出变量 a 的值
echo "和";            //输出字符“和”
echo $b;              //输出变量 b 的值
?>
```

本实例的执行效果如图 2-11 所示。

9和4

图 2-11　实例 2-11 的执行效果

2.6.4　自增/自减运算符

自增/自减运算符有两种使用方法，一种是先将变量增加或者减少 1，再将值赋给原变量，称为前置递增或递减运算符；另一种是将运算符放在变量后面，即先返回变量的当前值，然后变量的当前值增加或者减少 1，称为后置递增或递减运算符。PHP 中的自增/自减运算符的说明如表 2-4 所示。

表 2-4　PHP 中的自增/自减运算符

操　作	符　号	示　例	展开形式	意　义
前加加	++	++$a	$a=++$a+1	$a 的值加 1，然后返回 $a
后加加	++	$a++	$a=($a ++) -b	返回 $a，然后将 $a 的值加 1
前减减	--	--$a	$a=--$a-b	$a 的值减 1，然后返回 $a
后减减	--	$a--	$a=($a--) * b	返回 $a，然后将 $a 的值减 1

实例 2-12：使用自增/自减运算符
源文件路径：daima\2\2-12

实例文件 index.php 的主要实现代码如下：

```
<?ph
echo "<h3>Postincrement</h3>";
$a = 5;
echo "Should be 5: " . $a++ . "<br />\n";      //使用后++，先返回原值
echo "Should be 6: " . $a . "<br />\n";        //使用后++，后返回加 1
echo "<h3>Preincrement</h3>";
$a = 5;
echo "Should be 6: " . ++$a . "<br />\n";      //使用前++，先返回加 1
echo "Should be 6: " . $a . "<br />\n";        //使用前++，后返回也是加 1
echo "<h3>Postdecrement</h3>";
$a = 5;
echo "Should be 5: " . $a-- . "<br />\n";      //使用后--，先返回原值
echo "Should be 4: " . $a . "<br />\n";        //使用后--，后返回减 1
echo "<h3>Predecrement</h3>";
$a = 5;
echo "Should be 4: " . --$a . "<br />\n";      //使用前--，先返回减 1
echo "Should be 4: " . $a . "<br />\n";        //使用前--，后返回也是减 1
?>
```

本实例的执行效果如图 2-12 所示。

Postincrement

Should be 5: 5
Should be 6: 6

Preincrement

Should be 6: 6
Should be 6: 6

Postdecrement

Should be 5: 5
Should be 4: 4

Predecrement

Should be 4: 4
Should be 4: 4

图 2-12　实例 2-12 的执行效果

单引号和双引号的区别

在使用单引号时，只要对单引号“'”进行转义即可，但是在使用双引号时，还要注意“"”“$”等字符的使用。这些特殊字符都要通过转义符“\”来显示。

2.7　实践案例与上机指导

通过对本章内容的学习，读者基本可以掌握 PHP 语言的基本语法知识。其实 PHP 语言的语法知识还有很多，这需要读者通过课外渠道来加深学习。下面通过练习操作，以达到巩固学习、拓展提高的目的。

↑扫码看视频

2.7.1　使用特殊类型

在 PHP 程序中，特殊数据类型包括 Resource(资源)和 Null(空值)两种，具体说明如下所示。

- Resource：是 PHP 内的几个函数所需要的特殊数据类型，由编程人员来分配。
- Null：是最简单的数据类型，表示没有为该变量设置任何值，并且是空值，不区

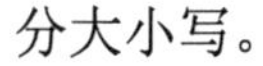
分大小写。

1)　资源

当在 PHP 程序中使用资源时，系统会自动启用垃圾回收机制，释放不再使用的资源，避免内存消耗殆尽。因此，资源很少需要手工释放。

2)　空值

空值，顾名思义，表示没有为该变量设置任何值。另外，空值不区分大小写，null 和 NULL 效果是一样的。被赋予空值的情况有以下 3 种：还没有赋任何值、被赋值 null、被 unset0 函数处理过的变量。

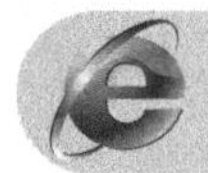
实例 2-13：使用空值
源文件路径：daima\2\2-13

实例文件 index.php 的主要实现代码如下：

```
<?php
echo "变量(\$string1)直接赋值为null：";
$string1 = null;                                    //变量$string1 被赋空值
$string3 = "str";                                   //变量$string3 被赋值 str
if(is_null($string1))                               //判断$string1 是否为空
    echo "string1 = null";
echo "<p>变量(\$string2)未被赋值：";
if(is_null($string2))                               //判断$string2 是否为空
    echo "string2 = null";
echo "<p>被 unset()函数处理过的变量(\$string3)：";
unset($string3);                                    //释放$string3
if(is_null($string3))                               //判断$string3 是否为空
    echo "string3 = null";
?>
```

在上述代码中，字符串 stringl 被赋值为 null，string2 根本没有声明和赋值，所以也输出 null，最后的 string3 虽然被赋予了初值，但被 unset()函数处理后，也变为 null 型。unset0 函数的作用就是从内存中删除变量。其执行效果如图 2-13 所示。

变量($string1)直接赋值为null：string1 = null

变量($string2)未被赋值：string2 = null

被unset()函数处理过的变量($string3)：string3 = null

图 2-13　实例 2-13 的执行效果

2.7.2　检测数据类型

在 PHP 程序中内置了检测数据类型的系列函数，可以对不同类型的数据进行检测，判断其是否属于某个类型。如果符合则返回 true，否则返回 false。PHP 中检测数据类型的函数如表 2-5 所示。

表 2-5　PHP 中的检测数据类型函数

函　数	检测类型	举　例
is_bool	检查变量是否是布尔类型	is_bool(true)、is bool(false)
is_string	检查变量是否是字符串类型	is_string('string')、is_string(1234)
is_float/is_double	检查变量是否为浮点类型	is_float(3.1415)、is_float('3.1415')
is_integer/is_int	检查变量是否为整数	is_integer(34)、is_integer('34')
is_null	检查变量是否为 null	is_null(null)
is_array	检查变量是否为数组类型	is_array($arr)
is_object	检查变量是否是一个对象类型	is_object($obj)
is_numeric	检查变量是否为数字或由数字组成的字符串	is_numeric('5'). is_numeric('bccdl10')

实例 2-14：检测指定的变量是否是数字
源文件路径：daima\2\2-14

实例文件 index.php 的主要实现代码如下：

```
<?php
    $boo = "043112345678";                //声明一个全由数字组成的字符串变量
    if(is_numeric($boo))                  //判断该变量是否由数字组成
        echo "Yes,the \$boo a phone number: $boo!";//如果是，输出该变量
    else
        echo "Sorry,This is an error!";//否则，输出错误语句

?>
```

在上述代码中，使用函数 is_numeric()检测了在变量中的数据是否是数字，从而了解并掌握 PHP 中 is 系列函数的用法。其执行效果如图 2-14 所示。

Yes,the $boo a phone number：043112345678!

图 2-14　实例 2-14 的执行效果

2.8　思考与练习

本章首先介绍了 PHP 语言的基本语法结构，接着详细阐述了 PHP 注释的知识，然后讲解了常量、变量和数据类型的用法，最后讲解了运算符和表达式的知识。在讲解过程中，通过具体实例介绍了 PHP 基础语法的使用方法，应掌握其使用方法和技巧。

1. 选择题

(1) PHP 语言中的三元运算符是(　　)。

A. ?:　　　B. ?.　　　C. :?　　　D. .?

(2) 假设变量 a= 23，b= 124，则$a & $b 的结果是(　　)。

A. 20　　B. 127　　C. 147　　D. −121

2. 判断对错

(1) 基本的赋值运算符是“=”，它的含义不是“等于”。它实际上意味着把右边表达式的值赋给左边的运算数。　　(　　)

(2) PHP 是一门灵活优秀的开发语言，在编写 PHP 程序时，可以漏写表达式后面的分号“;”，程序会正确执行。　　(　　)

3. 上机练习

(1) 在 PHP 程序中动态输出 JavaScript 代码。

(2) 在 PHP 程序中输出数字和字符串。

新起点
电脑教程

第 3 章

流程控制语句

本章要点

- 条件语句
- 循环语句
- 跳转语句

本章主要内容

在大多数情况下，程序总是从第一行执行到最后一行。但是有时候需要让程序根据具体情况来选择执行顺序，例如循环执行、跳转几行执行或忽然结束程序等。在本章的内容中，将会为读者朋友介绍 for 循环语句、while 循环语句和跳转语句等内容，为大家步入本书后面知识的学习打下基础。

3.1 使用条件语句

在执行 PHP 程序语句时需要选择将要执行哪一条语句，这个选择过程就需要用流程控制来实现。PHP 语言的流程控制语句包括 if 语句、while 语句、switch 语句等。

↑扫码看视频

3.1.1 使用 if 条件语句

在 PHP 程序中，经常需要选择要执行哪一条语句，常常需要测试一个条件，并且根据条件返回的结果采取对应的措施，此时可以使用条件语句来完成任务。在条件语句中，表达式经过计算，并且根据表达式返回的结果判断真假。PHP 语言中的条件语句有 if 语句和 if…else 语句等。其中 if 语句最为简单，通常在前面有一个条件，满足条件则执行后面的代码，不满足则不执行。

在 PHP 程序中，使用 if 语句的格式如下：

```
<?php
if (expression)
    statement
?>
```

实例 3-1：使用 if 语句
源文件路径：daima\3\3-1

实例文件 index.php 的主要实现代码如下：

```
<?php
$a=3;                          //变量 a 赋值为 3
$b=1;                          //变量 b 赋值为 1
if($a>$b)                      //如果 a 大于 b
    echo "a 是大于 b 的";       //输出提示
if ($a > $b) {                 //如果 a 大于 b
    echo "a 肯定大于 b";        //输出提示
    $b = $a;
}
?>
```

本实例的执行效果如图 3-1 所示。

a是大于b的a肯定大于b

图 3-1　实例 3-1 的执行效果

3.1.2　使用 if…else 语句

在 PHP 程序中，经常需要在满足某个条件时执行一条语句，而在不满足该条件时执行其他语句，这正是 else 的功能。关键字 else 延伸了 if 语句的功能，可以在 if 语句中的表达式的值为 false 时执行语句。例如下面的实例演示了使用 if…else 语句的过程。

实例 3-2：使用 if…else 语句
源文件路径：daima\3\3-2

实例文件 index.php 的主要实现代码如下：

```
<?php
$a=3;                       //变量 a 赋值为 3
$b=1;                       //变量 b 赋值为 1
if ($a<$b) {                //如果 a 小于 b
    echo "a 小于 b";        //输出提示
} else {                    //如果 a 不小于 b
    echo "a 不会小于 b";   //输出提示
}
?>
```

本实例的执行效果如图 3-2 所示。

a 不会小于 b

图 3-2　使用 else 关键字的执行效果

3.1.3　使用 elseif 语句

在编写 PHP 程序的过程中，可以在一段程序中出现多个 if…else，此时可以让 if 语句有多个条件进行选择。if...else 语句只能选择两种结果：要么执行真，要么执行假。但有时会出现两种以上的选择，例如，一个班的考试成绩，如果是 90 分以上，则为“优秀”；如果是 60～90 分之间的，则为“良好”；如果低于 60 分，则为“不及格”。这时可以使用 elseif(也可以写作 else if)语句来执行，该语句的语法格式如下：

```
if (条件) {
  条件为 true 时执行的代码;
} elseif (condition) {
  条件为 true 时执行的代码;
} else {
  条件为 false 时执行的代码;
}
```

例如在下面的实例中，演示了使用 elseif 语句的具体过程。

实例 3-3：使用 elseif 语句
源文件路径：daima\3\3-3

实例文件 index.php 的主要实现代码如下：

```
<?php
$chengji=91;                          //变量 chengji 赋值为 91
if ($chengji<60)                      //如果 chengji 值小于 60
    echo "加油啊，你还不及格";         //输出提示
elseif ($chengji>=60 && $chengji<70)  //如果 chengji 值大于等于 60 并小于 70
    echo "恭喜你，你刚刚及格了";       //输出提示
elseif ($chengji>=70 && $chengji<80)  //如果 chengji 值大于等于 70 并小于 80
    echo "再加把劲，你得了良好，再冲就是优秀了"; //输出提示
elseif ($chengji>=80 && $chengji<90)  //如果 chengji 值大于等于 80 并小于 90
    echo "你太棒了，加油!";            //输出提示
else                                  //如果 chengji 值是其他的
    echo "你真的是太棒了!"             //输出提示
?>
```

本实例的执行效果如图 3-3 所示。

你真的是太棒了!

图 3-3　多个 else 的执行效果

智慧锦囊

elseif 与 else if 只有在使用花括号的情况下才认为是完全相同。如果用冒号来定义 if/elseif 条件，那就不能用两个单词的 else if，否则 PHP 会产生解析错误。

3.1.4　使用 switch 语句

在 PHP 程序中，switch 语句和具有同样表达式的一系列 if 语句相似。很多场合下需要把同一个变量(或表达式)与很多不同的值进行比较，并根据它等于哪个值来执行不同的代码，这正是 switch 语句的用途。使用 switch 语句的语法格式如下：

```
switch (expression)
{
case label1:
  code to be executed if expression = label1;
  break;
case label2:
  code to be executed if expression = label2;
  break;
default:
  code to be executed
  if expression is different
  from both label1 and label2;
}
```

上述 switch 语句的运行流程如下：

(1) 对表达式(通常是变量)进行一次计算；

(2) 把表达式的值与结构中 case 的值进行比较；

(3) 如果存在匹配，则执行与 case 关联的代码；

(4) 代码执行后，break 语句阻止代码跳入下一个 case 中继续执行；
(5) 如果没有 case 为真，则使用 default 语句。

实例 3-4：使用 switch 语句
源文件路径：daima\3\3-4

实例文件 index.php 的主要实现代码如下：

```
<?php
switch (date("D"))              //使用 switch 判断当前的日期值
 {
  case "Mon":                   //如果值是 Mon
    echo "今天星期一";          //输出提示
    break;                      //停止运行
  case "Tue":                   //如果值是 Tue
    echo "今天星期二";          //输出提示
    break;                      //停止运行
  case "Wed":                   //如果值是 Wed
    echo "今天星期三";          //输出提示
    break;                      //停止运行
  case "Thu":                   //如果值是 Thu
    echo "今天星期四";          //输出提示
    break;                      //停止运行
  case "Fri":                   //如果值是 Fri
    echo "今天星期五";          //输出提示
    break;                      //停止运行
  default:                      //默认值
    echo "今天放假";            //输出提示
    break;                      //停止运行
}
?>
```

本实例的执行效果如图 3-4 所示。

今天放假

图 3-4　使用 switch 语句的执行效果

智慧锦囊

switch 首先对一个简单的表达式 n(通常是变量)进行一次计算。将表达式的值与结构中每个 case 的值进行比较。如果存在匹配，则执行与 case 关联的代码。代码执行后，使用 break 来阻止代码跳入下一个 case 中继续执行。default 语句用于不存在匹配(即没有 case 为真)时执行。

3.2 使用循环语句

在编写 PHP 程序代码时，经常需要反复运行同一代码块。这时可以使用循环来执行这样的任务，而不是在脚本中添加若干几乎相等的代码行。

↑扫码看视频

3.2.1 使用 while 语句

在 PHP 程序中，while 语句是循环语句中比较简单的一种，只要 while 表达式的值为 true，就重复执行嵌套中的语句。如果 while 表达式的值一开始就是 false，则循环语句一次也不执行。使用 while 语句的语法格式如下：

```
while (expr):
   statement
   ...
endwhile;
```

下面通过一个示意图来描述 while 语句的执行过程，如图 3-5 所示。

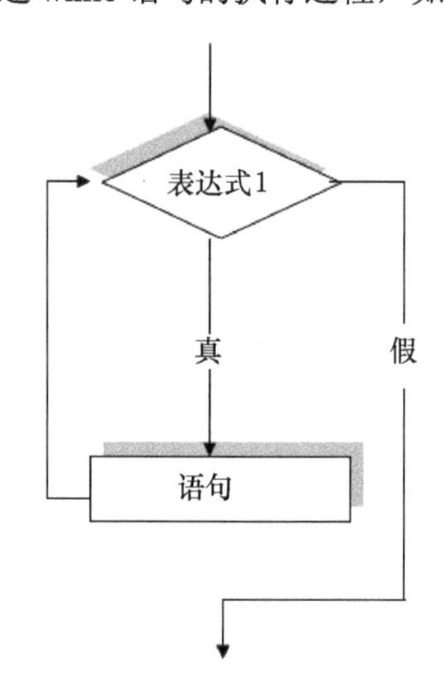

图 3-5 while 语句的执行过程

在下面的实例中，演示了使用 while 语句的具体过程。

实例 3-5：使用 while 语句
源文件路径：daima\3\3-5

实例文件 index.php 的主要实现代码如下：

```
<?php
$a=0;                   //变量 a 赋值为 0
$y=0;                   //变量 y 赋值为 0
while( $a<90 ){         //如果变量 a 小于 90
    $y=$y+($a+1);       //变量 y 的值是 a 加 1
    $a++;               //变量 a 循环加 1
  }
echo $y;                //输出 1 到 90 的总和
echo "<br>" ;
?>
```

本实例的执行效果如图 3-6 所示。

4095

图 3-6　使用 while 循环的执行效果

3.2.2　使用 do…while 语句

在 PHP 程序中，do…while 循环和 while 循环非常相似，区别在于表达式的值是在每次循环结束时检查而不是开始时。和正规的 while 循环主要的区别是，do…while 循环语句保证会执行一次(表达式的真值在每次循环结束后检查)，然而在正规的 while 循环中就不一定了(表达式的真值在循环开始时检查，如果一开始就为 false，则整个循环立即终止)。使用 do…while 语句的语法格式如下：

```
do
{
}
While(condition)
```

在下面的实例中，演示了使用 do…while 语句的具体过程。

实例 3-6：使用 do…while 语句
源文件路径：daima\3\3-6

实例文件 index.php 的主要实现代码如下：

```
<?php
$i=1;                                  //变量 i 赋值为 1
do {                                   //do 循环开始
   if ($i < 10) {                      //如果 i 小于 10
      echo "now out put $i <br>";      //输出提示文本
   }
   $i++;                               //i 递增加 1 循环
   if ($i >10) {                       //如果 i 大于 10 则停止递增循环
      break;
   }
} while(1);
?>
```

本实例的执行效果如图 3-7 所示。

```
now out put 1
now out put 2
now out put 3
now out put 4
now out put 5
now out put 6
now out put 7
now out put 8
now out put 9
```

图 3-7　使用 do...while 语句的执行效果

知识精讲

学习了 while 语句和 do...while 语句，读者肯定会有疑问，在什么时候我该应用 while 语句？什么时候应用 do...while 语句？其实这没有严格的要求，用户可以根据自己的需要进行选择。但是一定要明白其特点，while 语句是先判断再执行，do...while 语句是先执行表达式一次，再对条件进行判断，也就是说 do...while 语句至少执行一次。

3.2.3　使用 for 语句

在 PHP 语言中，for 循环语句是最为复杂的循环结构。for 循环语句由 3 个部分组成，分别是变量的声明和初始化、布尔表达式、循环表达式，每一部分都用分号分隔。在执行 for 循环语句的过程中，启动循环后，最先开始执行的是初始化部分(求解表达式 1)，然后紧接着执行布尔表达式(表达式 2)的值。如果符合条件，则执行循环；如果不符合条件，则会跳出循环。使用 for 循环语句的语法格式如下：

```
for (expr1; expr2; expr3)
    statement
```

其中几个参数的含义说明如下。

- 声明和初始化(expr1)：for 语句中的第一部分是关键字 for 之后的括号内的声明和初始化变量，声明和初始化发生在 for 循环内任何操作前，声明和初始化只在循环开始时发生一次。
- 条件表达式(expr2)：执行的下一部分是条件表达式，它的计算结果必须是布尔值，在 for 循环中，只能有一个表达式。
- 循环表达式(expr3)：在 for 循环体每次执行后，都执行循环表达式，它设置该循环在每次循环之后要执行的操作，它永远在循环体运行后执行，也就是最后执行。

在下面的实例中，演示了使用 for 语句的具体过程。

实例 3-7：使用 for 语句
源文件路径：daima\3\3-7

实例文件 index.php 的主要实现代码如下：

```
<?php
/* 应用 1，每个条件都有 */
```

```
for ($i = 1; $i <= 10; $i++) {  //开始 for 循环，i 小于等于 10，则 i 递增加 1 循环
    print $i. "-";               //循环输出 i 值和横杠
}

/* 应用 2，省略第 2 个表达式 */
print "<br>";
for ($i = 1; ; $i++) {           //开始 for 循环，省略第 2 个表达式
    if ($i > 10) {               //如果 i 值大于 10 则停止循环
        break;
    }
    print $i. "-";
}
print "<br>";
/* 应用 3，省略 3 个表达式 */
$i = 1;
for (;;) {                       //开始 for 循环，省略 3 个表达式
    if ($i > 10) {               //如果 i 值大于 10 则停止循环
        break;
    }
    print $i. "-";
    $i++;
}
print "<br>";
/* 应用 4 */
//下面开始 for 循环，如果 i 值小于等于 10 则循环递增加 1
for ($i = 1; $i <= 10; print $i. "-", $i++);
print "<br>";

//下面开始 for 循环，如果 i 值小于等于 10 则循环递增加 1
for ($i = 1; $i <= 10; $i++) :print $i;print "-";endfor;
?>
```

本实例的执行效果如图 3-8 所示。

```
1-2-3-4-5-6-7-8-9-10-
1-2-3-4-5-6-7-8-9-10-
1-2-3-4-5-6-7-8-9-10-
1-2-3-4-5-6-7-8-9-10-
1-2-3-4-5-6-7-8-9-10-
```

图 3-8　使用 for 循环语句的执行效果

3.3　使用跳转语句

在 PHP 语言中，有时候需要执行我们制定的代码片段，这时候需要用到跳转语句。跳转语句也是流程控制语句的重要部分，在本节的内容中，将详细讲解 PHP 跳转语句的基本知识。

↑扫码看视频

3.3.1 使用 break 语句

在 PHP 程序中，使用 break 语句可以随时退出当前的操作程序。break 语句是一种常见的跳转语句，用来结束当前的 for、foreach、while、do…while 或者 switch 等结构的执行。

下面的实例代码中，演示了使用 break 语句的具体过程。

实例 3-8：使用 break 语句

源文件路径：daima\3\3-8

实例文件 index.php 的主要实现代码如下：

```
<?php
//break 语句的应用
$i=0;                                  //设置 i 的初始值为 0
while(++$i){                           //循环 i 的值递增加 1
    switch($i){
        case 3:                        //当 i 的值递增到 3
            echo "3 跳出循环<br>";     //输出提示
                break 1;               //跳出循环
            case 6:                    //当 i 的值递增到 6
                echo "6 跳出循环<br>"; //输出提示
                break 2;               //退出循环
            default:                   //默认执行语句
                break;                 //停止
    }
}
?>
```

本实例的执行效果如图 3-9 所示。

3跳出循环
6跳出循环

图 3-9　使用 break 语句的执行效果

3.3.2 使用 continue 语句

在 PHP 程序中，continue 语句和路标一样，起到了一个标记功能。continue 语句只能用于循环语句，遇到 continue 语句就表示不执行后面的语句，直接转到下一次循环的开始，俗称“半途而废，从头再来”，在 PHP 程序中，只有三个循环语句，换句话说，这个 continue 语句只能在 continue 语句下应用，共他的地方都不能用。

智慧锦囊

尽管 break 和 continue 语句都能实现跳转的功能，但是它们的区别很大，continue 语句只是退出本次循环，并不是终止整个程序的运行，而 break 语句则是结束整个循环语句的运行。

实例 3-9：使用 continue 语句
源文件路径：daima\3\3-9

实例文件 index.php 的主要实现代码如下：

```
<?php
for($k=0;$k<2;$k++)
{//第 1 个循环
   for($j=0;$j<2;$j++)
   {//第 2 个循环
     for($i=0;$i<4;$i++)
     {//第 3 个循环
        if($i>2)
        continue 2;              //退出循环
        echo "$i\n";
     }
   }
}
?>
```

本实例的执行效果如图 3-10 所示。

0 1 2 0 1 2 0 1 2 0 1 2

图 3-10　实例 3-9 的执行效果

3.3.3　使用 return 语句

在 PHP 程序中，如果在一个函数中调用 return()语句，将会立即结束此函数的执行并将它的参数作为函数的值返回，并且 return()也会终止运行。如果在全局范围中调用 return()语句，则当前脚本文件中止运行。

在下面的实例代码中，演示了使用 return 语句的具体过程。

实例 3-10：使用 return 语句
源文件路径：daima\3\3-10

实例文件 index.php 的主要实现代码如下：

```
<?php
function add($a,$b){                //定义函数 add()
 return $a+$b;                      //返回参数 a 和参数 b 的和
 return $a*$b;                      //返回参数 a 和参数 b 的乘积
}
$c = add(5,3);                      //得到的$c 值可以用在程序的其他地方
echo $c;                            //输出变量 c 的值，只执行$a+$b，$a*$b 没有被执行
?>
```

本实例的执行效果如图 3-11 所示。

127.0.0.1:8080/3-10/

8

图 3-11　使用 return 语句的执行效果

在大部分编程语言中，return 关键字可以将函数的执行结果返回，PHP 中 return 的用法也大同小异，对初学者来说，掌握 PHP 中 return 的用法也是学习 PHP 的一个开始。return 的意思就是返回；return()是语言结构而不是函数，仅在参数包含表达式时才需要用括号将其括起来。当返回一个变量时通常不用括号，这样可以降低 PHP 的负担。

3.4 实践案例与上机指导

通过对本章内容的学习，读者基本可以掌握流程控制语句的知识。其实流程控制语句的知识还有很多，这需要读者通过课外渠道来加深学习。下面通过练习操作，以达到巩固学习、拓展提高的目的。

↑扫码看视频

3.4.1 for 循环语句的嵌套

在开发 PHP 程序的过程中，单循环当然是不能满足项目要求的，经常需要使用多次循环才能实现项目的功能。

下面将以打印一个九九乘法表的代码为例，演示 for 循环的嵌套语句的用法。

实例 3-11：使用 for 循环的嵌套语句

源文件路径：daima\3\3-11

实例文件 index.php 的主要实现代码如下：

```
<?php
 for ($i=1;$i<=9;$i++)        //外层 for 循环，如果 i 小于等于 9，则 i 值循环递增加 1
{
  echo '<table border="1" cellpadding="1" cellspacing="1" bordercolor=
"#FFFFFF" bgcolor="#666666">'; //显示单元格
   echo "<tr>";
 for ($j=1;$j<=$i;$j++){     //内层 for 循环，如果 j 值小于 i，则 j 循环递增加 1
     echo '<td bgcolor="#FFFFFF">';
     echo $i*$j ;            //输出 i 和 j 的积
     echo "</td>";
     }
   echo "</tr>";
  echo "</table>";
 }
?>
```

本实例的执行效果如图 3-12 所示。

图 3-12　for 语句的嵌套的执行效果

提示：在 PHP 程序中，除了 for 语句可以编写嵌套循环语句以外，其他的循环也可以进行嵌套，只是在编写程序的过程中，人们习惯了使用 for 循环语句嵌套。

3.4.2　使用 foreach 循环语句

foreach 循环语句是从 PHP 4 开始被引进来的，只能用于数组。在 PHP 5 中，又增加了对对象的支持。使用 foreach 循环语句的语法格式如下：

```
foreach (array_expression as $value)
statement;
```

在 PHP 程序中，通常使用 foreach 循环语句遍历数组 array_expression。每次循环时，将当前数组中的值赋给$value(或$key 和$value)，同时数组指针向后移动直到遍历结束。当使用 foreach 循环语句时，数组指针自动被重置，所以不需要手动设置指针位置。

下面的实例代码中，演示了使用 foreach 循环语句的过程。

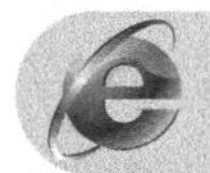

实例 3-12：使用 foreach 循环语句
源文件路径：daima\3\3-12

实例文件 index.php 的主要实现代码如下：

```
 <tr>
   <td height="230" align="left" class="STYLE1"></td>
   <td align="center" class="STYLE1"><?php
$name = array("1"=>"智能机器人","2"=>"数码相机","3"=>"天翼 3G 手机","4"=>"瑞士手表");
$price = array("1"=>"14998 元","2"=>"2588 元","3"=>"2666 元","4"=>"66698 元");
$counts = array("1"=>1,"2"=>1,"3"=>2,"4"=>1);
echo '<table width="580" border="1" cellpadding="1" cellspacing="1"
bordercolor="#FFFFFF" bgcolor="#c17e50">
        <tr>
          <td width="145" align="center" bgcolor="#FFFFFF" class="STYLE1">
              商品名称</td>
```

```
            <td width="145" align="center" bgcolor="#FFFFFF"  class="STYLE1">
                价 格</td>
            <td width="145" align="center" bgcolor="#FFFFFF"  class="STYLE1">
                数量</td>
            <td width="145" align="center" bgcolor="#FFFFFF"  class="STYLE1">
                金额</td>
 </tr>';
foreach($name as $key=>$value){          //以数组 name 做循环，输出键和值
    echo '<tr>
            <td height="25" align="center" bgcolor="#FFFFFF" class="STYLE2">
                '.$value.'</td>
            <td align="center" bgcolor="#FFFFFF" class="STYLE2">
                '.$price[$key].'</td>
            <td align="center" bgcolor="#FFFFFF" class="STYLE2">
                '.$counts[$key].'</td>
            <td align="center" bgcolor="#FFFFFF" class="STYLE2">
                '.$counts[$key]*$price[$key].'</td>
</tr>';
}
echo '</table>';                //循环结束
?>
```

本实例的执行效果如图 3-13 所示。

商品浏览

商品名称	价 格	数量	金额
智能机器人	14998元	1	14998
数码相机	2588元	1	2588
天翼3G手机	2666元	2	5332
瑞士手表	66698元	1	66698

图 3-13　实例 3-12 的执行效果

3.5　思考与练习

本章首先介绍了什么是条件语句，然后详细阐述了 PHP 循环语句的知识，最后讲解了跳转语句的知识。在讲解过程中，通过具体实例介绍了各种流程控制语句的使用方法。通过对本章内容的学习，读者应能熟悉流程控制语句的知识，并掌握其使用方法和技巧。

1. 选择题

(1) (　　)在条件成立时执行一块代码，条件不成立时执行另一块代码。

A. if...else 语句　B. for 语句　C. while 语句　D. break 语句

(2) (　　)在很多场合下需要把同一个变量(或表达式)与很多不同的值进行比较，并根据它等于哪个值来执行不同的代码。

A. if....else 语句　B. for 语句　C. while 语句　D. switch 语句

2. 判断对错

(1) 在若干条件之一成立时执行一个代码块，请使用 if....else if...else 语句。　( )

(2) 三元运算符也是一个条件语句。　( )

(3) switch 语句在若干条件之一成立时执行一个代码块。　( )

3. 上机练习

(1) 编写一个实例程序，能够列举获取 1000 以内的所有素数。

(2) 在 PHP 程序中，while 语句在数据的递增和递减中的使用最为常见，请编写一段程序，尝试在 while 语句中使用递增运算符。

第 4 章

函 数

本章要点

- 初步认识函数
- 函数间传递参数
- 文件包含
- 使用数学函数
- 使用日期和时间函数

本章主要内容

在开发 PHP 程序的过程中，经常要重复某种操作或处理，如数据查询、字符操作等，如果每个模块的操作都要重新输入一次代码，不仅令程序员头痛，而且对于代码的后期维护及运行效果也有着较大的影响。使用 PHP 函数即可让这些问题迎刃而解，无论实现什么具体功能都可借助于函数。在本章的内容中，将详细讲解 PHP 函数的基本知识和具体用法。

4.1 函数基础

一个函数是为了实现某个功能而定义的，能够为了满足某个功能而设计一段代码。通常函数将一些重复使用到的功能写在一个独立的代码块中，在需要时进行单独调用。

↑扫码看视频

4.1.1 定义并调用函数

在 PHP 程序中，函数是可以在程序中重复使用的语句块。在加载页面时不会立即执行函数，只有在被调用时才会被执行。用户在定义函数时必须以关键字“function”开头进行声明，定义格式如下：

```
function function_name ($arg_1,$arg_2, ... , $arg_n)
{
code 函数要执行的代码 ;
return 返回的值;
}
```

各个参数的具体说明如下。

- 关键字 function：用于声明自定义函数。
- function_name：是要创建的函数名称，是有效的 PHP 标识符，函数名称是唯一的，其命名遵守与变量命名相同的规则，只是它不能以$开头。
- $arg 是要传递给函数的值，它可以有多个参数，中间用逗号分隔，参数的类型不必指定，在调用函数时只要是 PHP 支持的类型都可以使用。
- code：是函数被调用时执行的代码，要使用大括号“{}”括起来。
- return：返回调用函数的代码需要的值，并结束函数的运行。

智慧锦囊

函数名能够以字母或下划线开头(而非数字)，函数名对大小写不敏感。读者需要注意，函数名应该能够反映函数所执行的任务。

4.1.2 有条件的函数

在 PHP 程序中，有条件的函数是最为常见的，在下面的实例代码中定义了一个有条件的函数，其定义必须在调用之前完成。

实例 4-1：使用有条件的函数
源文件路径：daima\4\4-1

实例文件 index.php 的主要实现代码如下：

```
<?php
$makefoo = true;             //设置变量 makefoo 的初始值是 true
bar();                       //运行函数 bar()
if ($makefoo) {
  function foo()             //定义函数 foo()
  {
    echo "有条件函数.\n";      //函数 foo()的返回内容
  }
}
if ($makefoo) foo();
function bar()               //定义函数 bar()
{
  echo "有条件函数.\n";        //函数 bar()的返回内容
}
?>
```

本实例的执行效果如图 4-1 所示。

有条件函数. 有条件函数.

图 4-1　有条件函数执行效果

4.2　传递函数的参数

在调用函数时需要向函数传递参数，被传入的参数称为实参，而在函数中定义的参数为形参。在 PHP 程序中，函数间参数传递的方式有按值传递、按引用传递和默认参数 3 种方式。

↑扫码看视频

4.2.1　通过引用传递参数

在默认情况下，PHP 函数是通过参数值传递的。所以即使在函数内部改变参数的值，它也并不会改变函数外部的值。如果希望允许函数修改它的参数值，必须通过引用传递参数。如果想要函数的一个参数总是通过引用传递，可以在函数中定义该参数的前面预先加上符号“&”。

智慧锦囊

参数传递的方式有两种，分别是传值方式和传址方式。将实参的值赋值到对应的形参中，在函数内部的操作针对形参进行，操作的结果不会影响到实参，即函数返回后，实参的值不会改变；实参的内存地址传递到形参中，在函数内部的所有操作都会影响到实参的值，即返回后，实参的值会相应发生变化。在传址时只需要在形参前加“&”号即可。

实例 4-2：通过引用传递参数

源文件路径：daima\4\4-2

实例文件 index.php 的主要实现代码如下：

```
<?php
function add_some_extra(&$string)   //定义函数，参数是 string
{
    $string .= '加一个.';             //参数变量赋值
}
$str = '我很好，';                    //变量赋值
add_some_extra($str);                //运行函数
echo $str;                           //输出变量值
?>
```

本实例的执行效果如图 4-2 所示。

我很好，加一个.

图 4-2　引用传递

4.2.2　按照默认值传递参数

在 PHP 程序中，函数可以像 C++一样将实参的值赋值到对应的形参中。在函数内部的操作针对形参进行，操作的结果不会影响到实参，即函数返回后，实参的值不会改变。

实例 4-3：按照默认值传递参数

源文件路径：daima\4\4-3

实例文件 index.php 的主要实现代码如下：

```
<?php
//函数 makecoffee()的参数 type 的默认值是“你去哪里呢？”
function makecoffee($type = "你去哪里呢？")
{
    return "今天天气很好$type.\n";         //函数的返回值
}
echo makecoffee();                       //使用默认参数
echo makecoffee("，明天天气也很好");       //重新设置参数值
?>
```

本实例的执行效果如图 4-3 所示。

今天天气很好你去哪里呢？. 今天天气很好，明天天气也很好.

图 4-3　按照默认值传递参数

4.2.3　函数返回值

函数返回值就是执行函数后返回的结果，可以使用可选的返回语句返回。任何 PHP 类型都可以作为返回值返回，其中包括列表和对象。当有函数返回值时，会导致函数立即结束运行，并且将控制权传递回它被调用的行。在 PHP 程序中，函数将返回值传递给调用者的方式是使用关键字 return 或 return()函数。return 的作用是将函数的值返回给函数的调用者，即将程序控制权返回到调用者的作用域。如果在全局作用域内使用 return 关键字，那么将终止脚本的执行。

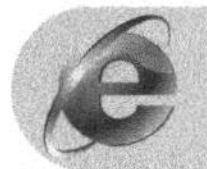

实例 4-4：使用函数的返回值
源文件路径：daima\4\4-4

实例文件 index.php 的主要实现代码如下：

```
<?php
function square($num)           //定义函数 square()
{
   return $num * $num;          //返回参数的积
}
echo square(4);                 //运行函数 square()
?>
```

本实例的执行效果如图 4-4 所示。

16

图 4-4　实例 4-4 中的函数返回值

4.3　文 件 包 含

在 PHP 程序中有两个十分重要的关键字，分别是 require 和 include，通过这两个关键字可以实现分拣包含功能。在本节的内容中，将详细讲解使用这两个关键字的基本知识。

↑扫码看视频

4.3.1 使用 require 包含文件

在 PHP 程序中，require()语句用于包含要运行的指定文件。换句话说，这个关键字可以从外部调用一个 PHP 文件或者其他的程序文件，调用后可以运行这些文件。

在下面的实例代码中，演示了使用 require 包含文件的过程。

实例 4-5：使用 require 包含文件
源文件路径：daima\4\4-5

实例文件 index.php 的主要实现代码如下：

```
<?php
require '1.php';          //调用文件 1.php
require ('1.txt');        //调用文件 1.txt
?>
```

文件 1.php 的代码如下：

```
<?php
  echo "我是 C++语言注释的方法  // <br>";
  echo "我是 C 语言注释的方法，对多行注释十分有用 /*...*/ <br>";
  echo "我是 Unix 的注释方法  # <br>"; # 使用 UNIX Shell 语法注释
?>
```

记事本文件 1.txt 的内容如下：

```
有雾的日子
我特爱出门
特爱走些并不太熟悉的路
不为别的
只因为有很多人在雾中穿行
只因为有很多人在十字路口徘徊
徘徊    又彷徨
左边    右边   还是前边
```

执行文件 index.php 后的效果如图 4-5 所示。

我是C++语言注释的方法 //
我是C语言注释的方法，对多行注释十分有用 /*...*/
我是Unix的注释方法 #
有雾的日子 我特爱出门 特爱走些并不太熟悉的路 不为别的 只因为
有很多人在雾中穿行 只因为有很多人在十字路口徘徊 徘徊 又彷徨
左边 右边 还是前边

图 4-5　实例 4-5 的执行效果

4.3.2 使用 include 包含文件

除了上面的包含文件方法外，在 PHP 程序中还可以使用关键字 include 实现文件包含功能。在下面的实例代码中，演示了使用 include 包含文件的具体过程。

实例 4-6：使用 include 包含文件
源文件路径：daima\4\4-6

实例文件 index.php 的主要实现代码如下：

```
<?php
include 'vars.php';          //包含外部文件 vars.php
echo "A $color $fruit";      //输出：A green apple
?>
```

文件 vars.php 的代码如下：

```
<?php
$color = 'green';            //设置变量值
$fruit = 'apple';            //设置变量值
?>
```

本实例的执行效果如图 4-6 所示。

A green apple

图 4-6　include 包含文件的执行效果

知识精讲

如果 include 出现于调用文件中的一个函数里，则被调用的文件中所包含的所有代码将表现得如同它们是在该函数内部定义的一样。所以它将遵循该函数的变量范围，如果在函数的变量范围外面则不能够使用。

4.4　使用数学函数

在计算机程序语言中，数学函数的功能是处理一些和数学计算相关的问题，例如计算一个数的绝对值。在 PHP 程序中，数学函数大约有 50 个，它们可以解决各种常见的数学问题。在本节的内容中，将详细讲解使用 PHP 内置数学函数的知识。

↑扫码看视频

4.4.1　数的基本运算

只用本书前面介绍的运算符运算是不能满足现实项目需求的，在 PHP 程序中还有数的绝对值、数的最大值、数的最小值等数学操作。

下面以计算数的绝对值为例，详细讲解使用绝对值函数的具体过程。

实例 4-7：使用绝对值函数
源文件路径：daima\4\4-7

实例文件 index.php 的主要实现代码如下：

```
<?php
$abs = abs(-4.2);              //绝对值函数
$abs2 = abs(5);                //绝对值函数
$abs3 = abs(-5);               //绝对值函数
echo $abs;
echo "</br>";
echo $abs2;
echo "</br>";
echo $abs3;
?>
```

本实例的执行效果如图 4-7 所示。

```
4.2
5
5
```

图 4-7　绝对值函数的执行效果

知识精讲

数学函数十分简单，只要在特殊关键字后面跟参数就可以了。至于其他数学函数，用户可以去 PHP 函数手册中查找具体用法。

4.4.2　使用角度运算函数

角度运算主要包括角的正弦值、余弦值、正切值、余切值等内容。

在下面的实例代码中，演示了使用 PHP 角度运算函数的方法。

实例 4-8：使用角度运算函数

源文件路径：daima\4\4-8

实例文件 index.php 的主要实现代码如下：

```
<?php
echo sin(deg2rad(60));      //0.866025403 ...
echo "</br>";
echo sin(60);               // -0.304810621 ...
?>
```

本实例的执行效果如图 4-8 所示。

```
0.86602540378444
-0.30481062110222
```

图 4-8　求正弦函数的执行效果

4.5　使用日期和时间函数

任何计算机程序都离不开跟日期或时间相关的处理，这是 PHP 编程中的重要组成部分，例如在网页程序中经常见到显示当前时间、将时间保存到数据库、从数据库中调出时间等功能。在本节的内容中，将详细讲解使用 PHP 内置日期和时间函数的知识。

↑扫码看视频

在 PHP 程序中，与日期和时间相关的函数一共有 12 个。

在下面的实例代码中，演示了使用日期和时间函数的过程。

实例 4-9：使用日期和时间函数

源文件路径：daima\4\4-9

实例文件 index.php 的主要实现代码如下：

```
<?php
echo date("M-d-Y", mktime(0, 0, 0, 12, 32, 1997));    //日期函数，设置当前显示日期
echo "</br>";
echo date("M-d-Y", mktime(0, 0, 0, 13, 1, 1997));
echo "</br>";
echo date("M-d-Y", mktime(0, 0, 0, 1, 1, 1998));
echo "</br>";
echo date("M-d-Y", mktime(0, 0, 0, 1, 1, 98));
echo "</br>";

$lastday = mktime(0, 0, 0, 3, 0, 2000);
echo "</br>";
echo strftime("Last day in Feb 2000 is: %d", $lastday);
echo "</br>";
$lastday = mktime(0, 0, 0, 4, -31, 2000);
echo "</br>";
echo strftime("Last day in Feb 2000 is: %d", $lastday);
?>
```

将上述文件保存到服务器环境下，运行浏览后得到如图 4-9 所示的结果。

```
Jan-01-1998
Jan-01-1998
Jan-01-1998
Jan-01-1998

Last day in Feb 2000 is: 29

Last day in Feb 2000 is: 29
```

图 4-9　日期与时间处理函数的执行效果

4.6 实践案例与上机指导

通过本章的学习，读者基本可以掌握 PHP 语言函数的基本知识。其实 PHP 语言函数的知识还有很多，这需要读者通过课外渠道来加深学习。下面通过练习操作，以达到巩固学习、拓展提高的目的。

↑扫码看视频

4.6.1 函数中的函数

在 PHP 程序中，函数也可以跟循环语句一样进行嵌套。

下面的实例代码中，演示了使用嵌套函数的过程。

实例 4-10：使用嵌套函数

源文件路径：daima\4\4-10

实例文件 index.php 的主要实现代码如下：

```
<?php
function foo()                      //定义函数 foo()
{
  function bar()                    //在函数 foo()中定义函数 bar()
  {
    echo "我是函数中的函数.\n";      //函数的返回值
  }
}
foo();                              //运行函数 foo()
bar();                              //运行函数 bar()
?>
```

本实例的执行效果如图 4-10 所示。

我是函数中的函数.

图 4-10　函数中的函数的执行效果

4.6.2 使用非标量类型作为默认参数

除了前面介绍的两种传递方式以外，PHP 函数还通常通过非标量的传递方式传递数值。可以指定某个参数为可选参数，将可选参数放在参数列表末尾，并且指定其默认值为空。

实例 4-11：使用非标量类型作为默认参数

源文件路径：daima\4\4-11

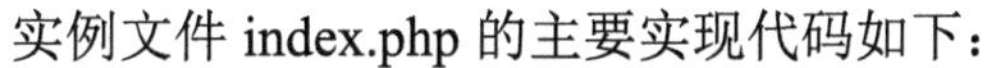
实例文件 index.php 的主要实现代码如下：

```
<?php
//定义函数 makecoffee()，非标量类型作为默认参数
function makecoffee($types = array("cappuccino"), $coffeeMaker = NULL)
{
    $device = is_null($coffeeMaker) ? "hands" : $coffeeMaker;
    return "Making a cup of ".join(", ", $types)." with $device.\n";
}
echo makecoffee();      //调用函数
echo makecoffee(array("cappuccino", "lavazza"), "teapot");
?>
```

本实例的执行效果如图 4-11 所示。

```
Making a cup of cappuccino with hands. Making a cup of cappuccino,
lavazza with teapot.
```

图 4-11 使用非标量参数传递的执行效果

4.7 思考与练习

本章详细讲解了 PHP 函数的知识，循序渐进地讲解了初步认识函数、函数间传递参数、文件包含、使用数学函数、使用日期和时间函数等知识。在讲解过程中，通过具体实例介绍了使用 PHP 函数的方法。通过对本章内容的学习，读者应能熟悉使用 PHP 函数的知识，并掌握它们的使用方法和技巧。

1. 选择题

(1) 用户在定义函数时必须以关键字(　　)开头进行声明。

A. function　　B. def　　C. var　　D. fun

(2) 如果想要使函数的一个参数总是通过引用传递，可以在函数定义该参数的前面预先加上符号(　　)。

A. &　　B. ~　　C. #　　D. $

2. 判断对错

(1) 将实参的值赋值到对应的形参中，在函数内部的操作针对形参进行，操作的结果不会影响到实参，即函数返回后，实参的值会改变。　　(　　)

(2) 在函数内部的操作针对形参进行，操作的结果不会影响到实参，即函数返回后，实参的值会发生改变。　　(　　)

3. 上机练习

(1) 创建名为“writeMsg()”的函数，此函数的功能是输出 "Hello World!"。

(2) 编写函数 familyName()，设置此函数有一个参数($fname)，当调用 familyName()函数时，我们同时要传递一个名字(例如 Bill)，这样会输出不同的名字，但是姓氏相同。

第 5 章

数　组

本章要点

- 声明数组
- 对数组进行简单的操作
- 其他数组函数

本章主要内容

数组是对大量数据进行有效组织和管理的手段之一，通过数组的强大功能，可以对大量类型相同的数据进行存储、排序、插入及删除等操作，从而可以有效地提高程序开发效率及改善程序代码的编写方式。在本章的内容中，将详细讲解 PHP 数组的基础知识，为读者步入本书后面知识的学习打下基础。

5.1 声 明 数 组

在 PHP 语言中，数组就是一组数据的集合，把一系列数据组织起来，形成一个可操作的整体。数组可以方便、快速地处理大量相同类型的数据。

↑扫码看视频

5.1.1 声明一维数组

在 PHP 程序中，一维数组是最为简单的数组。一维数组就是一组相同类型的数据的线性集合，当在程序中遇到需要处理一组数据，或者传递一组数据时，可以应用到这种类型的数组。

在 PHP 程序中，声明一维数组的格式如下：

```
array array ( [mixed ...] )
```

在上述格式中，参数“mixed”的语法为“key=>value”，多个参数 mixed 之间用逗号分开，分别定义索引和值。索引可以是字符串或数字。如果省略了索引，则会自动产生从 0 开始的整数索引。如果索引是整数，则下一个产生的索引将是目前最大的整数索引+1。如果定义了两个完全一样的索引，则后面一个索引会覆盖前一个索引。数组中的各数据元素的数据类型可以不同，也可以是数组类型。当 mixed 是数组类型时，就是二维数组，当使用 array 函数声明数组时，数组下标既可以是数字索引也可以是关联索引。下标与数组元素值之间用“=>”进行连接，不同数组元素之间用逗号进行分隔。

下面的实例演示了声明并使用一维数组的过程。

实例 5-1：声明并使用一维数组

源文件路径： daima\5\5-1

实例文件 index.php 的主要实现代码如下：

```
<?php
//定义数组并赋值
$array=array("0"=>"中","1"=>"华","2"=>"大","3"=>"团","4"=>"结");
print_r($array);            //输出数组内容
echo "<br>";                //换行
echo $array[0];             //数组内第 1 个元素
echo "<br>";                //换行
echo $array[1];             //数组内第 2 个元素
echo "<br>";                //换行
echo $array[2];             //数组内第 3 个元素
```

```
echo "<br>";                  //换行
echo $array[3];               //数组内第 4 个元素
echo "<br>";                  //换行
echo $array[4];               //数组内第 5 个元素
?>
```

本实例的执行效果如图 5-1 所示。

```
Array ( [0] => 中 [1] => 华 [2] => 大 [3] => 团 [4] => 结 )
中
华
大
团
结
```

图 5-1　实例 5-1 的执行效果

知识精讲

在 PHP 程序中，使用 array()函数定义数组的用法比较灵活，可以在函数体中只给出数组元素值，而不必给出键值。在实现一维数组的声明时，读者应注意如下三点。

(1) 数组 a 的下标是从 0 开始，也就是说，数组下标为 0 的是数组第一个元素，以此类推;

(2) 通过“index => values”进行赋值;

(3) 数组可以不赋值，也可以赋值一部分。

5.1.2　返回数组中所有的下标

在 PHP 程序中，经常需要返回数组中的下标。因为在程序中可以不写数组的下标，所以在很多程序中的数组看上去有点混乱，这时候用户就可以返回数组的所有下标，通过下标可以得到对应的具体值。在 PHP 程序中，返回数组中所有下标的语法格式如下所示：

```
array array_keys ( array input [, mixed search_value [, bool strict]] )
```

函数 array_keys()用于返回数组 input 中的数字或者字符串的下标。如果指定了可选参数 search_value，则只返回该值的下标。否则数组 input 中的所有下标都会被返回。自 PHP 5.0 起，使用“===”进行全等比较。

在下面的实例代码中，演示了返回数组中元素下标的方法。

实例 5-2：返回数组中所有元素的下标

源文件路径：daima\5\5-2

实例文件 index.php 的主要实现代码如下：

```
<?php
$array = array(0 => 100, "color" => "red");     //定义数组并赋值
print_r(array_keys($array));                    //输出数组
```

```
$array = array("blue", "red", "green", "blue", "blue");
print_r(array_keys($array, "blue"));             //输出数组
$array = array("color" => array("blue", "red", "green"),
           "size"  => array("small", "medium", "large"));
print_r(array_keys($array));                     //输出数组
?>
```

本实例的执行效果如图 5-2 所示。

```
Array ( [0] => 0 [1] => color ) Array ( [0] => 0 [1] =>
    3 [2] => 4 ) Array ( [0] => color [1] => size )
```

图 5-2　实例 5-2 的执行效果

5.1.3　定位数组元素

在开发 PHP 程序的过程中，经常需要定位数组元素，这时可以利用函数 in_array()来实现此功能。使用函数 in_array()的语法格式如下：

```
bool in_array ( mixed needle, array haystack [, bool strict] )
```

函数 in_array()的功能是在 haystack 中搜索 needle，如果找到则返回 true，否则返回 false。如果第三个参数 strict 的值为 true，则函数 in_array()会检查 needle 的类型是否和 haystack 中的相同。

在下面的实例代码中，演示了定位数组元素的过程。

实例 5-3：定位数组元素
源文件路径：daima\5\5-3

实例文件 index.php 的主要实现代码如下：

```
<?php
$os = array("Mac", "NT", "Irix", "Linux");          //定义数组并赋值
if (in_array("Irix", $os)) {          //定位数组中是否有“Irix”
   echo "Got Irix";
}
if (in_array("mac", $os)) {           //定位数组中是否有“mac”
   echo "Got mac";
}
?>
```

本实例的执行效果如图 5-3 所示。

```
Got Irix
```

图 5-3　定位数组元素

5.1.4　使用二维数组

在 PHP 程序中，二维数组中的下标是由两个元素组成的，二维数组元素就像一个围棋棋盘，元素放在棋盘的交叉点。要想指出棋盘中的某个元素，就必须指出元素的具体坐标，

二维数组就是利用这个原理进行定义的。

在下面的实例代码中，演示了使用二维数组的具体过程。

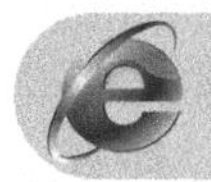

实例 5-4：使用二维数组
源文件路径：daima\5\5-4

实例文件 index.php 的主要实现代码如下：

```
<?php
    //定义二维数组并赋值
$fruits = array (
    "fruits"  => array("a" => "orange", "b" => "banana", "c" => "apple"),
    "numbers" => array(1, 2, 3, 4, 5, 6),
    "holes"   => array("first", 5 => "second", "third")
);
print_r(array_values($fruits));          //输出数组中的元素
?>
```

本实例的执行效果如图 5-4 所示。

```
Array ( [0] => Array ( [a] => orange [b] => banana [c] => apple ) [1]
=> Array ( [0] => 1 [1] => 2 [2] => 3 [3] => 4 [4] => 5 [5] => 6 ) [2]
=> Array ( [0] => first [5] => second [6] => third ) )
```

图 5-4　二维数组

智慧锦囊

二维数组实际上就是一维数组的嵌套。

5.1.5　数字索引数组

PHP 数字索引一般表示数组元素在数组中的位置，它由数字组成，下标从 0 开始。数字索引数组的默认索引值从数字 0 开始，不需要特别指定，PHP 会自动为索引数组的键名赋一个整数值，然后从这个值开始自动增量，当然也可以指定从某个位置开始保存数据。数组可以构造成一系列键-值(key-value)对，其中每一对都是数组的一个项目或元素(element)。对于数组中的每个项目，都有一个与之关联的键(key)或索引(index)相对应。PHP 语言的数字索引键值如表 5-1 所示。

表 5-1　PHP 数字索引键值

键	值
0	Low
1	Aimee Mann
2	Ani DiFranco
3	Spiritualized
4	Air

知识精讲

在 PHP 程序中，关联数组的键名可以是数字和字符串混合的形式，而不像数字索引数组的键名只能为数字。在一个 PHP 数组中，只要在键名中有一个不是数字，那么这个数组就称为关联数组。关联数组(Associative Array)使用字符串索引(或键)来访问存储在数组中各元素的值，关联索引的数组对于数据库层交互非常有用。

5.2 操作数组

在本章前面已经详细讲解了数组和数组定位的基本知识，接下来将讲解操作数组的基本知识，为读者步入本书后面知识的学习打下基础。

↑扫码看视频

5.2.1 删除数组中的重复元素

在数组中经常会出现元素重复的问题，这时可以把多余的元素删除。在 PHP 程序中，可以使用函数 array_unique()删除数组中重复的元素，使用函数 array_unique()的语法格式如下：

```
array array_unique ( array array) ;
```

函数 array_unique()接受 array 作为输入并返回没有重复值的新数组，其下标保留不变。array_unique()函数先将值作为字符串排序，然后对每个值只保留第一个遇到的下标，而忽略后面所有的下标。

实例 5-5：删除数组中的重复元素
源文件路径：daima\5\5-5

实例文件 index.php 的主要实现代码如下：

```
<?php
//定义数组并赋值
$a = array ("1" => "苹果", "橘子","鸭梨", "a" => "橘子", "香蕉", "苹果") ;
$b = array_unique ( $a ) ;       //在变量 b 中删除数组元素“a”
print_r ( $a ) ;                 //输出变量 a
echo "<br>";                     //输出换行
print_r ( $b ) ;                 //输出变量 b
?>
```

本实例的执行效果如图 5-5 所示。

```
Array ( [1] => 苹果 [2] => 橘子 [3] => 鸭梨 [a] => 橘子 [4] => 香蕉 [5] => 苹果 )
Array ( [1] => 苹果 [2] => 橘子 [3] => 鸭梨 [4] => 香蕉 )
```

图 5-5 执行效果

5.2.2 删除数组中的元素或整个数组

在开发 PHP 程序的过程中，经常需要删除数组变量中的某个元素以满足项目要求。通过使用函数 unset()能够释放指定的变量，可以释放各种变量和数组的值，其语法格式如下：

```
unset (mixed var [,mixed var [, ...]]) ;
```

各个参数的具体说明如下所示。

- 第一个参数为要删除的变量名。
- 第二个参数为要指定删除的数组元素，可以删除单个变量和单个数组元素，也可以删除多个变量和多个数组元素。

实例 5-6：删除数组中某个元素
源文件路径：daima\5\5-6

实例文件 index.php 的主要实现代码如下：

```
<?php
$shucai = array ("番茄","萝卜","黄瓜") ;      //声明数组
print_r ($shucai );                      //输出数组元素值
echo "<br>";
Unset ($shucai[1] ) ;                    //删除单个数组元素
print_r ( $shucai ) ;                    //输出数组元素值
echo "<br>" ;
foreach ($shucai as $i=>$value){
   unset ($shucai[$i]) ;                 //删除所有元素，但保持数组本身的结构
}
print_r ($shucai );                      //输出数组元素值
?>
```

本实例的执行效果如图 5-6 所示。

```
Array ( [0] => 番茄 [1] => 萝卜 [2] => 黄瓜 )
Array ( [0] => 番茄 [2] => 黄瓜 )
Array ( )
```

图 5-6 实例 5-6 的执行效果

在 PHP 程序中，删除整个数组的方法非常简单，只需直接调用函数 unset()进行删除即可。在下面的实例代码中，演示了删除整个数组的具体过程。

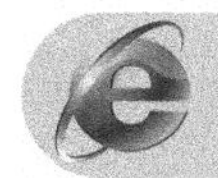

实例 5-7：删除整个数组
源文件路径：daima\5\5-7

实例文件 index.php 的主要实现代码如下：

```
<?php
$shi = array ("苹果","橘子","葡萄") ;      //声明数组并赋值
unset ( $shi ) ;                            //删除整个数组
print_r ( $shi ) ;                          //输出数组元素
?>
```

执行后将显示一片空白，因为整个数组都被删除了。

5.2.3 遍历数组元素

遍历数组元素是指在数组中寻找指定的元素，好比去商场找东西，寻找商品的过程就相当于遍历数组的操作。在 PHP 程序中，使用函数 array_walk()遍历整个数组，其语法格式如下：

```
array_walk (array array, callback function [ , mixed userdata ] ) ;
```

各个参数的具体说明如下：

- 函数 array_walk()对第 1 个参数传递过来的数组中的每个元素执行第 2 个参数定义的函数 function()。在典型情况下，function()接受两个参数，其中数组名 array 的值为第 1 个参数，而数组下标或下标名为第 2 个参数。
- 如果提供可选参数 userdata，将作为第 3 个参数传递给 function()。函数执行成功返回 true，否则返回 false。

实例 5-8：遍历数组元素

源文件路径：daima\5\5-8

实例文件 index.php 的主要实现代码如下：

```
<?php
//定义数组并赋值
$fruits = array("d" => "lemon", "a" => "orange", "b" => "banana", "c" =>
"apple");
function test_alter(&$item1, $key, $prefix)    //定义函数
{
    $item1 = "$prefix: $item1";                 //定义变量
}
function test_print($item2, $key)              //定义打印函数
{
    echo "$key. $item2<br />\n";                //输出变量
}
echo "Before ...:\n";
array_walk($fruits, 'test_print');             //输出数组内的所有元素
array_walk($fruits, 'test_alter', 'fruit');
echo "... and after:\n";
array_walk($fruits, 'test_print');             //输出数组内的所有元素
?>
```

本实例的执行效果如图 5-7 所示。

```
Before ...: d. lemon
        a. orange
        b. banana
        c. apple
... and after: d. fruit: lemon
        a. fruit: orange
        b. fruit: banana
        c. fruit: apple
```

图 5-7　实例 5-8 的执行效果

5.3　其他数组函数

除了本章前面介绍的函数外，在 PHP 语言中还有许多内置的操作数组的函数。在本节的内容中，将简要介绍几个常用的、与数组操作相关的内置函数。

↑扫码看视频

5.3.1　对所有的数组元素进行求和

在数组中一般存储了大量相同类型的数据。当程序要求计算出数组元素的和时，可以通过函数 array_sum 实现这个功能。函数 array_sum()能够将数组中的所有值的和以整数或浮点数的结果返回，其语法格式如下：

```
number array_sum ( array array )
```

在下面的实例代码中，演示了计算数组元素的和的过程。

实例 5-9：计算数组元素的和

源文件路径：daima\5\5-9

实例文件 index.php 的主要实现代码如下：

```
<?php
$a = array(2, 4, 6, 8);                            //定义数组并赋值
echo "sum(a) = " . array_sum($a) . "\n";           //求和数组元素
$b = array("a" => 1.2, "b" => 2.3, "c" => 3.4);    //定义数组并赋值
echo "sum(b) = " . array_sum($b) . "\n";           //求和数组元素
?>
```

本实例的执行效果如图 5-8 所示。

sum(a) = 20 sum(b) = 6.9

图 5-8　实例 5-9 的执行效果

知识精讲

在本章讲解了一维数组和二维数组，除了这两种数组外，还有三维数组和四维数组。在前面一章已经讲解了数据类型，其实数组实际上也是一种数据类型，它只是把相同属性的数据放在一起，在 PHP 开发中，一般都是使用一维数组、二维数组，很少使用多维数组。

5.3.2　将一个数组拆分成多个数组

在 PHP 程序中，通过函数 array_chunk()可以将一维数组拆成多个数组，其语法格式如下：

```
array_chunk ( array input, int size [, bool preserve_keys] )
```

函数 array_chunk()能够将一个数组分割成多个数组，其中每个数组的单元数目由 size 决定。经过函数 array_chunk()的处理后，最后一个数组的单元数目可能会少几个。得到的数组是一个多维数组中的单元，其索引从 0 开始，将可选参数 preserve_keys 设为 true，可以使 PHP 保留输入数组中原来的下标。如果指定了 false，那么每个结果数组将用从 0 开始的新数字索引。默认值是 false。

实例 5-10：将一个数组拆分成多个数组
源文件路径：daima\5\5-10

实例文件 indcx.php 的主要实现代码如下：

```
<?php
$input_array = array('a', 'b', 'c', 'd', 'e');
print_r(array_chunk($input_array, 2));
print_r(array_chunk($input_array, 2, true));
?>
```

本实例的执行效果如图 5-9 所示。

Array ([0] => Array ([0] => a [1] => b) [1] => Array ([0] => c [1] => d) [2] => Array ([0] => e)) Array ([0] => Array ([0] => a [1] => b) [1] => Array ([2] => c [3] => d) [2] => Array ([4] => e))

图 5-9　实例 5-10 的执行效果

5.3.3　对数组元素进行随机排序

在 PHP 程序中，提供了实现随机功能的函数 bool shuffle()，其语法格式如下：

```
bool shuffle(array input-array)
```

其中参数 input-array 表示要进行随机排序的数组。

在下面的实例代码中，演示了对数组元素进行随机排序的过程。

实例 5-11：对数组元素进行随机排序

源文件路径：daima\5\5-11

实例文件 index.php 的主要实现代码如下：

```
<?php
 $b=array("1","2","3","4","A","B","D","H","J","L","5");
 bool shuffle($b);
 for($i=0;$i<count($b);$i++){
    echo $b[$i]."  ";
 }
?>
```

本实例的执行效果如图 5-10 所示。

```
L 4 3 H A D B 2 1 5 J
```

图 5-10　实例 5-11 的执行效果

刷新页面打开后显示如图 5-11 所示的效果。

```
2 3 D 5 L A 1 B H J 4
```

图 5-11　随机产生的数组元素

智慧锦囊

随机产生的数组元素，很难让两次相同的结果放在一起，也许是同样的代码，执行的结果却不一定相同，这就是该函数的功能，整个过程是随机的，没有任何规律可循。

5.4　实践案例与上机指导

通过本章的学习，读者基本可以掌握 PHP 语言数组的基本知识。其实关于 PHP 数组操作的知识还有很多，这需要读者通过课外渠道来加深学习。下面通过练习操作，以达到巩固学习、拓展提高的目的。

↑扫码看视频

5.4.1 将字符串转换成数组

在 PHP 程序中，可以使用函数 explode()将字符串转换成数组，此函数能够将字符串依指定的字符串或字符分割(separator)某个字符串。具体语法格式如下：

```
array explode(string separator, string string [,int limit])
```

函数 explode()能够返回由字符串组成的数组，每个数组元素都是指定字符串 string 的一个子串，它们被字符串 separator 作为边界点分隔出来。如果设置了 limit 参数，则返回的数组包含最多 limit 个元素，而最后那个元素将包含 string 的剩余部分；如果 separator 为空字符串，函数 explode()将返回 false。如果 separator 所包含的值在 string 中找不到，那么函数 explode()将返回包含 string 单个元素的数组；如果参数 limit 是负数，则返回除了最后的 limit 个元素外的所有元素。

实例 5-12：将字符串转换成数组
源文件路径：daima\5\5-12

实例文件 index.php 的主要实现代码如下：

```
<?php
$str = "时装、体闲、职业装";          //定义一个字符串
$strs = explode("、", $str);      //应用 explode()函数将字符串转换成数组
print_r($strs);                   //输出数组元素
?>
```

本实例的执行效果如图 5-12 所示。

Array ([0] => 时装 [1] => 体闲 [2] => 职业装)

图 5-12　实例 5-12 的执行效果

5.4.2 获取数组中的最后一个元素

在 PHP 程序中，函数 array_pop()可以获取并返回数组的最后一个元素，并将数组的长度减 1，如果数组为空(或者不是数组)则返回 null。使用函数 array_pop()的语法格式如下：

```
mixed array_pop(array array)
```

其中参数 array 表示输入的数组。

下面实例的功能是获取数组中的最后一个元素。

实例 5-13：获取数组中的最后一个元素
源文件路径：daima\5\5-13

实例文件 index.php 的主要实现代码如下：

```
<?php
//定义数组
$arr = array ("学习 asp.net", "学习 java", "学习 javaweb", "学习 php", "学习 vb");
$array = array_pop ($arr);           //获取数组中最后一个元素
```

```
echo "被弹出的单元是：$array <br />"; //输出最后一个元素值
print_r($arr);                        //输出数组结构
?>                                    //输出数组元素
?>
```

本实例的执行效果如图 5-13 所示。

```
被弹出的单元是：学习vb
Array ( [0] => 学习asp.net [1] => 学习java [2] => 学习javaweb [3] => 学习php )
```

图 5-13　实例 5-13 的执行效果

5.5　思考与练习

本章首先介绍了什么是数组，然后详细阐述了声明并使用 PHP 数组的知识，最后讲解 PHP 内置数组操作函数的知识。在讲解过程中，通过具体实例介绍了操作各种数组的使用方法。通过对本章内容的学习，读者应能熟悉使用 PHP 数组的知识，并掌握其使用方法和技巧。

1. 选择题

(1) 在 PHP 程序中，可以使用函数(　　)将字符串转换成数组。

A. explode()　　B. transf()　　C. decode()

(2) 在 PHP 程序中，函数(　　)能够把数组中的值赋给一些变量。

A. str()　　B. list()　　C. array()

2. 判断对错

(1) 在 PHP 程序中，函数 array array_values ()可以返回数组中的所有元素。　(　　)

(2) 在 PHP 程序中，关联数组的键名可以是数字和字符串混合的形式，而不像数字索引数组的键名那样只能为字母。　(　　)

3. 上机练习

(1) 使用函数 list()遍历数组。

(2) 反转一个数组。

新起点
电脑教程

第 6 章

字符串操作

本章要点

- 删除特殊字符
- 字母大小写互相转换
- 获取字符串的长度
- 查找和替换字符串

本章主要内容

在开发 PHP 动态 Web 程序的过程中，经常会大量处理和生成字符串。在本书前面的内容中，已经讲解了字符串的基本知识。在本章的内容中，将详细讲解操作字符串的知识，通过字符串操作实现更加复杂的功能，为读者步入本书后面知识的学习打下基础。

6.1 删除特殊字符

在 PHP 程序中可以删除一些不需要的字符串。举个例子，当用户在输入信息的过程中，常常会无意识地输入一些不必要的字符，比如空格，此时可以根据程序的需要删除这些空格字符串。

↑扫码看视频

6.1.1 删除多余的字符

在一些应用程序中，字符串不允许出现空格。在 PHP 程序中，可以使用 trim()函数和 ltrim()函数删除这些空格。其中使用函数 trim()的语法格式如下：

```
string trim ( string str [, string charlist] )
```

在默认情况下，函数 trim()能够删除如下字符。

- " " (ASCII 32 (0x20))：空格。
- "\t" (ASCII 9 (0x09))：Tab 字符。
- "\n" (ASCII 10 (0x0A))：换行符。
- "\r" (ASCII 13 (0x0D))：回车符。
- "\0" (ASCII 0 (0x00))：空字节。
- "\x0B" (ASCII 11 (0x0B))：垂直制表符。

在 PHP 程序中，函数 ltrim()能够去除字符串左边的空格或者指定字符串。在默认情况下，此函数和 trim()函数的功能一样，其语法格式如下：

```
string ltrim ( string str [, string charlist] );
```

在下面的实例代码中，演示了删除点和空格字符串的过程。

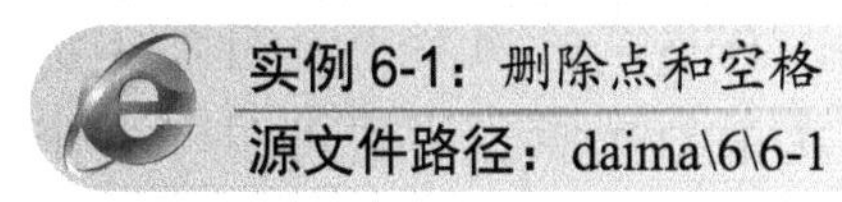

实例 6-1：删除点和空格
源文件路径：daima\6\6-1

实例文件 index.php 的主要实现代码如下：

```
<?php
$text = "  ...我喜欢你，你不知道吗 :) ...";     //定义变量并赋值
$trimmed = ltrim($text);                        //删除特殊字符
echo $trimmed;
echo "<br>";
$trimmed = ltrim($text, ". ");                  //删除.和空格
echo $trimmed;
?>
```

本实例的执行效果如图 6-1 所示。

...我喜欢你，你不知道吗 :) ...
我喜欢你，你不知道吗 :) ...

图 6-1　实例 6-1 的执行效果

知识精讲

在 PHP 程序中，字符串是数据类型的一种，是指由零个或多个字符构成的一个集合，这里所说的字符主要包含以下几种类型。

(1) 数字类型：如 1、2、3 等。

(2) 字母类型：如 a、b、c、d 等。

(3) 特殊字符：如#、$、%、&等。

(4) 不可见字符：如\n(换行符)、\r(回车符)、\t(Tab 字符)等，这是一种比较特殊的字符，用于控制字符串格式化输出，在浏览器上不可见，只能看到字符串输出的结果。

6.1.2　格式化字符串

在开发软件程序的过程中，经常需要按照指定的格式输出一些字符。在 PHP 程序中，可以使用函数 sprintf()向网页中输出一个格式化字符串，其语法格式如下：

```
string sprintf(string format,mixed[args]…);
```

参数 format 用于指定输出字符串的格式，该参数由普通字符和格式转换符组成，其中普通字符按原样输出，格式转换符以“%”号开头，格式化字符则由后面的参数替代输出。要想格式化一些字符，必须使用一些符号来实现，这些符号的具体说明如表 6-1 所示。

表 6-1　类型符号描述

符　号	说　明
%	表示不需要参数
b	参数被转换成二进制整型
c	参数被转换成整型，且以 ASCII 码字符显示
d	参数被转换为十进制整型
f	参数被转换为浮点型
o	参数被转换为八进制整型

在下面的实例代码中，演示了使用函数 sprintf()的过程。

实例 6-2：使用函数 sprintf()
源文件路径：daima\6\6-2

实例文件 index.php 的主要实现代码如下：

```
<?php
$name= "重庆工商大学";          //定义变量并赋值
$xue= 4500.56;                  //定义变量并赋值
$za= 2388.45;                   //定义变量并赋值
$zong= $xue+$za;                //变量合并
echo sprintf("%s 您应交的费用总额¥%0.01f 元",$name,$zong);
?>
```

本实例的执行效果如图 6-2 所示。

重庆工商大学您应交的费用总额￥6889.0元

图 6-2　实例 6-2 的执行效果

6.2　字母大小写互相转换

在 PHP 字符串中通常有许多大小写字母，而在有些软件项目中有时需要实现字母的大小写转换。在 PHP 语言中提供了实现字母大小写转换的功能，在下面的内容中将讲解相关的知识。

↑扫码看视频

6.2.1　将字符串转换成小写

有时出于某种需求，在程序中需要将字符串转换成小写形式。在 PHP 程序中，可以使用函数 strtolower()将传入的所有字符串全部转换成小写，并以小写形式返回这个字符串。使用函数 strtolower()的语法格式如下：

```
string strtolower(string str)
```

在下面的实例代码中，演示了使用函数 strtolower()的具体过程。

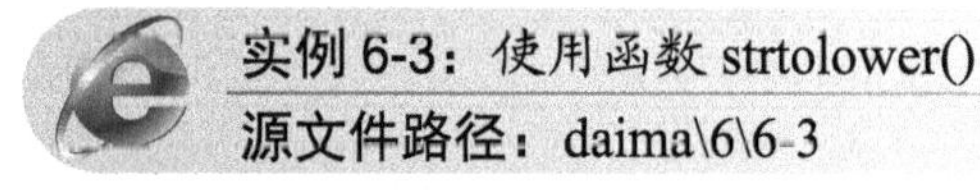

实例文件 index.php 的主要实现代码如下：

```
<?php
$str = "I want To FLY";           //定义变量并赋值
echo $str;                        //输出变量值
echo "<br>";
$str = strtolower($str);          //转换成小写
echo $str;                        //输出变量值
?>
```

本实例的执行效果如图 6-3 所示。

```
I want To FLY
i want to fly
```

图 6-3　实例 6-3 的执行效果

6.2.2　将字符串转换成大写

有时出于某种需求，需要将所有字母转换成大写形式。在 PHP 程序中，可以通过函数 strtoupper()将传入的所有字符串全部转换成大写，并以大写形式返回这个字符串。使用函数 strtoupper()的语法格式如下：

```
string strtoupper(string str)
```

在下面的实例代码中，演示了使用函数 strtoupper()的具体过程。

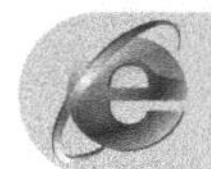

实例 6-4：使用函数 strtoupper()
源文件路径：daima\6\6-4

实例文件 index.php 的主要实现代码如下：

```
<?php
$str = "I love you";          //定义变量并赋值
echo $str;                    //输出变量值
echo "<br>";                  //换行
$str = strtoupper($str);      //转换成大写
echo $str;                    //输出变量值
?>
```

本实例的执行效果如图 6-4 所示。

```
I love you
I LOVE YOU
```

图 6-4　实例 6-4 的执行效果

6.2.3　将字符串中首字符转换成大写

在 PHP 程序中，可以使用函数 ucfirst()将字符串中的第一个字符转换成大写，并返回首字符大写的字符串。使用函数 ucfirst()的语法格式如下：

```
string ucfirst(string str)
```

在下面的实例代码中，演示了将字符串中首字符转换成大写格式的过程。

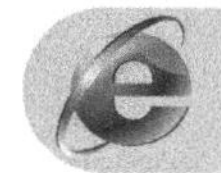

实例 6-5：将首字符转换成大写
源文件路径：daima\6\6-5

实例文件 index.php 的主要实现代码如下：

```
<?php
$foo = 'hello world!';        //定义变量并赋值，原来首字符小写
```

```
$foo = ucfirst($foo);         //首字符转换成大写形式
echo $foo . "<br>";           //输出变量值
$bar = 'HELLO WORLD!';        //定义变量并赋值，首字符大写
$bar = ucfirst($bar);         //首字符转换成大写形式
echo $bar . "<br>";
//将所有字符变成小写后，再将首字符大写
$bar = ucfirst(strtolower($bar)); //输出 Hello world!
echo $bar . "<br>";
?>
```

本实例的执行效果如图 6-5 所示。

```
Hello world!
HELLO WORLD!
Hello world!
```

图 6-5　实例 6-5 的执行效果

知识精讲

在 PHP 程序中，双引号中的内容是经过 PHP 语法分析器解析的，在双引号中的任何变量都会被转换为其本身的值进行输出。而单引号的内容是“所见即所得”的，无论是否有变量，都被当作普通字符串原样输出。

6.2.4　将每个单词的首字符转换成大写形式

在 PHP 程序中，可以使用函数 ucwords()将字符串中的每个单词的首字符转换成大写形式，并返回每个单词首字符大写的字符串。使用函数 ucwords()的语法格式如下：

```
string ucwords(string str)
```

实例 6-6：将字符串中每个单词的首字符转换成大写

源文件路径：daima\6\6-6

实例文件 index.php 的主要实现代码如下：

```
<?php
$foo = 'hello world!';        //定义变量并赋值，小写形式
$foo = ucwords($foo);         //转换成大写
echo $foo . "<BR>";           //输出变量值
$bar = 'HELLO WORLD!';        //定义变量并赋值，大写形式
$bar = ucwords($bar);         //使用函数 ucwords 把每个单词的首字符转换为大写
echo $bar . "<BR>";           //输出变量值
//全部转换成小写再将首字符转换成大写
$bar = ucwords(strtolower($bar)); // 输出 Hello World!
echo $bar . "<BR>";           //输出变量值
?>
```

本实例的执行效果如图 6-6 所示。

```
Hello World!
HELLO WORLD!
Hello World!
```

图 6-6　实例 6-6 的执行效果

6.3　查找和替换字符串

在 PHP 程序中，提供了实现字符串的查找与替换功能的内置函数，在本节的内容中，将详细讲解使用 PHP 内置函数实现字符串查找和替换功能的知识。

↑扫码看视频

6.3.1　查找字符串

在 PHP 程序中提供了许多方便的字符串查找函数，具体说明如下。

1. 函数 strstr()

在 PHP 程序中，函数 strstr()的功能是在一个字符串中查找匹配的字符串，其语法格式如下：

```
string strstr ( string haystack, string needle )
```

- string haystack：表示需要查找的字符串。
- string needle：查找的关键字。

在下面的实例代码中，演示了通过函数 strstr()查找字符串的过程。

实例 6-7： 通过函数 strstr()查找字符串
源文件路径： daima\6\6-7

实例文件 index.php 的主要实现代码如下：

```
<?php
$email = 'user@example.com';    //定义变量并赋值
$domain = strstr($email, '@'); //查找字符串“@”
echo $domain;                   //显示查找结果
?>
```

本实例的执行效果如图 6-7 所示。

```
@example.com
```

图 6-7　查找字符串

2. 函数 stristr()

虽然函数 strstr()具有查找功能，但是它对大小写十分敏感。在 PHP 程序中，函数 stristr()也能够实现查找功能，并且对大小写不敏感，其语法格式如下：

```
string stristr ( string haystack, string needle )
```

- string haystack：表示需要查找的字符串。
- string needle：查找的关键字。

在下面的实例代码中，演示了使用函数 stristr()查找字符串的过程。

实例 6-8：使用函数 stristr()查找字符串
源文件路径：daima\6\6-8

实例文件 index.php 的主要实现代码如下：

```
<?php
  $email = 'USER@EXAMPLE.com';            //定义变量并赋值
  echo stristr($email, 'e');              //输出查找结果
?>
```

本实例的执行效果如图 6-8 所示。

ER@EXAMPLE.com

图 6-8　不区分大小写查找字符串

智慧锦囊

函数 strrchr()的用法和前面两个函数大致相同，只是这个函数从最后一个被搜索到的字符串开始返回，其语法格式如下：

```
string strrchr ( string haystack, string needle )
```

string haystack：表示需要查找的字符串。

string needle：查找的关键字。

6.3.2 定位字符串

在前面介绍的字符串函数中，函数的执行结果都是返回字符串。接下来介绍的函数虽然也能够查找字符串，但是函数返回的是字符串所在的位置。

1. 查找字符串第一次出现的位置

在 PHP 程序中，函数 strpos()能够查找字符串第一次出现的位置，其语法格式如下：

```
int strpos ( string haystack, mixed needle [, int offset] )
```

上述格式的含义是能够返回 needle 在 haystack 中首次出现的数字位置。各个参数的具

体说明如下。

- haystack：在该字符串中进行查找。
- needle：如果 needle 不是一个字符串，那么它将被转换为整型并被视为字符的顺序值。
- offset：如果提供了此参数，搜索会从字符串该字符数的起始位置开始统计。和函数 strrpos()、strripos()不一样，这个偏移量不能是负数。

在下面的实例代码中，演示了使用函数 strpos()实现定位字符串功能的方法。

实例 6-9：使用函数 strpos()定位字符串
源文件路径：daima\6\6-9

实例文件 index.php 的主要实现代码如下：

```
<?php
$mystring = 'abc';                    //定义变量并赋值
$findme   = 'a';                      //定义变量并赋值
$pos = strpos($mystring, $findme); //查找第 1 次出现的地方
//注意判断返回值，要用恒等表达式===
//如果查找到为第 1 个字符，其位置索引为 0，和 false 是一样的
if ($pos === false) {                 //如果没有找到
    echo "没有找到字符串 $findme";
} else {                              //如果找到了
    echo "找到子字符串$findme";
    echo " 其位置为 $pos<br>";
}
//设定起始搜索位置
$newstring = 'abcdef abcdef';
$pos = strpos($newstring, 'a', 1); // $pos = 7
echo "设定初始查询位置：";
echo $pos;                        //显示初始查询位置
?>
```

本实例的执行效果如图 6-9 所示。

找到子字符串a 其位置为 0
设定初始查询位置：7

图 6-9　定位字符串(1)

2．返回最后一个被查询字符串的位置

在 PHP 程序中，可以通过 strrpos()函数返回最后一个被查询字符串的位置，具体语法格式如下：

```
int strrpos ( string haystack, string needle [, int offset] )
```

在下面的实例代码中，演示了通过函数 strrpos()返回最后一个被查询字符串位置的过程。

实例 6-10：返回最后一个被查询字符串的位置
源文件路径：daima\6\6-10

实例文件 index.php 的主要实现代码如下：

```
<?php
$mystring="adsfdgq4ertadbasdbbasdb";    //定义变量并赋值
$pos = strrpos($mystring, "b");         //最后一个被查询字符串的位置
if ($pos === false)                     //如果没有找到字符 b
   echo "没有找到字符 b";
else                                    //如果找到了字符 b
    echo "b 最后出现的位置为 $pos";
?>
```

本实例的执行效果如图 6-10 所示。

b最后出现的位置为 22

图 6-10　定位字符串(2)

智慧锦囊

在查询字符串的过程中，如果被查询的字符串不在原始字符串中，则函数 strpos()和函数 strrpos()都会返回 false，因为 PHP 中 false 等价于 0。也就是说，字符串的第一个字符，为了避免这个问题，采用“===”来测试返回值，判断返回是否为 false，即“if($result===false)”。

6.3.3　字符串替换

字符串替换功能很容易理解，在 Word 和记事本中也有这个功能。替换是指将查找到的内容进行更改，修改为自己需要的内容。

1. 函数 str_replace()

在 PHP 程序中，函数 str_rcplace()能够用新的字符串替换原始字符串中被指定的字符串，其语法格式如下：

```
mixed str_replace ( mixed search, mixed replace, mixed subject [, int &count] )
```

上述格式中各个参数的具体说明如下。

- search：表示要替换的目标字符串。
- replace：表示替换后的新字符串。
- subject：表示原始字符串。
- &count：表示被替换的次数。

智慧锦囊

在使用函数 str_replace()时，用户一定要注意下面的情况。

(1) 如果 search 是数组，replace 是字符串，使用 str_replace 函数将会用 replace 替换 search 数组中的所有成员。

(2) 如果 search 和 replace 都是数组，则会替换对应的成员。

在下面的实例代码中，演示了使用函数 str_replace()的具体过程。

实例 6-11：使用函数 str_replace()
源文件路径：daima\6\6-11

实例文件 index.php 的主要实现代码如下：

```
<?php
$find = array("Hello","world");
$replace = array("B");
$arr = array("Hello","world","!");
print_r(str_replace($find,$replace,$arr));
?>
```

本实例的执行效果如图 6-11 所示。

Array ([0] => B [1] => [2] => !)

图 6-11　实例 6-11 的执行效果

2．函数 substr_replace()

在 PHP 程序中，函数 substr_replace()的功能和前面介绍的函数 str_replace()十分相似，只是该函数增加了限制的条件，将用户原始字符串中的部分子字符进行查找和替换。使用函数 substr_replace()的语法格式如下：

```
mixed substr_replace ( mixed string, string replacement, int start [, int length] )
```

上述格式中各个参数的具体说明如下。

- string：表示原始字符串。
- replacement：表示替换后的新字符串。
- start：表示要替换的目标字符串的起始位置。
- length：表示被替换的字符串的长度。

知识精讲

在上述参数中，start 和 length 可以是负数。如果 start 为正数，表示从字符串的开始处计算；如果是一个负数，则从末尾开始的一个偏移量计算。length 如果为正数，则表示从 start 开始的被替换字符串的长度；如果为负数，则表示从原始字符串末尾开始，到 length 个字符串停止替换。

在下面的实例代码中，演示了使用函数 substr_replace()的过程。

实例 6-12：使用函数 substr_replace()
源文件路径：daima\6\6-12

实例文件 index.php 的主要实现代码如下：

```
<?php
$var = 'ABCDEFGH:/MNRPQR/';          //定义变量并赋值
echo "原始字符串 : $var<hr />\n";    //输出变量值
/* 下面两句替换整个字符串 */
echo substr_replace($var, 'bob', 0) . "<br />";
echo substr_replace($var, 'bob', 0, strlen($var)) . "<br />";
/* 在句首插入字符串，即被替换的字符串为空 */
echo substr_replace($var, 'bob', 0, 0) . "<br />";
/* 下面两句用'bob'替换'MNRPQR'  */
echo substr_replace($var, 'bob', 10, -1) . "<br />";
echo substr_replace($var, 'bob', -7, -1) . "<br />";
/* 删除'MNRPQR' */
echo substr_replace($var, '', 10, -1) . "<br />";
?>
```

本实例的执行效果如图 6-12 所示。

```
原始字符串 : ABCDEFGH:/MNRPQR/
--------------------------------
bob
bob
bobABCDEFGH:/MNRPQR/
ABCDEFGH:/bob/
ABCDEFGH:/bob/
ABCDEFGH://
```

图 6-12　实例 6-12 的执行效果

6.4　实践案例与上机指导

通过本章的学习，读者基本可以掌握字符串操作的知识。其实字符串操作的知识还有很多，这需要读者通过课外渠道来加深学习。下面通过练习操作，以达到巩固学习、拓展提高的目的。

↑扫码看视频

6.4.1　使用函数 strripos()

在 PHP 程序中，函数 strripos()能够返回最后一次出现查询字符串的位置，该函数区分大小写，其语法格式如下：

```
int strripos ( string haystack, string needle [, int offset] )
```

在下面的实例代码中，演示了使用函数 strripos()的具体过程。

实例 6-13：使用函数 strripos()
源文件路径：daima\6\6-13

实例文件 index.php 的主要实现代码如下：

```
<?php
$haystack = 'ababcd';              //定义变量并赋值
$needle  = 'aB';                   //定义变量并赋值
$pos = strripos($haystack, $needle);
if ($pos === false) {              //如果没有找到
   echo "Sorry, we did not find ($needle) in ($haystack)";
} else {                           //如果找到了
   echo "Congratulations!\n";
   echo "We found the last ($needle) in ($haystack) at position

($pos)";
}
?>
```

本实例的执行效果如图 6-13 所示。

Congratulations! We found the last (aB) in (ababcd) at position (2)

图 6-13　实例 6-13 的执行效果

6.4.2　使用函数 chr()

在 PHP 程序中，函数 chr()用于将 ASCII 编码值转化为字符串，其语法格式如下：

```
string chr ( int ascii )
```

其中参数 ascii 是 ASCII 码，能够返回规定的字符。
在下面的实例代码中，演示了使用函数 chr()的具体过程。

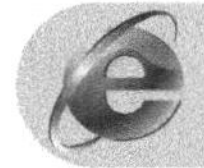

实例 6-14：使用函数 chr()
源文件路径：daima\6\6-14

实例文件 index.php 的主要实现代码如下：

```
<?php
$str = "The string ends in escape: ";  //定义变量并赋值
echo $str;                             //输出变量值
echo "<br>";
$str .= chr(27); /* 在 $str 后边增加换码符 */
echo $str  ;                           //输出变量值
echo "<br>";
//输出结果
$str = sprintf("The string ends in escape: %c", 27);
echo $str;                             //输出变量值
echo "<br>";
$str = "The string ends in escape: ";
$str .= chr(254);                      /* 在 $str 后边增加换码符 */
echo $str  ;                           //输出变量值
?>
```

本实例的执行效果如图 6-14 所示。

```
The string ends in escape:
The string ends in escape:
The string ends in escape:
The string ends in escape: �
```

图 6-14　实例 6-14 的执行效果

6.5　思考与练习

本章详细讲解了使用 PHP 内置函数操作字符串的知识，循序渐进地讲解了删除特殊字符、字母大小写互相转换、获取字符串的长度、查找和替换字符串等知识。在讲解过程中，通过具体实例介绍了使用 PHP 函数操作字符串的方法。通过本章的学习，读者应能熟悉使用 PHP 字符串操作的知识，并掌握其使用方法和技巧。

1. 选择题

(1) 格式化类型说明符(　　)表示参数被转换为十进制整型。

A. b　　B. c　　C. d　　D. f

(2) 在 PHP 程序中，可以使用函数(　　)将传入的所有字符串全部转换成小写，并以小写形式返回这个字符串。

A. strtolower()　　B. strtoupper()　　C. ucfirst()

2. 判断对错

(1) 在 PHP 程序中，可以使用函数 ucwords()将字符串中的每个单词的首字符转换成大写形式，并返回每个单词首字符大写的字符串。　(　　)

(2) 在 PHP 程序中，可以通过函数 strlen()准确地计算出字符串的实际长度。　(　　)

3. 上机练习

(1) 编写一个 PHP 程序，展示双引号和单引号的区别。

(2) 使用转义函数。

第 7 章

处理 Web 网页

本章要点

- 使用表单
- 提交表单数据的方式
- 获取表单元素的数据

本章主要内容

PHP 程序与 Web 页面交互是学习 PHP 语言开发的基础。使用 PHP 语言开发动态 Web 网页的过程，实际上就是使用 PHP 程序获取 HTML 表单数据的过程。在本章的内容中，将向大家详细讲解使用 PHP 操作 Web 网页的基础知识，为读者步入本书后面知识的学习打下基础。

7.1 使用表单

在网页程序中，表单不仅仅是为了显示一些信息，而是具有深层的意义，那就是为实现动态网页做好准备。在设计网页时为了满足动态数据的交互需求，需要使用表单来处理这些数据。通过页面表单，可以将数据进行传递处理，实现页面间的数据交互。例如，通过会员注册表单可以将会员信息在站点内保存，通过登录表单可以对用户数据进行验证。

↑扫码看视频

7.1.1 使用 form 标记

在 HTML 网页中，form 标记出现在任何一个表单窗体的开始，其功能是设置表单的基础数据。使用 form 标记的语法格式如下：

```
<form action="" method="post" enctype="application/x-www-form-urlencoded"
name="form1" target="_parent">
```

在上述语法格式中，name 表示表单的名字，method 是数据的传送方式，action 是处理表单数据的页面文件，enctype 是传输数据的 MIME 类型，target 是处理文件的打开方式。

另外，在 PHP 中有如下两种传输数据的 MIME 类型。

- application/x-www-form-urlencoded：默认方式，通常和 post 一起使用。
- multipart/form-data：上传文件或图片时的专用类型。

在表单中有如下两种传送数据的方式。

- post：从发送表单内直接传输数据。
- get：将发送表单数据附加到 URL 的尾部。

智慧锦囊

从总体上说，现实中常用的创建表单字段标记有如下 3 类。

(1) Textarea：功能是定义一个终端用户可以输入多行文本的字段。

(2) Select：功能是允许终端用户在一个滚动框或弹出菜单中的一些选项中做出选择。

(3) Input：功能是提供所有其他类型的输入。例如，单行文本、单选按钮、提交按钮等。

7.1.2 使用文本域

文本域的功能是收集页面的信息，它包含了获取信息所需的所有选项。例如，在会员

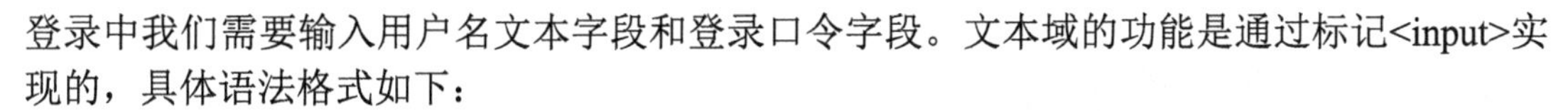

登录中我们需要输入用户名文本字段和登录口令字段。文本域的功能是通过标记<input>实现的，具体语法格式如下：

```
<label>我们的数据
<input type="类型" name="文本域" id="标识" >
</label>
```

其中，name 是文本域的名字，type 是文本域内的数据类型，id 是文本域的标识。

7.1.3　使用文本区域

文本区域的功能是收集页面的多行文本信息，它也包含了获取信息所需的所有选项。例如，留言本内容和商品评论等。在文本区域内可以输入多行文本信息。文本区域功能是通过标记<textarea>实现的，使用此标记的语法格式如下：

```
<label>我们的数据
<textarea name="文本域" id="值" cols="宽度" rows="行数"></textarea>
</label>
```

其中，name 是文本区域的名字，cols 是文本区域内每行显示的字符数，rows 是文本区域内显示的字符行数，id 是文本区域的标识。

7.1.4　使用按钮

按钮是表单交互中的重要元素之一，当用户在表单内输入数据后，可以通过单击按钮来激活处理程序，实现对数据的处理。在网页中加入按钮的方法有多种，其中最为通用的语法格式如下：

```
<label>我们的数据
<input type="类型" name="名称" id="标识" value="值">
</label>
```

上述格式非常容易理解，其中，name 表示按钮的名字，type 表示按钮的类型，value 表示在按钮上显示的文本，id 是按钮的标识。按钮有如下三种常用的类型。

- button：按钮的通用表示方法，表示是一个按钮。
- submit：设置为提交按钮，单击该按钮后数据将被处理。
- reset：设置为重设按钮，单击该按钮后将表单数据清除。

智慧锦囊

按钮的主要作用是激活事件，激发某个处理程序来实现一个特定的功能。但是有时为了特殊的需要，要为按钮实现超级链接的功能，即单击按钮后实现超级链接的功能，来到指定的目标链接页面上。通常可以使用下面的代码实现按钮的超级链接功能。

如果让本页转向新的页面，则用下面的代码实现。

```
<input type=button onclick="window.location.href('链接地址')">
```

如果需要打开一个新的页面进行转向，则用下面的代码实现。

```
<input type=button onclick="window.open('链接地址')">
```

7.1.5 使用单选按钮和复选框

单选按钮和复选框是表单交互过程中的重要元素之一。在页面中通过提供单选按钮和复选框，使用户可以选择页面中某些数据，帮助用户快速地传送数据。例如，在注册会员时，在性别一栏中会让我们选择性别是男还是女。单选按钮是指在选择时只有一项相关设置，具体语法格式如下：

```
<label>我们的数据
<input type="radio" name="名字" id="标识" value="值">
</label>
```

在上述语法格式中，name 是按钮的名字，type="radio"表示按钮的类型是单选按钮，value 是在按钮上传送的数据值，id 是按钮的标识。

复选框是指能够同时提供多项相关设置，用户可以随意选择，具体语法格式如下：

```
<label>我们的数据
<input type="checkbox" name="名字" id="标识" value="值" >
</label>
```

在上述语法格式中，name 是按钮的名字，type=" checkbox "表示按钮的类型是复选框，value 是在复选框上传送的数据值，id 是按钮的标识。

在 HTML 中，<input >中的 id 属性作用是给一个单元(元素、标签)一个独一无二的标识或标记，让浏览器在分析处理网页时找到 id 所在的地方。常用于如下四种情况。

(1) 元素的风格(style sheet)选择。

(2) 实现<A..>的链接，可以跳到 id 所在的地方。

(3) 脚本语言用它作为标记，找到 id 所在的单元。

(4) 用作声明 OBJECT 的单元的标识。

7.1.6 使用列表菜单

列表菜单是页面表单交互过程中的重要元素之一。列表菜单能够在页面中提供下拉样式的表单效果，并且在下拉列表内可以提供多个选项，帮助用户快速实现数据传送处理。使用列表菜单标记的语法格式如下：

```
<label>我们的数据
<select name="11" id="11">
  <option value="值">选择选项 1</option>
  <option value="值">选择选项 2</option>
  …
</select>
</label>
```

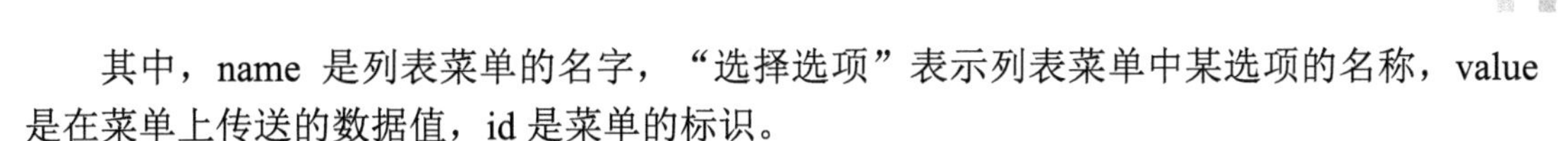

其中，name 是列表菜单的名字，“选择选项”表示列表菜单中某选项的名称，value 是在菜单上传送的数据值，id 是菜单的标识。

7.1.7　使用文件域

前面介绍的表单只能处理文本数据，其实还可以使用表单传输文件数据，例如，传输一个文件夹或一个压缩包。使用表单文件域传输文件数据的语法格式如下：

```
<label>我们的数据
<input name="名字" type="file" id="标识" size="宽度" maxlength="最多字符数">
</label>
```

其中，name 是文件域的名字，type="file"表示表单数据类型是文件，size 是表单上的字符宽度值，id 是文件域的标识，maxlength 设置最多的字符数。

7.1.8　使用图像域

为了使页面更加美观大方，可以在表单中插入图像。使用图像域标记的语法格式如下：

```
<label>我们的数据
<input name="名字" type="image" id="标识" src="文本" alt="显示" align="middle"
height="高度值"  width="宽度值">
</label>
```

其中，name 是图像域的名字，type="image"表示表单数据类型是图像，align 是图像对齐方式，id 是图像域的标识，src 设置当图片不能显示时的显示数据，height 和 width 设置图像的大小。

知识精讲

如果想区别不同的<input>，当然可以给它们加 id，例如下面的代码:

```
<INPUT id="s1" type="radio" name="sex" value="Male"> Male<BR>
<INPUT id="s2"type="radio" name="sex" value="Female"> Female<BR>
```

另外，ID 是 DOM 对象用来识别节点的，根据 ID 可以获得当前对象，可以用下面的代码获得:

```
document.getElementById("IdName")
```

7.1.9　体验第一个 PHP 表单程序

在下面的实例代码中，演示了创建第一个 PHP 表单程序的具体过程。

实例 7-1：体验第一个 PHP 表单程序
源文件路径：daima\7\7-1

实例文件 index.php 是用 HTML 编写的表单页面，主要实现代码如下：

```
<body>
输入您的个人资料：<br>
<form method=post action="showdetail.php">
账号：<INPUT maxLength=25 size=16 name=login><br>
姓名：<INPUT size=19 name=yourname ><br>
密码：<INPUT type=password size=19 name=passwd ><br>
确认密码：<INPUT type=password size=19 name=passwd ><br>
查询密码问题：<br>
<select name=question>
    <option selected value="">--请您选择--</option>
    <option value="我的宠物名字？">我的宠物名字？</option>
    <option value="我最好的朋友是谁？">我最好的朋友是谁？</option>
    <option value="我最喜爱的颜色？">我最喜爱的颜色？</option>
    <option value="我最喜爱的电影？">我最喜爱的电影？</option>
    <option value="我最喜爱的影星？">我最喜爱的影星？</option>
    <option value="我最喜爱的歌曲？">我最喜爱的歌曲？</option>
    <option value="我最喜爱的食物？">我最喜爱的食物？</option>
    <option value="我最大的爱好？">我最大的爱好？</option>
</select>
<br>
查询密码答案：<input name=question2 size=18><br>
出生日期：
        <select name="byear" id="BirthYear" tabindex=8>
            <script language="JavaScript">
                var tmp_now = new Date();
                for(i=1930;i<=tmp_now.getFullYear();i++){
                    document.write("<option value='"+i+"' "+(i==tmp_
                    now.getFullYear()-24?"selected":"")+">"+i+"</option>")
                }
                </script>
        </select>
         年
         <select name="bmonth">
        <option value="01" selected>1</option>
        <option value="02">2</option>
…
        <option value="11">11</option>
        <option value="12">12</option>
         </select>
         月
    <select name=bday tabindex=10  alt="日:无内容">
        <option value="01" selected>1</option>
        <option value="02">2</option>
        <option value="03">3</option>
…
        <option value="29">29</option>
        <option value="30">30</option>
        <option value="31">31</option>
    </select>
<br>
性别：<input type="radio" name="gender" value="1" checked>
     男
     <input type="radio" name="gender" value="2" >
     女
```

```
<br>
请选择你的爱好：
<br>
<input type="checkbox" name="hobby[]" value="dance" >跳舞<br>
<input type="checkbox" name="hobby[]" value="tour" >旅游<br>
<input type="checkbox" name="hobby[]" value="sing" >唱歌<br>
<input type="checkbox" name="hobby[]" value="dance" >打球<br>
<input type="submit"  value="提交">
<input type="reset"  value="重填">
<br>
</body>
<html>
```

上述代码的执行效果如图 7-1 所示。

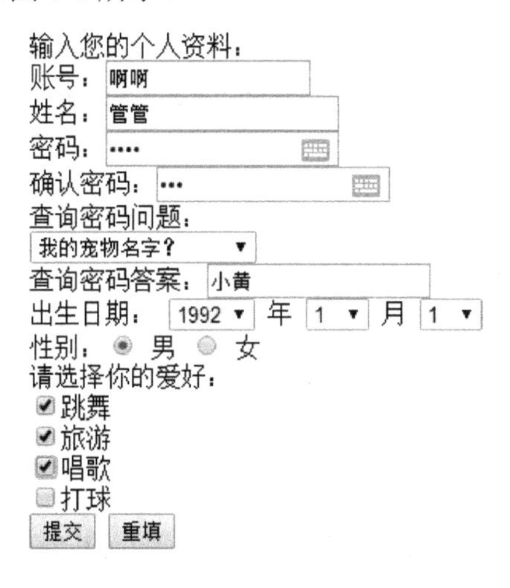

图 7-1　表单页面

当用户在上述表单页面中填写个人资料，单击“提交”按钮后会调用文件 showdetail.php 进行处理，将获取用户刚输入的表单信息，并显示在页面中。文件 showdetail.php 的主要实现代码如下：

```
<?php
    echo("你的账号是：" . $_POST['login']);                //输出账号
    echo("<br>");
    echo("你的姓名是：" .$_POST['yourname'] );             //输出姓名
    echo( "<br>");
    echo("你的密码是：" . $_POST['passwd']  );             //输出密码
    echo("<br>");
    echo("你的查询密码问题是：" . $_POST['question']  );   //查询密码问题
    echo("<br>");
    echo("你的查询密码答案是：" . $_POST['question2']   ); //查询密码答案
    echo("<br>");
    echo("你的出生日期是：" . $_POST['byear'] ."年". $_POST['bmonth'] . "月" .
        $_POST['bday'] . "日"   );                         //出生日期
    echo("<br>");
    echo("你的性别是：" . $_POST['gender']);               //性别
    echo("<br>");
    echo("你的爱好是：<br>" );                             //爱好
    foreach ($_POST['hobby'] as $hobby)
```

```
        echo($hobby . "<br>");
?>
```

填写完表单信息并单击“提交”按钮后的效果如图 7-2 所示。

```
你的账号是：啊啊
你的姓名是：管管
你的密码是：888
你的查询密码问题是：我的宠物名字？
你的查询密码答案是：小黄
你的出生日期是：1992年01月01日
你的性别是：1
你的爱好是：
dance
tour
sing
```

图 7-2　获取并显示表单中的数据

智慧锦囊

上面的功能展示了一个表单数据获取。实际上编写网页程序，就是处理页面信息，用户获取表单数据是其中的一个。在实际的过程中，还需要将数据赋值给变量，然后提交给数据库。将变量赋值给数据库将在后面的内容中进行讲解。

7.2　提交表单数据

在动态 Web 页面中，表单通常用两种方式来提交数据，分别是 GET 方法和 POST 方法，其中最常用的是 POST 方法。在本节的内容中，将详细讲解这两种提交表单数据方式的具体用法。

↑扫码看视频

7.2.1　GET 方法

在 PHP 程序中，GET 方法是<form>表单中 method 属性的默认方法。使用 GET 方法提交的表单数据被附加到 URL，并作为 URL 的一部分发送到服务器端。在 PHP 程序的开发过程中，由于 GET 方法提交的表单数据是附加到 URL 上发送的，因此在 URL 的地址栏中将会显示“URL+用户传递的参数”。在 PHP 程序中，使用 GET 方法传递参数的语法格式如下：

```
http://url?name=value1&name2=value2…
URL            参数 1        参数 2，也称查询字符串
```

参数 url 为表单响应地址(如 127.0.0.1/index.php)，name 为表单元素的名称，value1 为表单元素的值。url 和表单元素之间用“？”隔开，而多个表单元素之间用“&”隔开，每个表单元素的格式都是 name=value，这是固定不变的。

在 PHP 程序中，GET 方法本质上是将数据通过链接地址的形式传递到下一个页面。实现 GET 方法提交有两种途径：一种是通过表单的方式，另一种是通过直接书写超级链接的方式，具体语法格式如下：

```
<form method=post action="index.php">
```

- method：提交方式。
- action：处理页面。

在下面的实例代码中，演示了使用 GET 方法传递数据的过程。

实例 7-2：使用 GET 方法传递数据

源文件路径：daima\7\7-2

实例文件 index.php 是用 HTML 编写的表单页面，主要实现代码如下：

```
<body>
请输入账号和密码：<br>
<form method=get action="get.php">
账号：<INPUT maxLength=25 size=16 name=login ><br>
密码：<INPUT type=password size=19 name=passwd ><br>
<input type="submit" name="submit" value="提交">
<input type="reset" name="reset" value="重填">
<br>
</body>
```

单击“提交”按钮后将会调用文件 get.php 进行处理，处理页面的实现代码如下：

```
<body>
要相信我啊，我是通过 GET 方法提交过来的！
</body>
```

本实例的执行效果如图 7-3 所示。

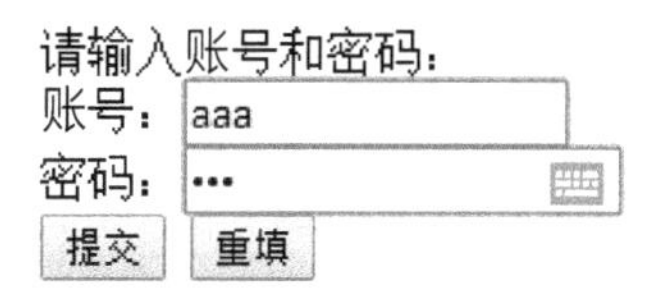

图 7-3　表单页面

单击“提交”按钮后将会打开处理页面，如图 7-4 所示。

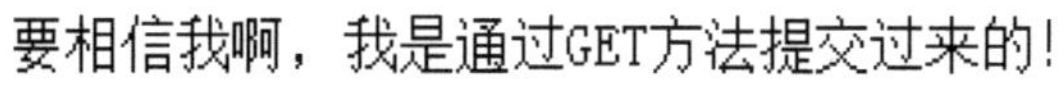

要相信我啊，我是通过GET方法提交过来的！

图 7-4　处理页面

上述实例并没有讲解如何获取表单元素的方法，这里只是提交并没有获取它的值，通过这种方法提交后，浏览器的地址栏将会发生变化，地址将变为：

```
http://localhost:8080/book/7/7-2/get.php?login=aaa&passwd=888&submit=%E6
%8F%90%E4%BA%A4
```

这说明刚才在表单中输入的账号是“aaa”，密码是“888”。读者在使用此方法传递参数时，一定要注意地址栏的变化。

7.2.2 POST 方法

当在 PHP 程序中使用 POST 方法时，只需将<form>表单中的属性 method 设置成 POST 即可。POST 方法不依赖于 URL，不会显示在地址栏中。POST 方法可以没有限制地传递数据到服务器，所有提交的信息在后台传输，用户在浏览器端是看不到这一过程的，其安全性高。所以 POST 方法比较适合用于发送一个保密的(如信用卡号)或者容量较大的数据到服务器。

在下面的实例代码中，演示了使用 POST 方法的过程。

实例 7-3：使用 POST 方法
源文件路径：daima\7\7-3

实例文件 index.php 是用 HTML 编写的表单页面，主要实现代码如下：

```
<body>
请输入账号和密码：<br>
<form method=post action="post.php">
账号：<INPUT maxLength=25 size=16 name=login ><br>
密码：<INPUT type=password size=19 name=passwd ><br>
<input type="submit" name="submit" value="提交">
<input type="reset" name="reset" value="重填">
<br>
</body>
```

单击“提交”按钮后将会调用文件 post.php 进行处理，处理页面的实现代码如下：

```
<body>
POST 方法是提交表单大量数据的利器，一定要相信我哟！
</body>
```

本实例的执行效果如图 7-5 所示。

请输入账号和密码：
账号：root
密码：••••••••
提交 重填

图 7-5　表单页面

单击“提交”按钮后将会打开如图 7-6 所示的页面，此时的页面网址是：http://localhost:8080/book/7/7-3/post.php，这和 GET 方式有很大的区别。

POST方法是提交表单大量数据的利器，一定要相信我哟！

图 7-6　提交后的页面

由此可见，POST 方法提交的都是数据块，其本质是将所有的数据作为一个单独的数据块提交到服务器，并且每个字段间会有特定的分隔符。

智慧锦囊

在 PHP 程序中，GET 方法可以通过链接提交数据，而 POST 方法则不可以，它只能通过表单提交数据。

7.2.3　传递参数

在 PHP 语言中有 3 种传递参数的常用方法，分别是$POST[]、$_GET[]、$_SESSION[]，分别用于获取表单、URL 与 Session 变量的值。

(1)　$POST[]全局变量方式。

在 PHP 程序中，使用$POST[]预定义变量可以获取表单元素的值，语法格式为：

```
$_POST[name]
```

例如建立一个表单，设置 method 属性为 POST，添加一个文本框并命名为 user，获取表单元素的代码如下：

```
<?php
$user=$_POST["user"];//应用$POST[]全局变量获取表单元素中文本框的值
?>
```

(2)　$_GET[]全局变量方式。

在 PHP 程序中，使用$_GET[]全局变量可以获取通过 GET()方法传过来的表单元素的值，语法格式为：

```
$_GET[name]
```

这样可以直接使用名字为 name 的表单元素的值。例如建立一个表单，设置 method 属性为 GET，添加一个文本框并命名为 user，获取表单元素的代码如下：

```
<?php
$user=$_GET["user"];//应用$_GET[]全局变量获取表单元素中文本框的值
?>
```

PHP 可以应用$_POST[]或$_GET[]全局变量来获取表单元素的值。但是值得注意的是，获取的表单元素名称区别字母大小写。如果读者在编写 Web 程序时疏忽了字母大小写，那么在程序运行时将获取不到表单元素的值或弹出错误提示信息。

(3)　$_SESSION[]变量方式。

在 PHP 程序中，使用$_SESSION[]变量可以获取表单元素的值，语法格式为：

```
$_SESSON[name]
```

例如建立一个表单，添加一个文本框并命名为 user，获取表单元素的代码如下：

```
$user=$_SESSION["user"]
```

当使用$_SESSION[]传递参数的方法获取变量值时，保存之后在任何页面都可以使用。但这种方法很耗费系统资源，建议读者慎重使用。

7.3 获取表单中的数据

↑扫码看视频

在 PHP 程序中，将表单提交后一定要及时获取表单中的数据，否则表单将没有任何意义。在本节的内容中，将详细讲解获取表单中数据的知识。

7.3.1 获取按钮的数据

在表单程序中的按钮通常有两种功能：一种是重置按钮，另一种是提交按钮。实际上在前面一节的内容中，用户已经接触到按钮的相关知识。下面实例的功能就是获取按钮的数据。

实例 7-4：获取按钮的数据
源文件路径：daima\7\7-4

实例文件 index.php 的主要实现代码如下：

```
<script>
    function chg(){
        document.form1.content.value="我要改变信息";
        return false;
    }
</script>
</head>
<body>
<center>
<form name="form1" method="get" action="index.php">
    <input type="text" name="content" value="请输入信息" />
    <input type="button" name="change" value="提交" onclick="return chg();"/>
    <input type="reset" name="reset" value="重置" />
</form>
</center>
```

本实例的执行效果如图 7-7 所示。

请输入信息 提交 重置

图 7-7 运行的结果

在文本框中输入信息，单击“提交”按钮将会提交输入的信息，打开如图 7-8 所示的页面。单击“重置”按钮，将会产生和图 7-7 一样的效果，因为重置的意义就是将表单回到初始化状态。

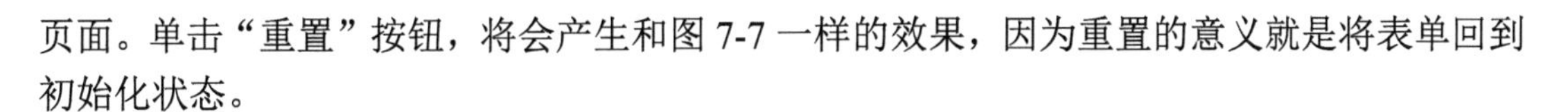

图 7-8　提交后的信息

7.3.2　获取文本框的数据

在 PHP 程序中，文本框是表单中最为常见的元素，只需在提交处理页面输入下面的代码即可获取文本框的数据。

```
<?php
if($Submit=="提交"){
$username=$_POST[username];
}
```

其中，参数$username 表示文本的变量名。然后用户输入下面的代码，就可以将变量名显示出来。

```
<?php
echo "管理员:$username"

?>
```

智慧锦囊

读者需要注意，在上述获取文本框数据的方法中，这种提交的方法必须是 POST。

在下面的实例代码中，演示了获取文本框中数据的过程。

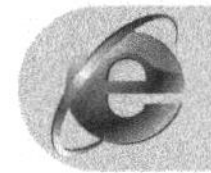

实例 7-5：获取文本框中的数据
源文件路径：daima\7\7-5

实例文件 index.php 的主要实现代码如下：

```
<body>
<form name="form1" method="post" action="">
<table width="509" border="0">
  <tr>
    <td>用户名：</td>
    <td><input type="text" name="user" size="20" ></td>
    <td> 密  码：</td>
    <td><input name="pwd" type="password" id="pwd" size="20" ></td>
    <td><input name="submit" type="submit" id="submit" value="登录" /></td>
  </tr>
</table>
</form>
<?php
if($_POST["submit"]=="登录"){
     echo "您输入的用户名为：".$_POST[user]."  密码为：".$_POST[pwd];
}
```

```
?>
</body>
```

本实例的执行效果如图 7-9 所示。

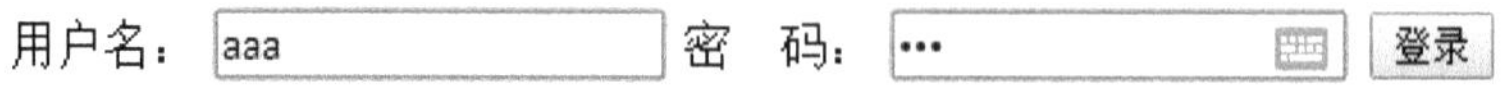

用户名：aaa 密　码：••• 登录

图 7-9　实例 7-5 的执行效果

输入用户名和密码，单击“登录”按钮后会在下方显示输入的登录信息，如图 7-10 所示。

用户名：aaa 密　码：••• 登录

您输入的用户名为：aaa　密码为：888

图 7-10　显示登录信息

7.3.3　获取单选按钮的数据

单选按钮一般是由多个按钮组成，具有相同的 name 值和不同的 value 值。单选按钮表示从多个选项中选择一个。一般情况下，同一组单选按钮的名称是一样的，假如有多个单选按钮，在实际提交数据的时候，PHP 只会分配一个变量给该组单选按钮。例如在下面的代码中，创建了一组两个单选按钮，按钮的名称是“RadioGroup1”。

```
<input type="radio" name="RadioGroup1" value="1" id="RadioGroup1_0" />
<input type="radio" name="RadioGroup1" value="2" id="RadioGroup1_1" />
```

在上述代码中，按钮的 value 值有两个，分别为“1”和“2”。当提交表单后，假如用户选择了“1”，则该变量的值就是 1，如果选择了“2”，则该变量值为 2，以此类推。要在 PHP 程序中获取单选按钮的值，可以采用下面两种方法实现。

- 用 GET 方法提交的表单数据：通过$_GET["RadioGroup1"]获取单选按钮的值。
- 用 POST 方法提交的表单数据：通过$_POST["RadioGroup1"]获取单选按钮的值。

实例 7-6：获取单选按钮的数据

源文件路径：daima\7\7-6

实例文件 index.php 的主要实现代码如下：

```
<body>
<form action="" method="post" name="form1">
性别：
<input name="sex" type="radio" value="男" checked>男
     <input type="radio" name="sex" value="女">女
<input type="submit" name="Submit" value="提交">
</form>
<?php
echo "您选择的性别为：".$_POST["sex"];
?>
</body>
```

本实例的执行效果如图 7-11 所示。选择一个性别，单击“提交”按钮后会在下方显示选择的值，如图 7-12 所示。

性别：　男　女　提交

您选择的性别为：

图 7-11　实例 7-6 的执行效果

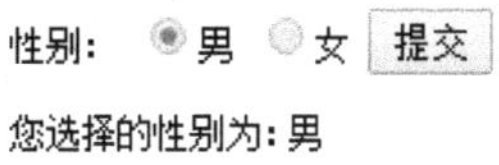

性别：　男　女　提交

您选择的性别为：男

图 7-12　显示选择的值

7.4　实践案例与上机指导

通过本章的学习，读者基本可以掌握 PHP 操作基本 Web 程序的知识。其实 PHP 操作页面元素的知识还有很多，这需要读者通过课外渠道来加深学习。下面通过练习操作，以达到巩固学习、拓展提高的目的。

↑扫码看视频

7.4.1　获取复选框的数据

复选框允许浏览多个选项，用户可以根据自己的需要选择选项。同一组复选框的名称是不一样的，但是也可以都设置一样的值。

实例 7-7：获取复选框的数据

源文件路径：daima\7\7-7

实例文件 index.php 是用 HTML 编写的表单页面，主要实现代码如下：

```
<title>
您喜欢吃什么水果
</title>
</head>
<body>
你爱的水果：<br>
<form method=get action="showcheckbox.php">
<input type="checkbox" name="dance" value="苹果" >苹果<br>
<input type="checkbox" name="tour" value="梨" >梨<br>
<input type="checkbox" name="sing" value="桃子" >桃子<br>
<input type="checkbox" name="ball" value="栗子" >栗子<br>
<input type="submit" name="submit" value="提交">
<input type="reset" name="reset" value="重填">
<br>
</body>
```

单击“提交”按钮后将会调用文件 showcheckbox.php 进行处理，此文件需要用条件语句 if 来实现。具体实现代码如下：

```
<?php
```

```
if (!empty($_GET['dance']))                    //如果苹果不为空
    echo $_GET['dance'] . "<br>";              //获取并输出对应的值
if (!empty($_GET['tour']))                     //如果梨不为空
    echo $_GET['tour']. "<br>";                //获取并输出对应的值
if (!empty($_GET['sing']))                     //如果桃子不为空
    echo $_GET['sing'] . "<br>";               //获取并输出对应的值
if (!empty($_GET['ball']))                     //如果栗子不为空
    echo $_GET['ball'] . "<br>";               //获取并输出对应的值
?>
```

本实例的执行效果如图 7-13 所示。选择复选框中的选项，单击“提交”按钮后将会显示如图 7-14 所示的页面。

你爱的水果：
☐苹果
☐梨
☐桃子
☐栗子
提交 重填

图 7-13　初始执行效果

苹果
桃子

图 7-14　显示选择的数据

智慧锦囊

在复选框中，用户千万不能写成获取文本框数据的样式，例如写成下面的代码：

```
<?php
echo $_GET['dance'];
echo $_GET['tour'];
echo $_GET['sing'];
echo $_GET['ball'];
?>
```

这样做是错误的，因为它没有判断复选框是不是为空，只有实例 7-7 的处理才是正确的，因为它判断了复选框的选项是不是为空，获取复选框值的关键也在此处。

7.4.2　获取列表框的数据

列表框能够让用户进行单项选择或者多项选择，在 PHP 程序中可以通过 select 或 option 关键字来创建一个列表框。

实例 7-8：获取列表框的数据

源文件路径：daima\7\7-8

实例文件 index.php 是用 HTML 语言编写的表单页面，主要实现代码如下：

```
<body>
选择月份：<br>
<form method=post action="showselect.php">
```

```
        <select name="bmonth">
        <option value="01" selected>1</option>
        <option value="02">2</option>
…
        <option value="11">11</option>
        <option value="12">12</option>
        </select>
<input type="submit" name="submit" value="提交">
<input type="reset" name="reset" value="重填">
<br>
</body>
```

单击“提交”按钮后将会调用文件 showselect.php 进行处理，具体实现代码如下：

```
<?php
    echo "你选择的月份是：<BR>";
    echo $_POST['bmonth']  . "  月";
?>
```

本实例的执行效果如图 7-15 所示。选择一个月份，单击“提交”按钮后的效果如图 7-16 所示。

选择月份：
1 ▼　提交　重填

图 7-15　表单页面

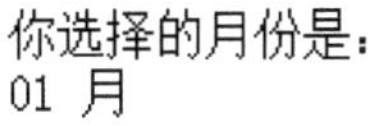

你选择的月份是：
01 月

图 7-16　单击“提交”按钮后的效果

7.5　思考与练习

本章详细讲解了使用 PHP 处理基本 Web 页面的知识，循序渐进地讲解了使用表单、提交表单数据的方式、获取表单中数据等知识。在讲解过程中，通过具体实例介绍了使用 PHP 处理静态 Web 表单数据的方法。通过对本章内容的学习，读者应能熟悉使用 PHP 操作 Web 页面的知识，并掌握其使用方法和技巧。

1. 选择题

(1) (　　)不是按钮中常用的 type 类型。

A. button　　B. submit　　C. reset　　D. input

(2) 单选按钮实质上是(　　)的集合。

A. radio　　B. textarea　　C. checkbox

2. 判断对错

(1) 列表菜单能够在页面中提供下拉样式的表单效果，并且在下拉列表内可以提供多个选项，帮助用户快速地实现数据传送处理。　　(　　)

(2) 在 PHP 程序中，GET 方法本质上是将数据通过链接地址的形式传递到下一个页面。实现 GET 方法提交有两种途径：一种是通过表单的方式，另一种是通过直接书写超级链接的形式。　　(　　)

3. 上机练习

(1) 获取隐藏字段的值。

(2) 获取文件域的值。

新起点
电脑教程

第 8 章

会话管理

本章要点

- 使用 Cookie
- 使用 Session
- 会话控制

本章主要内容

会话管理是指当客户端浏览器浏览某个网站后，某个网页发送到客户端浏览器中的一些信息，这些信息以脚本的形式保存在客户端计算机上。通常使用 Cookie 或 Session 技术记录客户的用户 ID、密码、浏览过的网页和停留的时间等信息。当我们再次访问该网站时，网站只需读取 Cookie 或 Session 便可以得到相关信息，并做出相应的动作(例如自动登录)。在本章的内容中，将向大家详细讲解使用 PHP 技术实现会话管理的基础知识。

8.1 使用 Cookie

PHP 程序中的数据可以和网页进行会话交流，会话管理就是管理 PHP 程序和基本网页之间的对话交流信息。在 PHP 程序中，可以使用 Cookie 实现会话管理。Cookie 是指在 HTTP 协议下，通过服务器或脚本语言可以维护客户浏览器上信息的一种方式。

↑扫码看视频

8.1.1 Cookie 概述

在 PHP 程序中，Cookie 是实现会话控制的核心技术之一，有效使用 Cookie 进行会话控制可以完成很多复杂的内容。Cookie，有时也用其复数形式 Cookies，指某些网站为了辨别用户身份而储存在用户本地终端上的数据(通常经过加密)。Cookie 是网景公司的前雇员 Lou Montulli 在 1993 年 3 月发明的。服务器可以利用 Cookie 包含信息的任意性来筛选并维护这些信息，以判断在 HTTP 传输中的状态。Cookie 最典型的应用是判定注册用户是否已经登录网站，用户可能会得到提示，是否在下一次进入此网站时保留用户信息以便简化登录手续，这些都是 Cookie 的功用。另一个重要应用场合是“购物车”之类的处理。用户可能会在一段时间内在同一家网站的不同页面中选择不同的商品，这些信息都会写入 Cookie，以便在最后付款时提取信息。

Cookie 可以保持登录信息到用户下次与服务器的会话，换句话说，在下次访问同一网站时，用户不必输入用户名和密码就可以登录。但也有一些 Cookie 在用户退出会话的时候就被删除了，这样可以有效保护个人隐私。

举一个简单的例子，如果用户的系统盘为 C 盘，操作系统为 Windows XP/7，当使用 IE 浏览器访问 Web 网站时，Web 服务器会自动以上述的命令格式生成相应的 Cookie 文本文件，并存储在用户硬盘的指定位置。在 Cookie 文件夹中，每个 Cookie 文件都是一个简单而又普通的文本文件，而不是程序。因为 Cookie 文件中的内容大多都经过了加密处理，所以在表面看来只是一些字母和数字组合，而只有服务器的 CGI 处理程序才知道它们真正的含义。

Web 服务器可以通过 Cookie 包含的信息来筛选或维护这些信息，以判断在 HTTP 传输中的状态。在 PHP 开发领域，Cookie 经常用于如下 3 个方面。

- 记录访客的某些信息。如可以利用 Cookie 记录用户访问网页的次数，或者记录访客曾经输入过的信息。另外，某些网站可以使用 Cookie 自动记录访客上次登录的用户名。
- 在页面之间传递变量。浏览器并不会保存当前页面上的任何变量信息，当页面被关闭时页面上的所有变量信息将随之消失。如果用户声明一个变量 id=8，要把这个变量传递到另一个页面，可以把变量 id 以 Cookie 形式保存下来，然后在下一页通过读取该 Cookie 来获取该变量的值。

➢ 将所查看的 Internet 页存储在 Cookie 临时文件夹中，可以提高以后浏览的速度。

智慧锦囊

在现实应用中，一般不用 Cookie 保存数据集或其他大量数据。因为并非所有的浏览器都支持 Cookie，并且数据信息是以明文文本的形式保存在客户端机器中，所以最好不要保存敏感的、未加密的数据，否则会影响网络的安全性。

8.1.2　创建 Cookie

在 PHP 程序中，可以通过函数 setcookie()创建并设置 Cookie，具体语法格式如下：

```
bool setcookie ( string name [ , string value [ , int expire [ , string path
[ , string domain [ , int secure ]]]]])
```

函数 setcookie()定义了一个和其余的 HTTP 头一起发送的 Cookie，它必须最先输出，在任何脚本输出之前包括<html>和<head>标签。如果在 setcookie()之前有任何的输出，那么 setcookie()就会失败并返回 false。函数 setcookie()中各个参数的具体说明如表 8-1 所示。

表 8-1　setcookie 的参数

参　数	说　明	范　例
Name	Cookie 的名字	可以通过$_COOKIE["CookieName"]调用名字是 CookieName 的 Cookie
Value	Cookie 的值，该值保存在客户端，不能用来保存敏感数据	可以通过$_COOKIE["CookieName"]获取名为 CookieName 的值
Expire	Cookie 的过期时间	如果不设置失效日期，那么 Cookie 将永远有效，除非手动将它删除
Path	Cookie 在服务器端的有效路径	如果该参数设置为'/'，那它就在整个 domain 内有效，如果设置为'/07'，它就在 domain 下的/07 目录及子目录内有效。默认是当前目录
Domain	该 Cookie 有效的域名	如果要使 Cookie 在 sina.com 域名下的所有子域都有效，应该设置为 sina.com
Secure	指明 Cookie 是否仅通过安全的 HTTPS 连接传送。当设成 true 时，Cookie 仅在安全的连接中被设置。默认值为 false	0 或 1

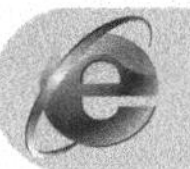

实例 8-1：创建一个 Cookie

源文件路径：daima\8\8-1

实例文件 index.php 的主要实现代码如下：

```
<?php
setcookie("TMCookie",'www.chubanbook.com');
setcookie("TMCookie", 'www.chubanbook.com', time()+60);
```

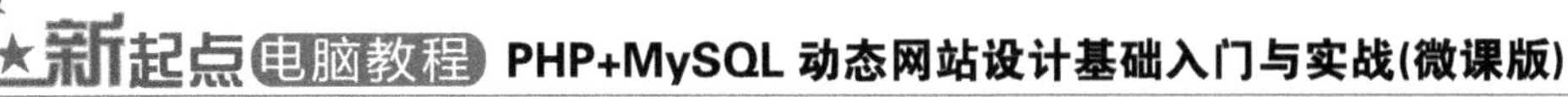


```
//设置 cookie 有效时间为 60 秒，有效目录为“/tm/”，有效域名为“chubanbook.com”及其所有子域名
setcookie("TMCookie", $value, time()+3600, "/tm/",". chubanbook.com", 1);
?>
<?php
date_default_timezone_set("Etc/GMT-8");                    //设置时区
//显示当前时间
echo "<br>当前时间：" , date("Y-m-d H:i:s") , "<br>";
echo $_COOKIE['TMCookie'];
?>
```

文件 datetime.js 的功能是显示当前的时间，主要实现代码如下：

```
//输出显示日期的容器
document.write("<span id=labTime width='118px' Font-Size='9pt'></span>");
//每 1000 毫秒(即 1 秒) 执行一次本段代码
setInterval("labTime.innerText=new Date().toLocaleString()",1000);
```

本实例的执行效果如图 8-1 所示。

```
Thu Jul 21 2016 14:51:16 GMT+0800 (中国标准时间)
当前时间：2016-07-21 14:48:52
```

图 8-1　实例 8-1 的执行效果

8.1.3　读取 Cookie

在 PHP 程序中，可以直接通过超级全局数组$COOKIE[]来读取浏览器端的 Cookie 值。在下面的实例代码中，演示了读取创建的 Cookie 的过程。

实例 8-2：读取一个 Cookie
源文件路径：daima\8\8-2

实例文件 index.php 的主要实现代码如下：

```
<?php
date_default_timezone_set("Etc/GMT-8");
if(!isset($_COOKIE["visittime"])){                        //如果 Cookie 不存在
    setcookie("visittime",date("y-m-d H:i:s"));           //设置一个 Cookie 变量
    echo "欢迎您第一次访问网站！"."<br>";                 //输出欢迎字符串
}else{                                                    //如果 Cookie 存在
    setcookie("visittime",date("y-m-d H:i:s"),time()+60);
                                                 //设置带 Cookie 失效时间的变量
   echo "您上次访问网站的时间为：".$_COOKIE["visittime"];  //输出上次访问网站的时间
    echo "<br>";                                          //换行
}
    echo "您本次访问网站的时间为： ".date("y-m-d H:i:s");  //输出当前的访问时间
?>
```

本实例的执行效果如图 8-2 所示。

```
您上次访问网站的时间为：16-07-21 14:55:57
您本次访问网站的时间为： 16-07-21 14:56:00
```

图 8-2　实例 8-2 的执行效果

8.1.4　删除 Cookie

当 Cookie 被创建后，如果没有设置它的失效时间，其 Cookie 文件会在关闭浏览器时被自动删除。如果要在关闭浏览器之前删除 Cookie 文件，可以通过如下两种方法实现。

➢　使用函数 setcookie()删除。

➢　在浏览器中手动删除 Cookie。

1. 使用函数 setcookie()删除

在 PHP 程序中，删除 Cookie 和创建 Cookie 的方式基本类似，删除 Cookie 也使用 setcookie()函数实现。在删除 Cookie 时只需要将 setcookie()函数中的第二个参数设置为空值，将第 3 个参数 Cookie 的失效时间设置为小于系统的当前时间即可。假设将 Cookie 的失效时间设置为当前时间减 1 秒，则实现代码如下：

```
setcookie("name", "", time()-1);
```

在上述代码中，time()函数返回以秒表示的当前时间戳，把当前时间减 1 秒就会得到过去的时间，从而删除了 Cookie。另外，把失效时间设置为 0，也可以直接删除 Cookie。例如下面的实例删除了一个 Cookie。

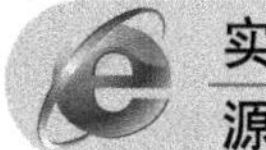

实例 8-3：删除一个 Cookie
源文件路径：daima\8\8-3

实例文件 index.php 的主要实现代码如下：

```
<?php
setcookie("TestCookie", "", time() - 3600);     //注意，第 2 个参数为空
//输出 testcookie
if (!empty($_COOKIE["TestCookie"]))             //如果 Cookie 不为空
    //显示 Cookie 的值
    echo "testcookie 值为: ".$_COOKIE["TestCookie"] . "<br>";
else                                            //如果 Cookie 为空
    echo "testcookie1 被注销。<br>";            //显示被注销
//输出 testcookie1
print_r($_COOKIE);                              //输出所有 Cookie
?>
```

本实例的执行效果如图 8-3 所示。

```
testcookie1被注销。
Array ( )
```

图 8-3　实例 8-3 的执行效果

2. 在浏览器中手动删除

在使用 Cookie 时，Cookie 自动生成一个文本文件存储在 IE 浏览器的 Cookies 临时文件夹中。在浏览器中删除 Cookie 文件是非常便捷的。具体操作步骤如下。

➢　打开 IE 浏览器，依次选择“工具”→“Internet 选项”命令，打开“Internet 选项”

对话框，如图 8-4 所示。

➢ 在“常规”选项卡中单击“删除”按钮，将弹出如图 8-5 所示的“删除浏览历史记录”对话框，选中“Cookie 和网站数据”复选框，然后单击“删除”按钮，即可成功删除全部 Cookie 文件。

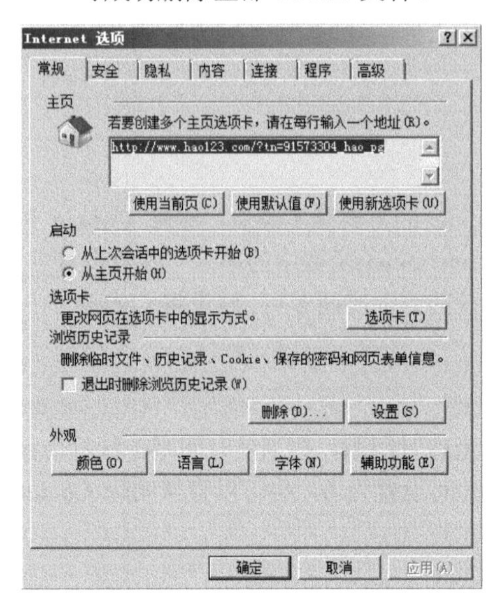

图 8-4 “Internet 选项”对话框

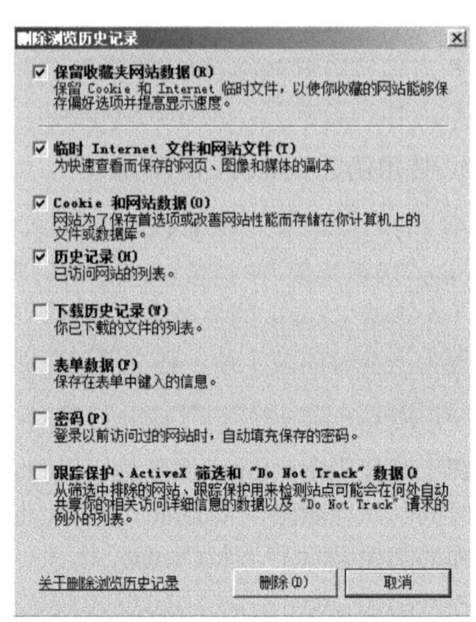

图 8-5 “删除浏览历史记录”对话框

8.2 使用 Session

↑扫码看视频

和前面介绍的 Cookie 相比，在 Session 会话文件中保存的数据在 PHP 脚本中是以变量的形式创建的，创建的会话变量在生命周期(20 分钟)中可以被跨页的请求所引用。另外，Session 会话是存储在服务器端的，所以相对比较安全，并且不像 Cookie 那样有存储长度的限制。

8.2.1 什么是 Session

Session 被译为“会话”，意思是有始有终的一系列动作/消息，如打电话时从拿起电话拨号到挂断电话这一系列过程可以称为一个 Session。在计算机专业术语中，Session 是指一个终端用户与交互系统进行通信的时间间隔，通常指从注册进入系统到注销退出系统所经过的时间。因此，Session 实际上是一个特定的时间概念。

当启动一个 Session 会话时，会生成一个随机且唯一的 session_id，也就是 Session 的文件名，此时 session_id 存储在服务器的内存中。当关闭页面时会自动注销这个 id。当重新登录此页面时，会再次生成一个随机且唯一的 id。

Session 在动态 Web 技术中非常重要，由于网页是一种无状态的连接程序，因此无法得知用户的浏览状态。通过 Session 则可记录用户的有关信息，以供用户再次以此身份对 Web 服务器提交要求时作确认。例如，在电子商务网站中，通过 Session 记录用户登录的信息，以及用户所购买的商品，如果没有 Session，那么用户每进入一个页面都需要登录一次用户名和密码。

智慧锦囊

在现实应用中，Session 会话适用于存储信息量比较少的情况。如果用户需要存储的信息量相对较少，并且不需要长期存储内容，那么使用 Session 把信息存储到服务器端比较合适。

8.2.2　创建 Session

在 PHP 程序中，创建一个会话的基本步骤如下：

启动会话→注册会话→使用会话→删除会话

1. 启动会话

有两种启动 PHP 会话的方式，一种是使用 session_start()函数，另一种是使用 session_register()函数为会话创建一个变量来隐含地启动会话。函数 session_start()通常在页面开始位置调用，然后会话变量被登录到数据$_SESSION。

在 PHP 程序中有两种可以启动会话的方法，具体说明如下。

- 通过 session_start()函数启动会话，具体语法格式如下：

```
bool session_start(void) ;
```

在使用 session_start()函数之前，浏览器不能有任何输出，否则会产生错误。

- 通过 session_register()函数创建会话。

函数 session_register()用来为会话创建一个变量来隐含地启动会话，但要求设置 php.ini 文件的选项，将 register_globals 指令设置为 on，然后重新启动 Apache 服务器。

在使用 session_register()函数时，不需要调用 session_start()函数，PHP 会在创建变量之后隐式地调用 session_start()函数。

2. 注册会话

创建会话变量后，会全部被保存在数组$_SESSION 中。通过数组$_SESSION 可以很容易地创建一个会话变量，只要直接给该数组添加一个元素即可。例如启动会话，创建一个 Session 变量并赋空值的代码如下：

```
<?php
session_start();//启动 Session
$_SESSION["admin"]=null;     //声明一个名为 admin 的变量，并赋空值
?>
```

3. 使用会话

首先需要判断会话变量是否有一个会话 ID 存在，如果不存在，则新创建一个，并且使其能够通过全局数组$_SESSION 进行访问。如果已经存在，则将这个已创建的会话变量载入以供用户使用。例如，判断存储用户名的 Session 会话变量是否为空，如果不为空，则将该会话变量赋给$myvalue，对应代码如下：

```
<?php
if( !empty($_SESSION['session_name']))  //判断用于存储用户名的Session会话变量是否为空
    $myvalue= $_SESSION['session_name'];   //将会话变量赋给一个变量$myvalue
?>
```

4. 删除会话

删除会话的方法主要有删除单个会话、删除多个会话和结束当前会话 3 种。

1) 删除单个会话

删除单个会话即删除单个会话变量，同数组的操作一样，直接注销$_SESSION 数组的某个元素即可。例如，注销$_SESSION['user']变量，可以使用 unset()函数实现：

```
unset ( $_SESSION['user'] ) ;
```

在使用 unset()函数时，需要注意$_SESSION 数组中元素不能省略，即不可以一次注销整个数组，因为这样会禁止整个会话的功能，如 unset($_SESSION)函数会将全局变量$_SESSION 销毁，而且没有办法将其恢复。这样以后用户也不能再注册$_SESSION 变量。

2) 删除多个会话

删除多个会话即一次注销所有的会话变量，可以通过将一个空的数组赋值给$_SESSION 来实现，代码如下：

```
$_SESSION= array();
```

3) 结束当前会话

如果整个会话已经结束，首先应该注销所有的会话变量，然后使用函数 session_destroy()删除当前的会话，并清空会话中的所有资源，彻底销毁 Session，实现代码如下：

```
session_destroy()
```

8.2.3 当客户端没有禁止 Cookie 时设置 Session 的失效时间

在当今大多数使用 PHP 语言开发的论坛中，都可以在登录时对失效时间进行设置，例如保存一个星期、保存一个月等，这时就可以通过 Cookie 设置登录的失效时间。在 PHP 程序中，当客户端没有禁止 Cookie 时，设置 Session 的失效时间的方法主要有以下两种。

(1) 使用函数 session_set_cookie_params()设置 Session 的失效时间，此函数是 Session 结合 Cookie 设置失效时间，例如设置 Session 在 1 分钟后失效。

在下面的实例代码中，演示了使用函数 session_set_cookie_params()的过程。

实例 8-4：使用函数 session_set_cookie_params()
源文件路径：daima\8\8-4

实例文件 index.php 的主要实现代码如下：

```
<?php
$time = 1 * 60;                              //变量赋值
session_set_cookie_params($time);            //使用函数设置 session 失效时间
session_start();                             //服务器端初始化 session
$_SESSION[username] = 'chubanbook';//设置保存的 username
if ($_SESSION[username] != "")       //设置保存的 username 值为“chubanbook”
{
    echo "<a href='session.php'>请点击我查看是否失效！</a>";
}else                                        //如果 username 不为空
{
    echo "没有设置 SESSION";
}
?>
```

本实例的执行效果如图 8-6 所示。

请点击我查看是否失效！　　请等待Session失效
暂时SESSION存在！

图 8-6　实例 8-4 的执行效果

智慧锦囊

在 PHP 程序中，不推荐使用此函数，因为此函数在某些浏览器上会出现问题。

(2)　使用函数 setcookie()设置 Session 的失效时间，例如让 Session 在 1 分钟后失效。在下面的实例代码中，演示了使用函数 setcookie()的过程。

实例 8-5：使用函数 setcookie()

源文件路径：daima\8\8-5

实例文件 index.php 的主要实现代码如下：

```
<?php
session_start();                             //服务器端初始化 session
$time = 1 * 60;                              //设置 session 失效时间变量
//使用 setcookie 手动设置 session 失效时间
setcookie(session_name(),session_id(),time()+$time,"/");
$_SESSION['user'] = "toppr";                 //设置保存的 user 值为“toppr”
$expiry = date("H:i:s");                     //获取服务器时间
if (!empty($_SESSION))                       //如果 SESSION 不为空
{
    echo "<a href='session.php?time=$expiry'>存在 SESSION 请点击我！</a>";
}else                                        //如果 SESSION 为空
{
    echo "SESSION 不存在";
}
?>
```

本实例的执行效果如图 8-7 所示。

传送页面时间：18:23:01
18:23:03

存在SESSION请点击我！ toppr

图 8-7 实例 8-5 的执行效果

8.2.4 当客户端禁止 Cookie 时设置 Session 的失效时间

当客户端禁用 Cookie 时，Session 页面间传递会失效，可以将客户端禁止 Cookie 想象成一家大型连锁超市，如果在其中一家超市内办理了会员卡，但是超市之间并没有联网，那么会员卡就只能在办理的那家超市使用。解决这个问题有 4 种方法。

- 在登录之前提醒用户必须打开 Cookie，这是很多论坛的做法。
- 设置文件 php.ini 中的 session.use_ trans_sid=1，或者在编译时打开-enable-trans-sid 选项，让 PHP 自动跨页面传递 session_id。
- 通过 GET 方法，隐藏表单传递 session_id。
- 使用文件或者数据库存储 session_id，在页面传递中手动调用。

本书对上述第 2 种方法将不做详细介绍，因为用户不能修改服务器中的 php.ini 文件。第 3 种方法不可以使用 Cookie 设置失效时间，但是登录情况没有变化。第 4 种也是最为重要的一种，在开发企业级网站时，如果遇到 Session 文件使服务器速度变慢，就可以使用。

在下面的实例代码中，演示了第 3 种方法——使用 GET 方法传输的过程。

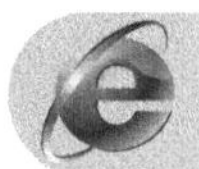

实例 8-6：使用 GET 方法传输
源文件路径：daima\8\8-6

实例文件 index.php 的主要实现代码如下：

```
<tr>
  <td height="214" valign="top" background="images/index_01.jpg">
   <form id="form1" name="form1" method="post" action="common.php?
     <?=session_name(); ?>=<?=session_id(); ?>">
   <table width="100%" height="171" border="0" cellpadding="0"
     cellspacing="0">
    <tr>
      <td width="200" height="60"></td>
      <td> </td>
    </tr>
    <tr>
      <td align="right" class="white12">用户名：</td>
      <td>
          <input name="username" type="text" size="15" />
      </td>
    </tr>
    <tr>
      <td align="right" class="white12">密  码：</td>
      <td><input name="password" type="password" size="15" /></td>
    </tr>
    <tr>
      <td> </td>
```

```
        <td valign="bottom"><input type="submit" name="Submit" value="登 录" />
          <input type="reset" name="Submit2" value="取 消" /></td>
      </tr>
    </table>
    </form>
    </td>
  </tr>
```

文件 common.php 的主要实现代码如下：

```
<?php
error_reporting(0);                  //错误处理函数
$sess_name = session_name();         //用户名信息赋值
$sess_id = $_GET[$sess_name];        //获取用户名信息
session_id($sess_id);                //session_id
session_save_path('./tmp/');         //保存 Session 数据的路径位置
session_start();                     //服务器端初始化 session
if ($_SESSION['admin'] == "")        //如果 admin 为空
{
    echo "<script>alert('对不起，你没有权限');location.href=
      'index.php'</script>";
}
?>
```

本实例的执行效果如图 8-8 所示。

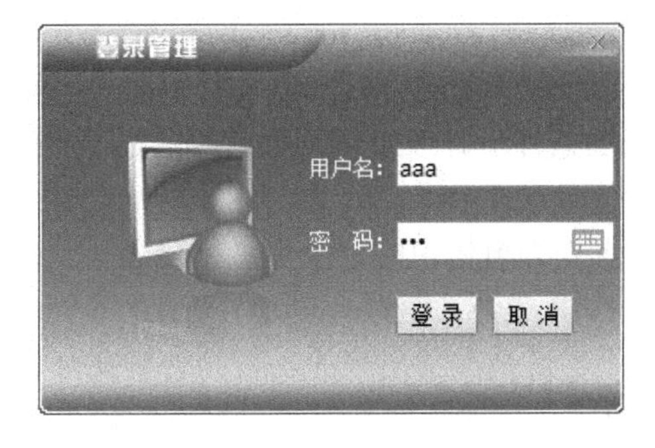

图 8-8　实例 8-6 的执行效果

知识精讲

Session 缓存能够将网页中的内容临时存储到 IE 客户端的 Temporary Internet Files 文件夹下，并且可以设置缓存的时间。当用户第一次浏览网页后，页面的部分内容在规定的时间内就被临时存储在客户端的临时文件夹中，这样在下次访问这个页面时，就可以直接读取缓存中的内容，从而提高网站的浏览效率。

在 PHP 程序中，使用函数 session_cache_limiter()实现 Session 缓存，其语法格式如下所示：

```
string session_cache_limiter ([ string $cache_limiter ] )
```

8.3 会话控制

在 PHP 程序中，通过使用 Cookie 可以实现会话功能，但是因为 Cookie 可以在客户端保存有限数量的会话状态，这成了其控制会话方面的缺陷，因此开发者需要重新掌握一种方法去实现会话控制的功能。在 PHP 语言中，可以通过标记将客户信息返回服务器的数据库，这样可以无限量地进行会话控制。

↑扫码看视频

8.3.1 两种会话方式

实现会话的基本方式有会话 ID 的传送和会话 ID 的生成两种，下面将详细介绍这两种方式的用法。

(1) 会话 ID 的传送：会话 ID 的传送有两种方式，一种是 Cookie 方式，另一种是 URL 方式，具体说明如下。

- Cookie 传送方式：是最简单的方式，但是有些客户可能限制使用 Cookie。如果在客户限制 Cookie 的条件下继续工作，那就要通过其他方式来实现了。
- URL 传送方式：在该方式中，URL 本身用来传送会话。会话标志被简单地附加在 URL 的尾部，或者作为窗体中的一个变量来传递。

(2) 会话 ID 的生成：PHP 的会话函数会自动处理 ID 的创建。但也可以通过手工方式来创建会话 ID。它必须是不容易被人猜出来的，否则会有安全隐患。

在 PHP 程序中，通常推荐使用随机数发生器函数 srand()生成会话 ID，该函数语法格式如下：

```
srand ((double) microtime () *1000000 ) ;
```

在调用该函数之后，要想生成一个唯一的会话 ID，还必须使用下面的语句实现。

```
md5( uniqid ( rand ())) ;
```

最安全的方法是让 PHP 自己生成会话 ID。

8.3.2 创建会话

要想实现一个简单的会话，通常需要通过如下几个步骤。

(1) 启动一个会话，注册会话变量，使用会话变量和注销会话变量。

(2) 注册会话变量，会话变量被启动后，全部保存在数组$_SESSION 中。通过数组$_SESSION 创建一个会话变量很容易，只要直接给该数组添加一个元素即可。

(3) 使用会话变量。

(4)　注销会话变量。

在接下来的内容中，将详细讲解上述 4 个步骤的基本知识。

1．启动一个会话

在 PHP 程序中有两种可以创建会话的方法，具体说明如下。

(1)　通过 session_start ()函数创建会话。session_start ()函数用于创建会话，此函数声明如下：

```
bool  session_start (void) ;
```

函数 session_start ()可以判断是否有一个会话 ID 存在，如果不存在就创建一个，并且使其能够通过全局数组$_SESSION 进行访问。如果已经存在，则将这个已注册的会话变量载入以供使用。

(2)　通过设置 php.ini 自动创建会话：设置 php.ini 文件中的 session.auto_start 选项，激活该选项后即可自动创建会话。但是当使用该方法启动 auto_start 时，会导致无法使用对象作为会话变量。

2．注册会话变量

会话变量被启动后，全部保存在数组$_SESSION 中。通过数组$_SESSION 创建一个会话变量很容易，只要直接给该数组添加一个元素即可，示例代码如下：

```
$_session ['session_name' ] = session_value ;
```

3．使用会话变量

使用会话变量的功能就是如何获取它的值，应该使用如下语句来实现。

```
if ( !empty ( $_SESSION['session_name']))
  $myvalue = $_SESSION['session_name'] ;
```

4．注销会话变量

注销会话变量的方法同数组的操作一样，只需直接注销$_SESSION 数组的某个元素即可。如果要注销$_SESSION['session_name']变量，可以使用如下语句实现。

```
unset ( $_SESSION['session_name'] ) ;
```

在 PHP 程序中，不可以一次注销整个数组，那样会禁止整个会话的功能。如果想要一次注销所有的会话变量，可以将一个空的数组赋值给$_SESSION，具体代码如下：

```
$_SESSION = array () ;
```

如果整个会话已经结束，首先应该注销所有的会话变量，然后使用 session_destroy()函数清除会话 ID，具体代码如下：

```
session_destroy () ;
```

在下面的实例代码中，演示了实现会话操作的具体过程。

实例 8-7：实现会话操作

源文件路径：daima\8\8-7

新建第 1 个页面，文件名为 session_1.php，其代码如下：

```
<?php
//session_1.php
session_start();                //服务器端初始化 Session
echo '欢迎来到本页';
$_SESSION['favcolor'] = 'green';    //第 1 个 session 值
$_SESSION['animal']   = 'cat';      //第 2 个 session 值
$_SESSION['time']     = time();     //第 3 个 session 值
//设置链接，进入到第 2 页
echo '<br /><a href="session_2.php">第 2 页 </a>';
?>
```

新建第 2 个页面，文件名为 session_2.php，其代码如下：

```
<?php
//session_2.php
session_start();                        //服务器端初始化 Session
echo '欢迎到第 2 页<br />';
echo  $_SESSION['favcolor']."<br>"; //输出第 1 个 session 值
echo $_SESSION['animal']."<br>";    //输出第 2 个 session 值
echo date('Y m d H:i:s', $_SESSION['time']);        //显示时间
echo '<br /><a href="session_3.php">第 3 页</a>';
?>
```

新建第 3 个页面，文件名为 session_3.php，其代码如下：

```
<?php
//session_3.php
session_start();                        //服务器端初始化 Session
echo '欢迎到第 3 页<br />';
unset($_SESSION['favcolor']);           //输出第 1 个 session 值
if (!empty($_SESSION['favcolor']))  //如果 favcolor 不为空
    echo  "SESSION['favcolor']的值是: ".$_SESSION['favcolor']."<br>";
                                        //输出 session
else                                    //如果 favcolor 为空
    echo "SESSION['favcolor']的值被删除了!";
session_destroy();                      //注销会话 ID
echo '<br /><a href="session_1.php">第 1 页</a>';
?>
```

本实例的执行效果如图 8-9 所示。单击“第 2 页”超级链接，将会得到如图 8-10 所示的效果。

欢迎来到本页
第2页

图 8-9　实例 8-7 的执行效果

欢迎到第2页
green
cat
2016 07 21 16:39:52
第3页

图 8-10　单击“第 2 页”链接后的结果

单击“第 3 页”超级链接后的效果如图 8-11 所示。

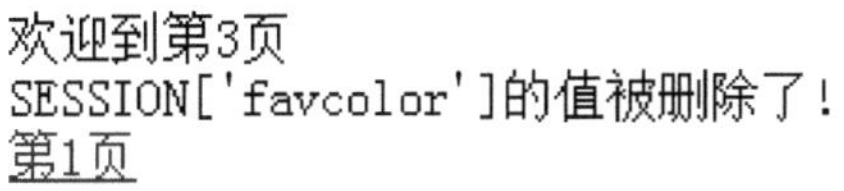

```
欢迎到第3页
SESSION['favcolor']的值被删除了！
第1页
```

图 8-11　单击“第 3 页”链接后的效果

8.4　实践案例与上机指导

通过对本章内容的学习，读者基本可以掌握 PHP 语言实现会话管理的知识。其实 PHP 会话管理的知识还有很多，这需要读者通过课外渠道来加深学习。下面通过练习操作，以达到巩固学习、拓展提高的目的。

↑扫码看视频

8.4.1　创建 Cookie 数组

在 PHP 程序中，可以根据需要创建 Cookie 数组。下面的实例演示了创建 Cookie 数组的过程。

实例 8-8：创建 Cookie 数组
源文件路径：daima\8\8-8

实例文件 index.php 的主要实现代码如下：

```
<?php
//设定 Cookie
setcookie("cookie[three]", "cookiethree"); //第 1 个 Cookie 数组
setcookie("cookie[two]", "cookietwo");     //第 2 个 Cookie 数组
setcookie("cookie[one]", "cookieone");     //第 3 个 Cookie 数组
//刷新页面后，显示出来
if (isset($_COOKIE['cookie'])) {
    foreach ($_COOKIE['cookie'] as $name => $value) {
        echo "$name : $value <br />\n";     //逐一显示 Cookie 的值
    }
}
?>
```

本实例的执行效果如图 8-12 所示。

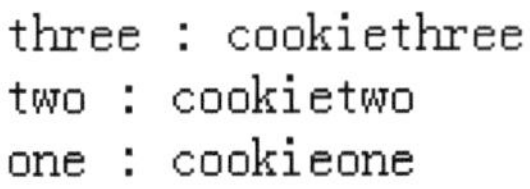

```
three : cookiethree
two : cookietwo
one : cookieone
```

图 8-12　创建数组

由此可见，创建 Cookie 数组的方法十分简单，如果执行后没有图 8-12 所示的结果，需要刷新一下页面后才会有效果。

8.4.2 Session 临时保存文件

如果在服务器中将所有用户的 Session 都保存到临时目录中，会降低服务器的安全性和效率，打开服务器存储的站点时会非常慢。在 PHP 程序中，可以使用函数 session_save_path()解决这个问题。

在下面的实例代码中，演示了使用函数 session_save_path()的具体过程。

实例 8-9：使用函数 session_save_path()
源文件路径：daima\8\8-9

实例文件 indcx.php 的主要实现代码如下：

```
<?php
$path = './tmp/';              //设置 session 存储路径
session_save_path($path);
session_start();               //初始化 session
$_SESSION[username] = true;
echo "Session 文件名称为: sess_" , session_id();
?>
```

在上述代码中，使用 PHP 函数 session_save_path()存储 Session 临时文件，可缓解因临时文件的存储而导致服务器效率降低和站点打开缓慢的问题。其执行效果如图 8-13 所示。

Session文件名称为：sess_j80k7ivtu24gk5286nh93jcqq3

图 8-13　实例 8-9 的执行效果

8.5　思考与练习

本章详细讲解了 PHP 会话管理的知识，循序渐进地讲解了使用 Cookie、使用 Session、会话控制等知识。在讲解过程中，通过具体实例介绍了使用 PHP 会话管理的方法。通过对本章内容的学习，读者应能熟悉使用 PHP 会话管理的知识，并掌握其使用方法和技巧。

1. 选择题

(1) 在 PHP 程序中，可以直接通过超级全局数组(　　)来读取浏览器端的 Cookie 值。

A. $COOKIE[]　B. $[]　C. $COOKIE

(2) 在 PHP 程序中，可以使用函数(　　)删除 Cookie。

A. setcookie()　B. dellcookie()　C. cookie()　D. setcookies()

2. 判断对错

(1) 在使用 unset()函数后会立刻删除记录信息，但使用了 session_destroy()函数后不能

立刻删除。（　　）

(2) 网页流量是网站设计师最为关注的问题，为了保证网页访问量的真实性，需要防止网络中的恶意刷新行为。（　　）

3. 上机练习

(1) 简单 Cookie 计数器。

(2) Cookie 记录登录信息。

新起点 电脑教程

第 9 章

操作文件和目录

本章要点

- 文件访问
- 文件读写
- 文件指针
- 目录操作

本章主要内容

在日常编程过程中，经常需要实现操作处理本地盘中各种文件和文件夹的功能。在 PHP 程序中，可以使用内置的函数来操作文件和目录。本章将详细讲解在 PHP 程序中操作处理文件和目录的知识，为大家步入本书后面知识的学习打下基础。

9.1 文件访问

文件访问类似去图书馆查阅资料，首先检查书架是否有所要查阅的图书类型(例如计算机类、文学类)，再找到具体的图书，最后查看具体内容。在本节的内容中，将详细讲解使用 PHP 访问文件的知识，包括检测文件或者目录是否存在、打开文件与关闭文件等操作。

↑扫码看视频

9.1.1 判断文件或目录是否存在

在对文件或者目录进行操作之前，首先需要判断它们是否存在。在 PHP 程序中，通过 file_exists()函数来判断某个文件是否存在，该函数的语法格式如下：

```
bool file_exists ( string filename ) ;
```

参数 filename 用于指定要查看的文件或者目录，如果文件或者目录存在，则返回 true，否则返回 false。当在 Windows 系统中要访问网络中的共享文件时，应该使用“//computername/share/filename”格式。

下面实例的功能是，使用函数 file_exists()判断文件或者目录是否存在。

实例 9-1：判断文件或者目录是否存在

源文件路径：daima\9\9-1

实例文件 index.php 的主要实现代码如下：

```
<?php
$filename = "test/text.txt " ;          //定义变量，设置文件的名字
      $direct = "test" ;                //定义变量，设置目录
      if ( file_exists( $filename ))    //如果文件存在
          {
      print $filename."文件存在!<br>" ; //输出提示
      }else{                            //如果文件不存在
      print $filename."文件不存在!<br>" ; //输出提示
          }
      if ( file_exists ( $direct))      //如果目录存在
      {                                 //输出提示
      print $direct."目录存在!<br>" ;
      }else{                            //如果目录不存在
      print $direct. "目录不存在!<br>" ; //输出提示
      }
?>
```

本实例的执行效果如图 9-1 所示。

图 9-1　实例 9-1 的执行效果

智慧锦囊

通过使用 PHP 的目录或者文件检测功能，可以解决很多实际问题。文件始终是放在目录下面，先判断目录是否存在，再判断文件是否存在。比如文件很有可能不在本地，需要通过远程方式打开。这是编程中应采用的逻辑判断流程，这样可以减少出错的概率。

9.1.2　打开文件

在操作任何文件之前首先需要打开这个文件，在 PHP 程序中通过 fopen()函数来打开一个文件，使用该函数的语法格式如下：

```
int fopen (string filename,string mode [,int use_include_path
[,resourcezcontext]];
```

- 参数 filename：表示要打开的包含路径的文件名，可以是绝对路径或相对路径。如果参数 filename 以“http://”开头，则打开的是 Web 服务器上的文件；如果以“ftp://”开头，则打开的是 FTP 服务器上的文件，并需要与指定服务器建立 FTP 连接；如果没有任何前缀则表示打开的是本地文件。
- 参数 mode：表示打开文件的方式，具体取值如表 9-1 所示。
- 参数 use_include_path：是一个可选参数，按照该参数指定的路径去查找文件。如果在文件 php.ini 的 include_path 路径中进行查找，则只需将该参数设置为 1 即可。

表 9-1　参数 mode 的取值信息

mode	模式名称	说　明
r	只读	读模式，文件指针位于文件的开头
r+	读写	读写模式，文件指针位于文件的开头
w	只写	写模式，文件指针指向文件头。如果该文件存在，则文件的内容全部被删除；如果文件不存在，则创建这个文件
w+	读写	读写模式，文件指针指向文件头。如果该文件存在，则有文件的全部内容被删除；如果该文件不存在，则创建这个文件

续表

mode	模式名称	说　明
a	追加	写模式，文件指针指向文件尾。从文件末尾开始追加；如果该文件不存在，则创建这个文件
a+	追加	读写模式，文件指针指向文件尾。从文件末尾开始追加或者读取；如果该文件不存在，则创建这个文件
x	特殊	写模式打开文件，仅能用于本地文件，从文件头开始写。如果文件已经存在，则 fopen()返回调用失败，函数返回 false，PHP 将产生一个警告
x+	特殊	读/写模式打开文件，仅能用于本地文件，从文件头开始读写。如果文件已经存在，则 fopen()返回调用失败，函数返回 false，PHP 将产生一个警告
b	二进制	二进制模式，主要用于与其他模式连接。推荐使用该选项，使程序获得最大限度的可移植性，所以它是默认模式。如果文件系统能够区分二进制文件和文本文件，可能会使用它。Windows 可以区分；UNIX 则不区分
t	文本	用于与其他模式的结合。曾经使用了 b 模式，否则不推荐，这个模式只是 Windows 下的一个选项

智慧锦囊

Web 服务器也称为 WWW(World Wide Web)服务器，主要功能是提供网上信息浏览服务。FTP 服务器是支持 FTP 协议的服务器。

9.1.3 关闭文件

在打开某个文件并操作完毕之后，应该及时关闭这个文件，否则会引起程序错误。在 PHP 程序中，可以使用函数 fclose()来关闭一个文件。使用该函数的语法格式如下：

```
bool  fclose ( resource handle ) ;
```

参数 handle 指向被关闭的文件指针，如果成功，则返回 true，否则返回 false。文件指针必须是有效的，并且是通过 fopen()函数成功打开文件的指针。

在下面的实例代码中，演示了打开文件并关闭文件的过程。

实例 9-2：打开文件并关闭文件

源文件路径：daima\9\9-2

实例文件 index.php 的主要实现代码如下：

```
<?php
        $filename1 = "/text.txt" ;       //定义变量，设置文件的名字
        $direct = "test" ;               //定义目录变量并赋值
        $Absolutely=$direct.$filename1; //定义变量，赋值“目录加文件名”的形式
        if(!$file1 = fopen ( $Absolutely,'r' ))     //只读方式打开指定的文件
```

```
                                                        //如果不能打开
        {
          print"不能打开 $Absolutely<br>" ;             //不能打开提示
          exit ;
         }else{                                  //只读方式打开指定的文件，如果能打开
          print"文件打开成功！<br>" ;             //能打开提示
     }
       if(!$file2 = fopen ( "test/AtiHDAud.inf",'r' )){   //只读方式打开文件
                                                              //如果不能打开
          print"不能打开 AtiHDAud.inf<br>" ;      //不能打开提示
          exit ;
         }else{                                   //只读方式打开文件，如果能打开
          print"文件打开成功！<br>" ;             //能打开提示
        }
        fclose ( $file1 ) ;                       //关闭文件
        echo "test.txt 关闭成功!<br>" ;           //关闭成功提示
        fclose ( $file2 ) ;                       //关闭文件
        echo " AtiHDAud.inf 关闭成功!<br>" ;      //关闭成功提示
?>
```

本实例的执行效果如图 9-2 所示。

文件打开成功！
文件打开成功！
test.txt关闭成功！
AtiHDAud.inf关闭成功！

图 9-2　实例 9-2 的执行效果

智慧锦囊

通过上面的实例，读者学习到本地文件的打开与关闭流程。在实际应用过程中，文件可能是远程的，比如 FTP 服务器、Web 服务器等。这时更体现文件在操作前应该检查文件是否存在，能否访问到，以免引起一些莫名其妙的错误。读者在学习 PHP 文件操作时，应注意养成良好的编程习惯，为深入学习 PHP 打下良好的基础。

9.2　文件读写

在计算机系统中，数据以文件的方式保存在储存设备上，通过编程的方式可以将数据保存到文件中。在 PHP 程序中，读写文件是 PHP 文件操作的主要功能之一。在本节的内容中，将详细讲解使用 PHP 读写文件的方法。

↑扫码看视频

9.2.1 写入数据

在 PHP 程序中，通过函数 fwrite()和函数 fputs()向文件中写入数据。函数 fputs()是函数 fwrite()的别名，两者的用法相同。使用函数 fwrite()的语法格式如下：

```
int fwrite ( resource handle, string string [ , int length ] ) ;
```

- 第 1 个参数：将被写入信息的文件指针 handle。
- 第 2 个参数：指定写入的信息。
- 第 3 个参数：写入的长度 length，当写入了 length 个字节，如果 string 的长度小于 length 的情况下写完了 string 时，则停止写入。
- 函数返回值为写入的字节数，出现错误时返回 false。

实例 9-3：向文件中写入数据

源文件路径：daima\9\9-3

实例文件 index.php 的主要实现代码如下：

```
<?php
  $hello = "test/write.txt" ;            //定义变量，设置文件的名字
      $php = "Hello  PHP!" ;             //定义字符串变量
      if ( !$yes = fopen ( $hello,'a' )) //使用添加模式打开文件，文件指针指在表尾
                                          //如果打开失败
        {
      print"不能打开$hello" ;             //输出提示
      exit ;
        }else{                            //如果打开成功
        print"打开成功! <br>" ;           //输出提示
         }
      if(!fwrite($yes,$php))             //将$php 写入文件夹中，如果写入失败
         {
      print "不能写入$php" ;              //输出提示
      exit ;
         }
      print "写入成功!<br>";              //输出提示
      fclose ( $yes ) ;                   //关闭操作
?>
```

本实例的执行效果如图 9-3 所示。

打开成功!
写入成功!

图 9-3 PHP 文件写入

智慧锦囊

在上述实例代码中，只写入了一行数据，操作非常简单。在实际文件写入应用中，往往需要写入很多行。那时读者一定要注意不同的操作系统具有不同的行结束规则。当写入一个文本并想插入一个新行时，需要使用符合操作系统的行结束符。基于 Windows 的系统使用\r\n 作为行结束符，基于 Linux 的系统使用\n 作为行结束符。如果没有注意上述规则，写入后的文件效果可能与读者原来的意思不相符合。

9.2.2　读取一个或多个字符

读取数据操作是文件处理应用中非常重要的功能之一，在 PHP 语言中有很多种读取文件数据的方式，例如读取一个字符、多个字符与整行字符等。

1. 读取一个字符函数 fgetc()

如果想对某一个字符进行查找和修改操作，需要先针对某个字符进行读取操作。在 PHP 程序中，通常使用 fgetc()函数实现字符读取功能，其语法格式如下：

```
string fgetc ( resource handle ) ;
```

参数 handle 表示将要被读取的文件指针，能够从 handle 文件中返回一个字符的字符串。下面实例的功能是使用函数 fgetc()读取数据。

实例 9-4：使用函数 fgetc()读取数据
源文件路径：daima\9\9-4

实例文件 index.php 的主要实现代码如下：

```
<?php
    $file = fopen("test/readone.txt","r" ) ;     //打开指定的文件
      if (!$file)                                //如果文件不存在
         {
      echo "不能打开文件!" ;                      //输出提示
         }
      while (false !==($shi =fgetc($file)))      //如果文件存在
         {                                       //从文件中逐一读取每个字符
      echo "$shi" ;                              //显示读取的内容
         }
      fclose ($file) ;                           //关闭操作
?>
```

本实例的执行效果如图 9-4 所示。

图 9-4　实例 9-4 的执行效果

知识精讲

在 PHP 程序中，函数 fgetc()一次只能操作一个字符，汉字占用两个字符的位置。所以在读取一个汉字的时候，如果只读取一个字符就会出现乱码。

2. 读取任意长度字符函数 fread()

在 PHP 程序中，可以使用函数 fread()从指定文件中读出指定长度的字符，其语法格式如下：

```
string fread ( int handle ,int length ) ;
```

各参数的具体说明如下。

- handle：将要被读取的文件指针；
- length：该函数从文件指针 handle 中读取 length 个字节。在文件中读取 length 个字节。

如果到达文件结尾就停止读取文件，函数 fread()还可以读取二进制文件。

下面的实例演示了使用函数 fread()的过程。

实例 9-5：使用函数 fread()
源文件路径：daima\9\9-5

实例文件 index.php 的主要实现代码如下：

```
<?php  $yes = fopen ( "test/readany.txt","r+" ) ;     //打开指定的文件
       $ten = fread ( $yes,10 ) ;           //读取文件 readany.txt 中的 10 个字节
       echo $ten."<br>" ;                    //显示读取内容
       fclose ( $yes );                     //关闭文件
  ?>
```

本实例的执行效果如图 9-5 所示。

图 9-5 执行效果

9.2.3 读取一行或多行字符

1. fgets()函数

在 PHP 程序中，函数 fgets()可以一次读取一行数据，其语法格式如下：

```
string fgets ( int handle [ ,int length ]) ;
```

各参数的具体说明如下。

- handle：将要被读取的文件指针；
- length：可选参数，要读取字节的长度。

函数 fgets()能够从 handle 指向文件中读取一行，并返回长度最多为 length-1 个字节的字符串。遇到换行符、EOF 或者读取了 length-1 个字节后停止。如果没有指定 length 的长度，默认值是 1KB。出错时返回 false。

2. fgetss()函数

在 PHP 程序中，函数 fgetss()是函数 fgets()的变体，同样用于读取一行数据，但是函数 fgetss()会过滤掉被读取内容中的 HTML 和 PHP 标记。其语法格式如下：

```
string fgetss ( resource handle, [, int $length [, string $allowable_tags]]) ;
```

函数 fgetss()有三个参数，其中前两个参数与 fgets()函数的意义一样。第三个参数 allowable_tags 可以控制哪些标记不被去掉，从读取的文件中去掉所有 HTML 和 PHP 标记。使用参数 allowable_tags 可以防止一些恶意的 PHP 和 HTML 代码执行，产生破坏作用。

实例 9-6：使用函数 fgetss()
源文件路径：daima\9\9-6

实例文件 index.php 的主要实现代码如下：

```
<?php
     $file = "test/readoneandany.txt" ;               //定义变量，设置文件的名字
     $yes = fopen ( $file,"w" ) ;                     //打开文件
     //向文本中输入 3 段数据
     fwrite ( $yes,"<b> 这是我的第一个 PHP 程序!</b>\r\n" ) ;
     fwrite ( $yes,"<br><b>这是我的第二个 PHP 程序!</b>\r\n<br>" ) ;
         fwrite ( $yes,"<b>这是我的第三个 PHP 程序!</b>\r\n" ) ;
     fclose ( $yes ) ;
     $files = fopen ( "test/readoneandany.txt","r" ) ;   //重新打开文本
     while (!feof($files))            //输出文本中所有的行，直到文件结束为止
         {
     $line = fgets ($files,1024);     //通过 fgets 函数打开文件
     echo $line;
         }
     $files = fopen ( "test/readoneandany.txt","r" ) ;//打开指定文件
     while ( !feof ( $files ))        //输出文本中所有的行，直到文件结束为止
        {
     $line = fgetss ( $files,1024 ) ; //通过 fgetss 函数打开文本
     echo $line;
        }
     fclose ( $files ) ;
?>
```

本实例的执行效果如图 9-6 所示。从运行结果可以看出，fgets()函数可以读取一行数据，其中“<b>”和“</b>\r\rn”标记中的内容被读取了，不但进行换行而且让字体加粗。后面的 fgetss()函数也能读取一行数据，但是没有对字体进行加粗。

图 9-6　执行效果

3. fgetcsv()函数

在 PHP 程序中，fgetcsv()函数也是 fgets()函数的变体，该函数是从文件指针中读取一行并解析 CVS(CVS 是一个服务器与客户端系统，简称 C/S 系统，是一个常用的代码版本控制软件。主要在开源软件管理中使用)字段，其语法格式如下：

```
array fgetcsv ( int handle,int length [, string delimiter [ , string
enclosure ]]) ;
```

其中各参数说明如下。

- handle：将要被读取的文件指针。
- length：要读取字节的长度。该函数解析读入的行并找出 CVS 格式的字段，最后返回一个包含这些字段的数组。
- delimiter 和 enclosure：都是可选的，其值分别是逗号和双引号，两者都被限制为一个字符。如果超过一个字符，则只能使用第一个字符。为了便于处理行结束字符，length 参数值必须大于 CVS 文件中长度最大的行。文件结束或者该函数遇到错误都会返回 false。

实例 9-7：使用函数 fgetcsv()
源文件路径：daima\9\9-7

实例文件 index.php 的主要实现代码如下：

```
<?php  $row = 1 ;
       $shili = fopen ( "test/fgetcsv.txt","r" ) ;      //打开指定的文件
       while ( $shi = fgetcsv ( $shili,1000, "\t" )) //从文件指针中读取一行
        {
       $num = count( $shi ) ;                        //统计操作
       print "<p> 在第 $row 行的字段 : <br>"; //显示第几行的提示
       $row++ ;                                      //逐行读取
       for ( $c=0; $c<$num; $c++ )
        print $shi[$c] . "<br>";                     //显示每一行的内容
        }
       fclose ( $shili ) ;                           //关闭操作
?>
```

本实例的执行效果如图 9-7 所示。

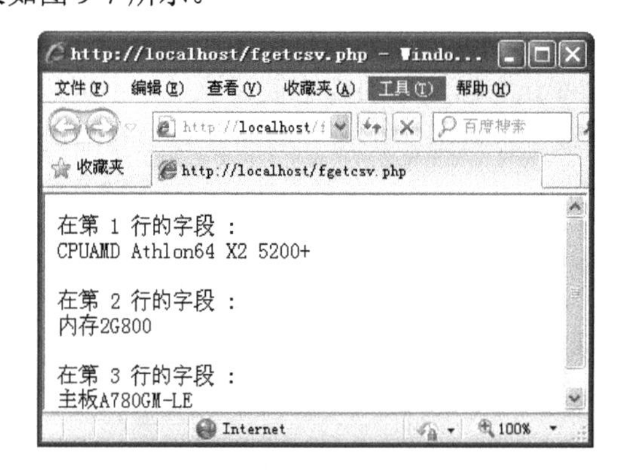

图 9-7　实例 9-7 的执行效果

在 PHP 程序中操作 CVS 文件时，CVS 文件中的空行将返回包含有单个 Null 字段的数组，而不会被当成错误。

9.3 文件指针

在本章前面的内容中，已经讲解了读写文件中单个字符、单行、多行与整个文件的操作。但是有时希望从文件中指定位置处开始对文件进行读写，这应该如何实现呢？在 PHP 语言中提供了文件指针来解决这个问题，这也被称为文件定位。

↑扫码看视频

9.3.1 使用函数 ftell()

在 PHP 程序中，函数 ftell()的主要功能是返回当前文件指针在文件中的位置，不起其他任何作用，也可以称为文件流中的偏移量，出错则返回 false。使用函数 ftell()的语法格式如下：

```
int ftell ( resource handle ) ;
```

函数 ftell()只有一个参数 handle，是能够指向将被操作的文件指针。

下面实例的功能是，使用 ftell()函数输出文本文件 readany.txt 中文件指针的位置。

实例 9-8：输出文本文件 readany.txt 中文件指针的位置

源文件路径：daima\9\9-8

实例文件 index.php 的主要实现代码如下：

```
<?php
        $file = fopen ( "test/readany.txt","r" ) ;  //打开指定的文件
       $yes = fgets( $file,4 ) ;                      //读取 4 个字节
       echo "$yes<br>";
       echo ftell ( $file ) ;                  //返回当前文件指针在文件中的位置
       fclose ( $file ) ;                      //关闭操作
?>
```

本实例的执行效果如图 9-8 所示。

图 9-8　实例 9-8 的执行效果

9.3.2　使用函数 rewind()

在 PHP 程序中，函数 rewind()的主要功能是将文件指针位置设为文件的开头。使用 rewind()函数操作文件，文件指针必须合法，所以文件必须用函数 fopen()打开。该函数成功时返回 true，失败时返回 false。使用函数 rewind()的语法格式如下：

```
int rewind ( resource handle ) ;
```

函数 rewind()只有一个参数 handle，用于指向将被操作的文件指针。

下面的实例演示了使用函数 rewind()的过程。

实例 9-9：使用函数 rewind()

源文件路径：daima\9\9-9

实例文件 index.php 的主要实现代码如下：

```
<?php
$file = fopen ( "test/writes.txt","r" ) ;   //首先打开一个文件
       $row = fgets ( $file ,1024 ) ;        //读取文件中的第一行
       echo $row ."<br>" ;
       $row = fgets ( $file ,1024 ) ;   //读取文件中的第二行，现在指针位于第二行
       echo $row ."<br>" ;
       rewind ( $file ) ;                    //将指针重新定位到第一行
       $row = fgets ( $file ,1024 ) ;        //读取数据仍旧是第一行
       echo $row."<br>" ;
       fclose ( $file ) ;                    //关闭操作
?>
```

本实例的执行效果如图 9-9 所示。

图 9-9　实例 9-9 的执行效果

知识精讲

在 PHP 程序中，如果文件以“a”模式（追加模式）打开，写入文件的任何数据总是会被附加在文件的后面，忽略文件指针的位置。

9.4　目 录 操 作

在计算机系统中，数据文件被存放在储存设备的文件系统中。文件系统就像一棵树的形状，而目录就好像树的枝干，每个文件都被保存在目录中。在目录中还可以继续包含子目录，在这些子目录中还可以包含文件和其他子目录。在本节的内容中，将详细讲解使用 PHP 语言操作目录的基本知识。

↑扫码看视频

9.4.1　打开目录

目录作为一种特殊的文件，在操作之前同样需要检查目录的合法性，实现打开与关闭目录的操作。在 PHP 程序中，使用函数 opendir()打开某个目录，使用该函数的语法格式如下：

```
resource opendir ( string path ) ;
```

函数 opendir()非常简单，只有一个参数，当参数 path 是指向一个合法的目录时，执行成功后返回目录的指针。当参数 path 不是一个合法的目录时，如果因为文件系统错误或权限而不能打开目录，函数 opendir()返回 false，同时产生 E_WARNING 的错误信息。在函数 opendir()前面加上“@”符号来控制错误信息的输出。

实例 9-10：使用函数 opendir()打开一个目录

源文件路径：daima\9\9-10

实例文件 index.php 的主要实现代码如下：

```
<?php
    $file = "test" ;                          //定义变量并赋值
    if (is_dir( $file ))                      //检测目录是否合法
if ( $yes=opendir( $file ))                   //合法则打开这个目录
    {
    echo $yes."<br>";                         //输出目录指针
    echo "目录合法<br>";                       //输出提示
    }else                                     //如果不合法
{
```

```
    echo "目录不合法<br>";                        //输出提示
    }
    closedir( $yes) ;                             //关闭目录
?>
```

本实例的执行效果如图 9-10 所示。

```
Resource id #3
目录合法
```

图 9-10　实例 9-10 的执行效果

9.4.2　遍历目录

目录中可以包含子目录或者文件，在 PHP 程序中可以使用 readdir()函数来遍历目录，读取指定目录下面的子目录与文件。使用 readdir()函数的语法格式如下：

```
string readdir ( resource dir_handle )
```

参数 dir_handle 指向 readdir()函数打开文件路径返回的目录指针，当执行 readdir()函数后，会返回目录中下一个文件的文件名，文件名以在文件系统中的排序返回，读取结束时返回 false。

下面的实例演示了遍历一个目录的过程。

实例 9-11：遍历一个目录

源文件路径：daima\9\9-11

实例文件 index.php 的主要实现代码如下：

```
<?php
    $dir = "test" ;                                   //定义变量并赋值
        $i = 0;                                       //定义变量并赋值
        if ( is_dir ( $dir ))                         //检测是否是合法目录
            {
            if ($handle = opendir ( $dir )) //合法则打开目录
                {
              while (false !== ($file = readdir($handle))) //读取目录
                {
                 $i++ ;                               //逐一读取目录中的文件
                 echo "$file <br> " ;
                 }
               echo  "该目录下有子目录与文件个数：".$i; //显示目录中的文件个数
                 /* 这是错误的遍历目录的方法 */
             while ($file = readdir($handle))         //读取目录
               {
                 echo "$file\n";
               }
            }
        }
        closedir ( $handle ) ;                        //输出目录中的内容
 ?>
```

本实例的执行效果如图 9-11 所示。

图 9-11　实例 9-11 的执行效果

9.4.3　目录的创建、合法性检查与删除

1. 创建目录函数 mkdir()

在 PHP 程序中，通过函数 mkdir()新建一个目录，使用函数 mkdir()的语法格式如下：

```
bool mkdir ( string pathname [ , int mode ] ) ;
```

函数 mkdir()可以创建一个由 pathname 指定的目录。其中 mode 是指操作的权限，默认的 mode 是 0777，表示最大可能的访问权。

2. 检查目录合法性函数 is_dir()

在 PHP 程序中，通过函数 is_dir()可以判断给定文件名是否是一个目录，使用函数 is_dir()的语法格式如下：

```
bool is_dir ( string filename )
```

函数 is_dir()能够检查 filename 参数指定的目录名，如果文件名存在并且为目录，则返回 true。如果 filename 是一个相对路径，则按照当前工作目录检查其相对路径。

3. 删除目录函数 rmdir()

在 PHP 程序中，通过函数 rmdir()可以删除一个目录，使用函数 rmdir()的语法格式如下：

```
bool rmdir ( string pathname)
```

函数 rmdir()可以删除由 pathname 指定的目录。如果要删除 pathname 所指定的目录，该目录必须是空的，而且要有相应的权限。如果成功则返回 true，失败则返回 false。

实例 9-12：递归读取目录内容
源文件路径：daima\9\9-12

实例文件 index.php 的主要实现代码如下：

```
<?php
showDir('../../file');
```

```
function showDir($path,$dep=0){
    $pos = opendir($path);
    while(false!==$file=readdir($pos)){
        if($file=='.'||$file=='..') continue;
        echo str_repeat(" ",$dep*4),$file.'</br>';
        if(is_dir($path.'/'.$file)){
            $func = __FUNCTION__;
            $func($path.'/'.$file,$dep+1);
        }
    }
}
```

本实例的执行效果如图 9-12 所示。

.
..
Java学习资料.txt
PHP学习资料.txt
旅行照片.jpg
该目录下有子目录与文件个数：5

图 9-12　实例 9-12 的执行效果

9.5　实践案例与上机指导

通过本章的学习，读者基本可以掌握 PHP 语言操作文件和目录的知识。其实 PHP 实现文件操作的知识还有很多，这需要读者通过课外渠道来加深学习。下面通过练习操作，以达到巩固学习、拓展提高的目的。

↑扫码看视频

9.5.1　读取整个文件

上面介绍的函数都只能读取单个、多行文件中的数据信息。有时我们需要读取整个文件的信息。

在下面的实例代码中，演示了读取整个文件内容的过程。

实例 9-13：读取整个文件的内容
源文件路径：daima\9\9-13

实例文件 index.php 的主要实现代码如下：

```
<?php
$file = "test/a.jpg" ;                              //定义文件名变量
      $yes = fopen ($file ,"rb" ) ;                 //打开文件
      header ( "content-type:image/png" ) ;         //二进制读取数据
      //发送 html 头，表示发送二进制数据
      header ( "content_length:".filesize ( $file )) ;
      //获取文件的大小
      fpassthru ( $yes ) ;
      exit ;
       fclose($yes);
?>
```

本实例的执行效果如图 9-13 所示。

图 9-13　读取整个文件的执行效果

9.5.2　文件上传函数

在 PHP 程序中，使用函数 move_uploaded_file()上传一个文件，函数 move_uploaded_file()能够将上传文件存储到指定的位置。如果成功则返回 true，否则返回 false。使用函数 move_uploaded_file()的语法格式如下：

```
bool move_uploaded_file(string filename, string destination)
```

各参数的具体说明如下所示。

- filename：是上传文件的临时文件名，即$_FILES[tmp_name]。
- destination：是上传后保存的新的路径和名称。

实例 9-14：使用函数 move_uploaded_file()上传文件
源文件路径：daima\9\9-14

实例文件 index.php 的主要实现代码如下：

```
<?php
   if(!empty($_FILES[up_file][name])){             //如果选择的上传文件不为空
   $fileinfo = $_FILES[up_file];                   //文件信息变量
```

```
        //文件大小处理
        if($fileinfo['size'] < 1000000 && $fileinfo['size'] > 0){
          //将上传文件存储到指定的位置
            move_uploaded_file($fileinfo['tmp_name'],$fileinfo['name']);
            echo '上传成功';                          //上传成功提示
        }else{
            echo '文件太大或未知';                    //上传失败提示
        }
    }
?>
<table width="385" height="185" border="0" cellpadding="0" cellspacing="0"
background="images/bg.JPG">
  <tr>
    <td width="142" height="80"> </td>
    <td width="174"> </td>
    <td width="69"> </td>
  </tr>
<form action="" method="post" enctype="multipart/form-data" name="form">
  <tr>
    <td height="30"> </td>
    <td align="left" valign="middle"><input name="up_file" type="file"
        size="12" /></td>
    <td> </td>
  </tr>
  <tr>
    <td height="27" align="right"> </td>
    <td align="center" valign="top">  <input type="image" name=
        "imageField" src="images/fg.bmp"></td>
    <td> </td>
  </tr>
  </form>
```

在上述代码中，使用函数 move_uploaded_file()实现了文件上传功能，在使用此函数时，必须将表单的 enctype 属性设置为“multipart/form-data”。其执行效果如图 9-14 所示。

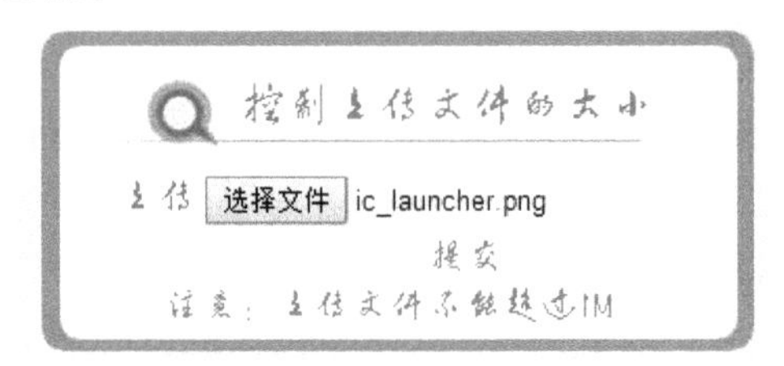

图 9-14　实例 9-14 的执行效果

9.6　思考与练习

本章详细讲解了 PHP 文件操作的知识，循序渐进地讲解了文件访问、读写文件、文件指针和目录操作等知识。在讲解过程中，通过具体实例介绍了使用 PHP 函数操作文件和目录的方法。通过对本章内容的学习，读者应能熟悉使用 PHP 操作文件和目录的知识，并掌握其使用方法和技巧。

1. 选择题

(1) 在 PHP 程序中，可以通过函数(　　)来判断某个文件是否存在。

A. fileexists()　　B. fopen()　　C. file_exist()　　D. file_exists()

(2) 函数 fputs()是函数(　　)的别名，两者的用法相同。

A. fwrite()　　B. fgetc()　　C. fget()

2. 判断对错

(1) 函数 fgetc()一次只能操作一个字符，汉字占用两个字符的位置。所以在读取一个汉字的时候，如果只读取一个字符就会出现乱码。　　(　　)

(2) 在 PHP 程序中，函数 fgetss()是函数 fgets()的变体，同样用于读取一行数据，但是函数 fgetss()会过滤掉被读取内容中的 HTML 和 PHP 标记。　　(　　)

3. 上机练习

(1) 分析文件属性。

(2) 检测文件类型。

新起点

电脑教程

第 10 章

使用库 GD 实现图像处理

本章要点

- GD 库基础
- 图形图像的简单处理
- 填充绘制的几何图形
- 绘制文字

本章主要内容

PHP 语言不但能够输出 HTML 页面元素，而且还可以创建并操作多种不同格式的图像文件，例如 GIF、PNG、JPG、WBMP 和 XPM。更为方便的是，PHP 可以直接将图像流输出到浏览器。在本章的内容中，将向大家详细讲解 PHP 处理图形图像的基础知识，为读者步入本书后面知识的学习打下基础。

10.1 图像处理库 GD 基础

要想在 PHP 程序中处理图像，需要在编译 PHP 程序时加载图像函数库 GD。通过使用库 GD，PHP 语言可以根据程序需要实现图形图像处理。因为 PHP 处理图像功能并不是服务器默认开启的，所以如果用户需要使用图像处理功能，需要修改配置文件 php.ini 中的环境。

↑扫码看视频

10.1.1 GD 库介绍

GD 库是一个开放的、动态创建图像的、源代码公开的函数库，其可以从官方网站 http://www.boutell.com/gd 下载。目前，GD 库支持 GIF、PNG、JPEG、WBMP 和 XBM 等多种图像格式，用于对图像的处理。GD 库在 PHP 7 中是默认安装的，但要激活 GD 库，必须设置 php.ini 文件。即将该文件中的“;extension=php_gd2.dll”选项前的分号“;”删除。保存修改后的文件并重新启动 Apache 服务器即可生效。

在成功加载 GD2 函数库后，可以通过文件 phpinfo.php 获取 GD2 函数库的安装信息，验证 GD 库是否安装成功。在浏览器的地址栏中输入“127.0.0.1:8080/phpinfo.php”并按 Enter 键，在打开的页面中如果检索到如图 10-1 所示的 GD 库的安装信息，即说明 GD 库安装成功。

127.0.0.1:8080/phpinfo.php

FTP support	enabled

gd

GD Support	enabled
GD Version	bundled (2.1.0 compatible)
FreeType Support	enabled
FreeType Linkage	with freetype
FreeType Version	2.7.0
GIF Read Support	enabled
GIF Create Support	enabled
JPEG Support	enabled
libJPEG Version	9 compatible
PNG Support	enabled
libPNG Version	1.5.26
WBMP Support	enabled
XPM Support	enabled
libXpm Version	30411
XBM Support	enabled
WebP Support	enabled

Directive	Local Value	Master Value
gd.jpeg_ignore_warning	0	0

图 10-1　GD 库信息

10.1.2　使用 GD 库

在下面的实例代码中，简单演示了使用 GD 库的过程。

实例 10-1：使用 GD 库绘制简单图像
源文件路径：daima\10\10-1

实例文件 index.php 的主要实现代码如下：

```
<?php
//建立一幅 100×30 的图像
$im = imagecreatetruecolor(100, 30);
//设置背景颜色
$bg = imagecolorallocate($im, 0, 0, 0);
//设置字体颜色
$textcolor = imagecolorallocate($im, 0, 255, 255);
//把字符串写在图像左上角
imagestring($im, 5, 0, 0, "Hello world!", $textcolor);
//输出图像
header("Content-type: image/jpeg");
imagejpeg($im);
?>
```

在上述代码中，用 GD 库绘制了一幅图像，执行效果如图 10-2 所示。

Hello world

图 10-2　实例 10-1 的执行效果

知识精讲

问：在 GD 库中有许多绘制图形的函数，这些函数需要记忆吗？

答：在实际开发过程中，用到 GD 功能的次数有限，读者只需要借助函数手册进行使用即可，无须全部背诵用到的函数。

10.2　绘制简易图形图像

在 PHP 程序中，要想实现图形图像处理功能，首先需要找到可以绘制的画布，然后才可以在画布上绘制简单的图形，例如绘制直线，设置背景、文字颜色等。

↑扫码看视频

10.2.1　创建画布

在绘制图像时一定要先创建画布，就像自己绘制画一样，要有绘制的内容。在 PHP 程序中，可以使用 imagecreate()函数来创建画布，建立一张全空的新图像。使用函数 imagecreate()的语法格式如下：

```
int imagecreate(int x_size, int y_size);
```

参数 x_size、y_size 为图像的尺寸，单位为像素(pixel)。

智慧锦囊

函数 imagecreate()执行后返回一个标识符，表示由给定的 RGB 成分组成的颜色。参数 red、green 和 blue 分别表示颜色中红、绿、蓝的成分。这些参数是 0 ~ 255 的整数或者十六进制的 0X00 到 0XFF。

下面的实例演示了使用函数 imagecreate()的过程。

实例 10-2：使用函数 imagecreate()
源文件路径：daima\10\10-2

实例文件 index.php 的主要实现代码如下：

```
<?php
$image=imagecreate(400,800);                    //新建画布
echo "画布的宽:".imagesX($image)."<br>";//画布的宽 400
echo "画布的高:".imagesY($image);              //画布的高 800
?>
```

本实例的执行效果如图 10-3 所示。

画布的宽:400
画布的高:800

图 10-3　创建画布的执行效果

10.2.2　设置图像颜色

在创建画布后，接下来可以在画布里面填充颜色。在 PHP 程序中，可以使用函数 imagecolorallocate()实现填充图形颜色的功能，其语法格式如下：

```
int imagecolorallocate ( resource image, int red, int green, int blue )
```

下面的实例演示了使用函数 imagecolorallocate()的过程。

实例 10-3：使用函数 imagecolorallocate()
源文件路径：daima\10\10-3

实例文件 index.php 的主要实现代码如下：

```
<?php
header('Content-type:image/gif');                //设置图片的类型
$mi = imagecreate(300,150);                      //创建一个画布
$white = imagecolorallocate($mi,229,425,306);    //设置画布的背景颜色为浅绿色
imagegif($mi);                                   //输出图像
?>
```

本实例的执行效果如图 10-4 所示。

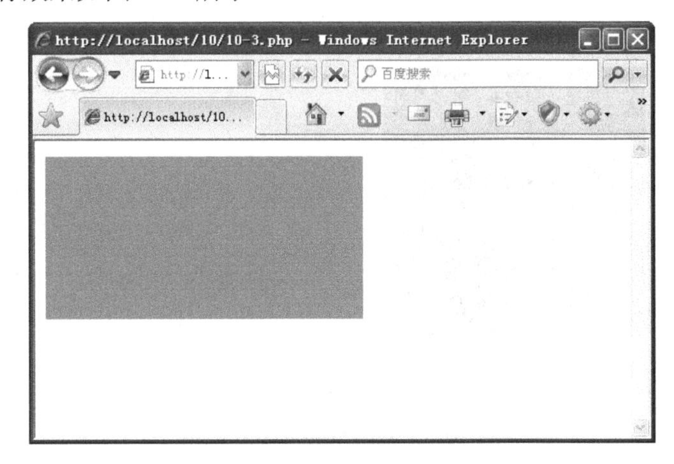

图 10-4　设置画布颜色的执行效果

10.2.3　创建图像

在 PHP 程序中，GD2 库中有许多图形图像处理的函数，下面将以创建一个简单的图形为例，向读者介绍创建并输出图像的方法。

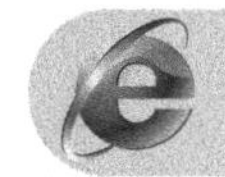

实例 10-4：使用 GD 创建并输出图像
源文件路径：daima\10\10-4

实例文件 index.php 的主要实现代码如下：

```
<?php
//建立多边形各顶点坐标的数组
$values = array(
            40,  50,  // Point 1 (x, y)
            40,  240, // Point 2 (x, y)
            60,  60,  // Point 3 (x, y)
            240, 20,  // Point 4 (x, y)
            80,  40,  // Point 5 (x, y)
            50,  10   // Point 6 (x, y)
            );
//创建图像
$image = imagecreatetruecolor(250, 250);
//设定颜色
$bg   = imagecolorallocate($image, 150, 220, 100);
$blue = imagecolorallocate($image, 0, 0, 255);
//绘制一个多边形
imagefilledpolygon($image, $values, 6, $blue);
//输出图像
```

```
header('Content-type: image/png');
imagepng($image);
imagedestroy($image);
?>
```

本实例的执行效果如图 10-5 所示。

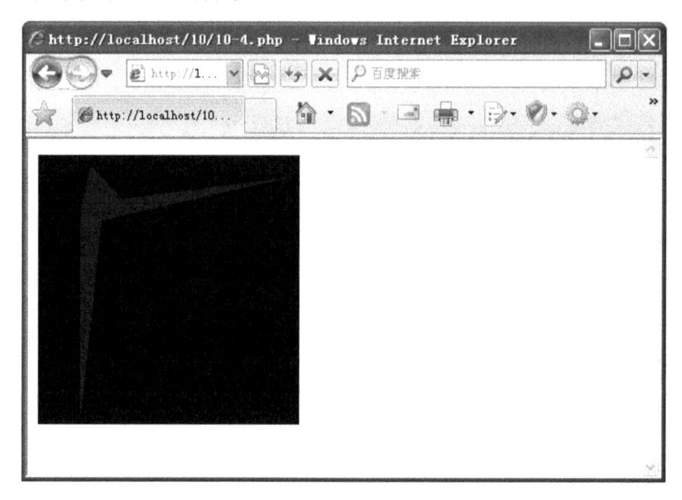

图 10-5　实例 10-4 的执行效果

10.2.4　绘制一个圆

要想绘制复杂的图形图像，必须先学会如何绘制简单的几何图形。在众多几何图形中，圆是一种必不可少的几何图形之一。下面实例的功能是绘制一个圆。

实例 10-5：绘制一个圆

源文件路径：daima\10\10-5

实例文件 index.php 的主要实现代码如下：

```
<?php
 //1.创建画布
$im = imagecreatetruecolor(300,200);//新建一个真彩色图像，默认背景是黑色，返回
        //图像标识符。另外还有一个函数 imagecreate 已经不推荐使用
//2.绘制所需要的图像
$red = imagecolorallocate($im,255,0,0);//创建一个颜色，以供使用
imageellipse($im,30,30,40,40,$red);//画一个圆。参数说明：30、30 为圆形的中心坐标；
        //40，40 为宽和高，不一样时为椭圆；$red 为圆形的颜色(框颜色)
//3.输出图像
header("content-type: image/png");
 imagepng($im);//输出到页面。如果有第二个参数[,$filename]，则表示保存图像
//4.销毁图像，释放内存
imagedestroy($im);
 ?>
```

本实例的执行效果如图 10-6 所示。

图 10-6　实例 10-5 的执行效果

10.2.5　绘制一个矩形

在 PHP 程序中，矩形也是比较常见的几何图形之一，使用函数 imagerectangle()可以绘制一个矩形，语法格式如下所示：

```
bool imagerectangle ( resource image, int x1, int y1, int x2, int y2, int col )
```

上述语法格式表示：函数 imagerectangle()用 col 设置的颜色在 image 图像中画一个矩形，其左上角坐标为(x1, y1)，右下角坐标为(x2, y2)。图像的左上角坐标为(0, 0)。下面实例的功能是绘制一个矩形。

实例 10-6：绘制一个矩形

源文件路径：daima\10\10-6

实例文件 index.php 的主要实现代码如下：

```
<?php
function draw_grid(&$img, $x0, $y0, $width, $height, $cols, $rows, $color)
{
    //绘制外边框
    imagerectangle($img, $x0, $y0, $x0+$width*$cols, $y0+$height*$rows, $color);
    //绘制水平线
    $x1 = $x0;
    $x2 = $x0 + $cols*$width;
    for ($n=0; $n<ceil($rows/2); $n++) {
        $y1 = $y0 + 2*$n*$height;
        $y2 = $y0 + (2*$n+1)*$height;
        imagerectangle($img, $x1,$y1,$x2,$y2, $color);
    }
    //绘制竖线
    $y1 = $y0;
    $y2 = $y0 + $rows*$height;
    for ($n=0; $n<ceil($cols/2); $n++) {
        $x1 = $x0 + 2*$n*$width;
        $x2 = $x0 + (2*$n+1)*$width;
        imagerectangle($img, $x1,$y1,$x2,$y2, $color);
```

```
    }
}

//绘制实例
$img = imagecreatetruecolor(300, 200);  //建立一幅大小为300*200的黑色图像(默认为黑色)
$red   = imagecolorallocate($img, 255,   0,   0);    //分配一个新颜色：红色
draw_grid($img, 0,0,15,20,20,10,$red);
header("Content-type: image/png");
imagepng($img);
imagedestroy($img);
?>
```

本实例的执行效果如图 10-7 所示。

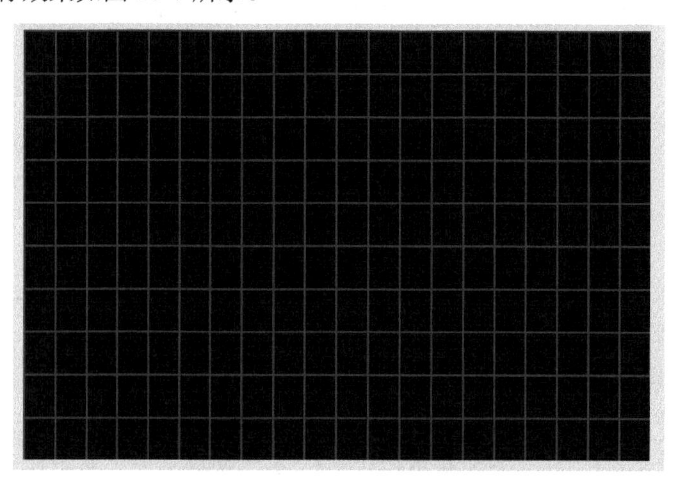

图 10-7　实例 10-6 的执行效果

10.2.6　绘制其他几何图形

在 PHP 程序中还可以绘制其他的图形，例如三角形、椭圆等。

下面实例的功能是绘制其他类型的几何图形。

实例 10-7：绘制其他类型的几何图形

源文件路径：daima\10\10-7

实例文件 index.php 的主要实现代码如下：

```
<?php
$im = imagecreate(550,180);                                  //创建一个画布
$bg = imagecolorallocate($im, 80,220, 30);                   //设置背景颜色
$color = imagecolorallocate($im, 255, 0, 0);                 //第 1 种颜色
$color1 = imagecolorallocate($im, 255, 255, 255);            //第 2 种颜色
$color2 = imagecolorallocate($im, 255, 220, 42);             //第 3 种颜色
$color3 = imagecolorallocate($im, 99, 85, 25);               //第 4 种颜色
$color4 = imagecolorallocate($im, 215, 115, 75);             //第 5 种颜色
//绘制一个多边形
imagepolygon($im,array (20, 20,90, 160,160, 20,90,70),4,$color);
imagerectangle($im,200,10,500,35,$color1);                   //绘制一个矩形
imagearc($im, 200, 100, 100, 100, 0, 360, $color2);          //绘制一个圆
```

```
imagearc($im, 300, 100, 120, 50, 0, 360, $color3);      //绘制一个椭圆
imagesetthickness($im,5);                                //设置椭圆弧边线的宽度
imagearc($im, 450, 100, 180, 100, 180, 360, $color4);   //绘制一个椭圆弧
header("Content-type: image/png");                       //设置图片格式
imagepng($im);                                           //生成 PNG 格式的图像
imagedestroy($im);                                       //释放内存
?>
```

本实例的执行效果如图 10-8 所示。

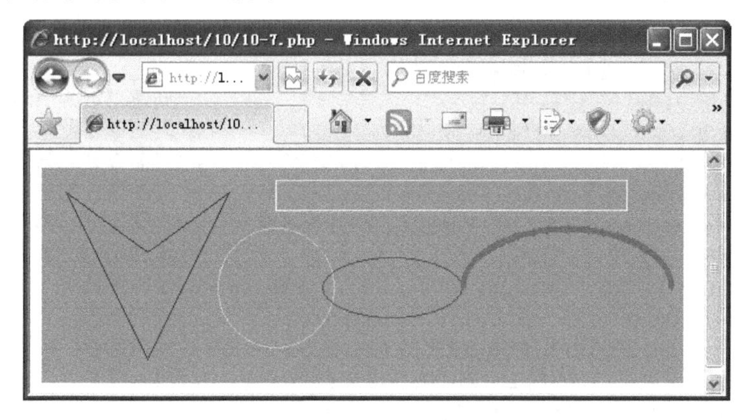

图 10-8　实例 10-7 的执行效果

10.3　填充绘制的图形

在 PHP 程序中，经常需要为绘制的几何图形填充内容。例如在一个表示销售统计的饼图中，需要使用不同的颜色进行填充。在本节的内容中，将详细讲解使用 PHP 填充几何图形的知识。

↑扫码看视频

10.3.1　进行区域填充

在图形填充应用中，使用最多的是区域填充。在 PHP 程序中，可以使用函数 imagefill()和函数 imagefilltoborder()实现区域填充功能。

1．函数 imagefill()

使用函数 imagefill()的语法格式如下：

```
bool imagefill ( resource image, int x, int y, int color )
```

上述各参数的具体说明如下。

- x：横坐标。
- y：纵坐标。
- color：颜色执行区域填充，即与(x, y)点颜色相同且相邻的点都会被填充。

实例 10-8：使用函数 imagefill()
源文件路径：daima\10\10-8

实例文件 index.php 的主要实现代码如下：

```
<?php
header('Content-type: image/png');
$smile=imagecreate(400,400);                           //创建指定大小的绘制区域
$kek=imagecolorallocate($smile,0,0,255);               //为图像分配第 1 种颜色
$feher=imagecolorallocate($smile,255,255,255);         //为图像分配第 2 种颜色
$sarga=imagecolorallocate($smile,255,255,0);           //为图像分配第 3 种颜色
$fekete=imagecolorallocate($smile,0,0,0);              //为图像分配第 4 种颜色
imagefill($smile,0,0,$kek);                            //填充指定的颜色
imagearc($smile,200,200,300,300,0,360,$fekete);        //绘制圆弧
imagearc($smile,200,225,200,150,0,180,$fekete);        //绘制圆弧
imagearc($smile,200,225,200,123,0,180,$fekete);        //绘制圆弧
imagearc($smile,150,150,20,20,0,360,$fekete);          //绘制圆弧
imagearc($smile,250,150,20,20,0,360,$fekete);          //绘制圆弧
imagefill($smile,200,200,$sarga);                      //填充指定的颜色
imagefill($smile,200,290,$fekete);                     //填充指定的颜色
imagefill($smile,155,155,$fekete);                     //填充指定的颜色
imagefill($smile,255,155,$fekete);                     //填充指定的颜色
imagepng($smile);                                      //生成一张 PNG 格式的图像
?>
```

本实例的执行效果如图 10-9 所示。

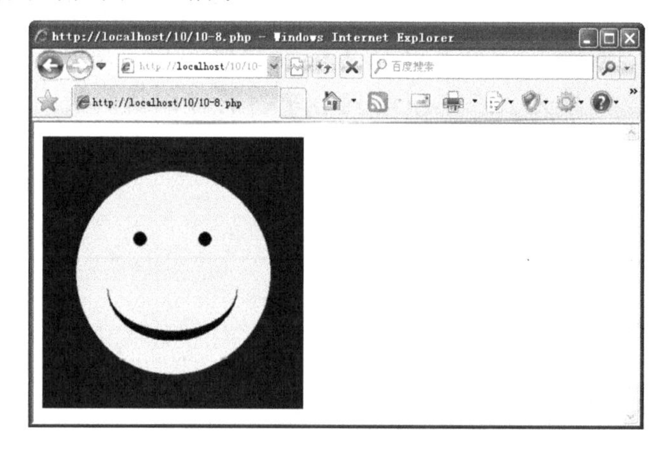

图 10-9　填充图形的执行效果

2．函数 imagefilltoborder()

在 PHP 程序中，函数 imagefilltoborder()也能够实现图形填充功能，可以实现区域填充到指定颜色的边界为止，其语法格式如下：

```
bool imagefilltoborder ( resource image, int x, int y, int border, int color )
```

函数 imagefilltoborder()可以从(x, y)(图像左上角为(0, 0))点开始用 color 颜色执行区域填充，直到遇到颜色为 border 的边界为止，并且边界内的所有颜色都会被填充。如果指定的边界色和该点颜色相同，则没有填充。如果图像中没有该边界色，则整幅图像都会被填充。

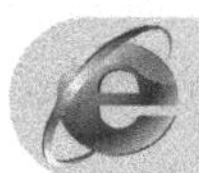

实例 10-9：使用函数 imagefilltoborder()
源文件路径：daima\10\10-9

实例文件 index.php 的主要实现代码如下：

```
<?php
  header ("content-type: image/png");                       //设置图片类型
  $im = imagecreate (80, 25);                               //创建指定大小的图像区域
  $blue  = imagecolorallocate ($im, 0, 0, 255);             //为图像分配颜色
  $white  = imagecolorallocate ($im, 255, 255, 255);        //为图像分配颜色
  imagearc($im, 12, 12, 23, 26, 90, 270, $white);           //绘制第 1 个圆弧
  imagearc($im, 67, 12, 23, 26, 270, 90, $white);           //绘制第 2 个圆弧
  imagefilltoborder ($im, 0, 0, $white, $white);            //绘制第 3 个圆弧
  imagefilltoborder ($im, 79, 0, $white, $white);           //绘制第 4 个圆弧
  imagepng ($im);           //创建图像
  imagedestroy ($im);       //销毁操作
?>
```

本实例的执行效果如图 10-10 所示。

图 10-10　实例 10-9 的执行效果

10.3.2　矩形、多边形和椭圆形的填充

在 PHP 中提供了很多实现基本图形填充功能的函数，分别是 imagefilledrectangle()、imagefilledpolygon()和 imagefilledellipse()，下面将对这些函数进行详细讲解。

1. 函数 imagefilledrectangle()

函数 imagefilledrectangle()的功能是绘制一个矩形并填充，其语法格式如下：

```
bool imagefilledrectangle ( resource image, int x1, int y1, int x2, int y2,
int color )
```

函数 imagefilledrectangle()可以在 image 图像中绘制一个以 color 颜色填充了的矩形，其左上角坐标为(x1, y1)，右下角坐标为(x2, y2)。(0, 0)是图像的最左上角。

2. 函数 imagefilledpolygon()

函数 imagefilledpolygon()可以绘制一个多边形并填充，其语法格式如下：

```
bool imagefilledpolygon ( resource image, array points, int num_points, int
color )
```

- imagefilledpolygon()函数在 image 图像中绘制一个填充了的多边形。

- points 参数是一个按顺序包含有多边形各顶点的 x 和 y 坐标的数组。
- num_points 参数是顶点的总数，必须大于 3。

3. 函数 imagefilledellipse()

函数 imagefilledellipse()可以绘制一个椭圆并实现填充，其语法格式如下：

```
bool imagefilledellipse ( resource image, int cx, int cy, int w, int h, int
color )
```

智慧锦囊

函数 imagefilledellipse()可以在 image 所代表的图像中以(cx, cy)(图像左上角为(0, 0))为中心画一个椭圆。w 和 h 分别代表椭圆的宽和高。椭圆以 color 颜色填充。如果成功则返回 true，失败则返回 falsc。

实例 10-10：绘制椭圆并填充

源文件路径：daima\10\10-10

实例文件 index.php 的主要实现代码如下：

```
<?php
$image = imagecreatetruecolor(400, 300);          //新建一个真彩色图像变量
$bg = imagecolorallocate($image, 0, 0, 0);        //新建颜色变量
$col_ellipse = imagecolorallocate($image, 255, 255, 255); //颜色设置
//绘制椭圆并填充颜色
imagefilledellipse($image, 200, 150, 300, 200, $col_ellipse);
header("Content-type: image/png");                //设置图像类型
imagepng($image);                                 //创建图像
?>
```

本实例的执行效果如图 10-11 所示。

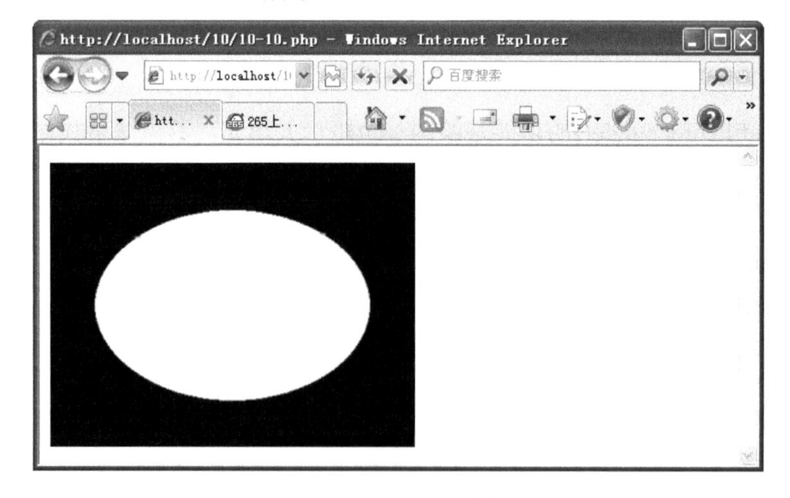

图 10-11　填充椭圆的执行效果

10.3.3　圆弧的填充

在 PHP 程序中，可以使用函数 imagefilledarc()填充一个圆弧，其语法格式如下：

```
bool imagefilledarc ( resource image, int cx, int cy, int w, int h, int s,
int e, int color, int style )
```

上述语法格式表示函数 imagefilledarc()在 image 所代表的图像中，以(cx, cy)(图像左上角为(0, 0))绘制一个椭圆弧。如果成功则返回 true，失败则返回 false。w 和 h 分别指定了椭圆的宽和高，s 和 e 参数以角度指定了起始点和结束点。style 可以是下列值按位或(OR)后的值：

- IMG_ARC_PIE
- IMG_ARC_CHORD
- IMG_ARC_NOFILL
- IMG_ARC_EDGED

实例 10-11：绘制一个圆弧

源文件路径：daima\10\10-11

实例文件 index.php 的主要实现代码如下：

```
<?php
//创建画布，返回一个资源类型的变量$image，并在内存中开辟一个临时区域
$image = imagecreatetruecolor(300, 300);        //新建一个真彩色图像变量，
                                                //画布大小为 300×300
//设置图像中所需的颜色，相当于在绘画时准备的染料盒
$white  = imagecolorallocate($image, 0xFF, 0xFF, 0xFF); //设置颜色 1，白色
$gray = imagecolorallocate($image, 0xC0, 0xC0, 0xC0); //设置颜色 2，灰色
$darkgray = imagecolorallocate($image, 0x90, 0x90, 0x90);//设置颜色 3，暗灰色
$navy = imagecolorallocate($image, 0x00, 0x00, 0x80); //设置颜色 4，深蓝色
$darknavy = imagecolorallocate($image, 0x00, 0x00, 0x50);//设置颜色 5，暗深蓝色
$red = imagecolorallocate($image, 0xFF, 0x00, 0x00); //设置颜色 6，红色
$darkred = imagecolorallocate($image, 0x90, 0x00, 0x00); //设置颜色 7，暗红色

for ($i = 60; $i > 50; $i--) {      //使用 for 循环，循环 10 次画出 3D 立体效果
  imagefilledarc($image, 50, $i, 100, 50, 0, 45, $darknavy, IMG_ARC_PIE);
  imagefilledarc($image, 50, $i, 100, 50, 45, 75 , $darkgray, IMG_ARC_PIE);
  imagefilledarc($image, 50, $i, 100, 50, 75, 360 , $darkred, IMG_ARC_PIE);
}
//绘制一椭圆弧且填充
imagefilledarc($image, 50, 50, 100, 50, 0, 45, $navy, IMG_ARC_PIE);
//绘制一椭圆弧且填充
imagefilledarc($image, 50, 50, 100, 50, 45, 75 , $gray, IMG_ARC_PIE);
//绘制一椭圆弧且填充
imagefilledarc($image, 50, 50, 100, 50, 75, 360 , $red, IMG_ARC_PIE);
header('Content-type: image/png');          //向浏览器中输出一张 png 格式的图片
imagepng($image);                           //向浏览器输出图像
imagedestroy($image);                       //销毁图像释放资源
?>
```

本实例的执行效果如图 10-12 所示。

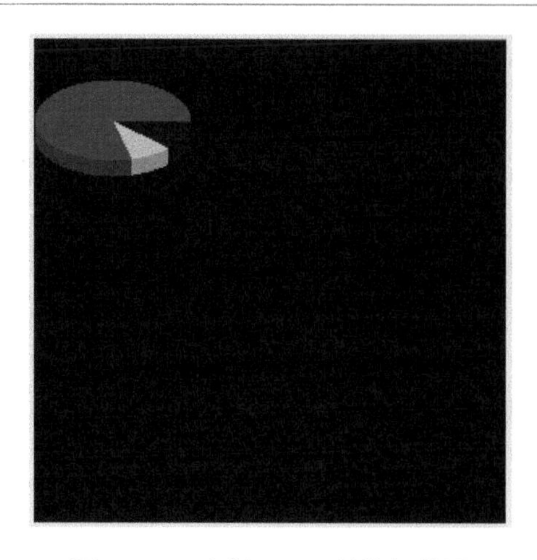

图 10-12　实例 10-11 的执行效果

10.4 绘 制 文 字

在 PHP 绘图程序中，开发者可以将文字添加到绘制的图形中，例如英文和中文。在本节的内容中，将详细讲解使用 PHP 语言在图像中绘制文字的知识。

↑扫码看视频

10.4.1 输出英文

在 PHP 程序中，可以使用函数 imagestring()和 imagestringup()实现输出英文的功能。由于它们的基本功能和用法都相同，本书只讲解函数 imagestring()。

使用函数 imagestring()的语法格式如下：

```
bool imagestring ( resource image, int font, int x, int y, string s, int col )
```

上述语法格式表示函数 imagestring()用 col 颜色将字符串 s 画到 image 所代表的图像的(x, y)坐标处(这是字符串左上角坐标，整幅图像的左上角为(0, 0))。如果 font 是 1、2、3、4 或 5，则使用内置字体。

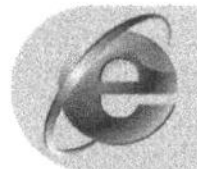

实例 10-12：使用函数 imagestring()

源文件路径：daima\10\10-12

实例文件 index.php 的主要实现代码如下：

```
<?php
//建立一幅 100×30 的图像
$im = imagecreatetruecolor(100, 30);
```

```
//黑色背景和白色文本
$bg = imagecolorallocate($im, 255, 255, 255);
$textcolor = imagecolorallocate($im, 0, 0, 255);
//把字符串写在图像左上角
imagestring($im, 5, 0, 0, "china", $textcolor);
//输出图像
header("Content-type: image/jpeg");
imagejpeg($im);
?>
```

本实例的执行效果如图 10-13 所示。

图 10-13　实例 10-12 的执行效果

10.4.2　输出中文

当大家开发国内 Web 网站时，经常需要在图像中输出中文文本。在 PHP 程序中，可以使用 imagettftext()函数实现中文输出功能，其语法格式如下：

```
array imagettftext ( resource image, float size, float angle, int x, int y,
int color, string fontfile, string text )
```

各个参数的具体说明如下。

- image：图像资源。
- size：字体大小。对于 GD1 版本来说是像素，对于 GD2 版本来说是磅(point)。
- angle：角度制表示的角度，0°为从左向右读的文本。更高数值表示逆时针旋转。例如 90°表示从下向上读的文本。
- x：由(x, y)所表示的坐标定义了第一个字符的基本点(大概是字符的左下角)。这和 imagestring()不同，其(x, y)定义了第一个字符的左上角。例如 top left 为(0, 0)。
- y：Y 坐标。它设定了字体基线的位置，不是字符的最底端。
- color：颜色索引。使用负的颜色索引值具有关闭防锯齿的效果。
- fontfile：是要使用的 TrueType 字体的路径。

实例 10-13：使用函数 imagettftext()
源文件路径：daima\10\10-13

实例文件 index.php 的主要实现代码如下：

```
<?php
header("content-type:image/jpeg");                   //定义输出为图像类型
$im=imagecreatefromjpeg("images/photo.jpg");         //载入照片
$textcolor=imagecolorallocate($im,56,73,136);        //设置字体颜色为蓝色
                                                     //值为 RGB 颜色值
$fnt="c:/windows/fonts/simhei.ttf";                  //定义字体
$motto=iconv("gb2312","utf-8","长白山天池");          //定义输出字体串
imageTTFText($im,220,0,480,340,$textcolor,$fnt,$motto);  //将 TTF 文字写入到图中
imagejpeg($im);                                      //建立 JPEG 图形
```

```
imagedestroy($im);                                        //结束图形，释放内存空间
?>
```

本实例的执行效果如图 10-14 所示。

图 10-14　实例 10-13 的执行效果

10.5　实践案例与上机指导

通过本章的学习，读者基本可以掌握 PHP 语言绘制图形图像的知识。其实 PHP 绘制图形图像的知识还有很多，这需要读者通过课外渠道来加深学习。下面通过练习操作，以达到巩固学习、拓展提高的目的。

↑扫码看视频

10.5.1　圆形的重叠

可以使用 PHP 语言实现圆的重叠效果，下面的实例实现了三个圆的重叠效果。

实例 10-14：实现三个圆的重叠效果
源文件路径：daima\10\10-14

实例文件 index.php 的主要实现代码如下：

```
<?php
$size = 300;
$image=imagecreatetruecolor($size, $size);
//用白色背景加黑色边框画个方框
$back = imagecolorallocate($image, 255, 255, 255);
$border = imagecolorallocate($image, 0, 0, 0);
imagefilledrectangle($image, 0, 0, $size - 1, $size - 1, $back);
```

```
imagerectangle($image, 0, 0, $size - 1, $size - 1, $border);
$yellow_x = 100;
$yellow_y = 75;
$red_x  = 120;
$red_y = 165;
$blue_x  = 187;
$blue_y  = 125;
$radius  = 150;
//用 Alpha 值分配一些颜色
$yellow = imagecolorallocatealpha($image, 255, 255, 0, 75);
$red    = imagecolorallocatealpha($image, 255, 0, 0, 75);
$blue   = imagecolorallocatealpha($image, 0, 0, 255, 75);
//画三个重叠的圆
imagefilledellipse($image, $yellow_x, $yellow_y, $radius, $radius, $yellow);
imagefilledellipse($image, $red_x, $red_y, $radius, $radius, $red);
imagefilledellipse($image, $blue_x, $blue_y, $radius, $radius, $blue);
//不要忘记输出正确的 header!
header('Content-type: image/png');
//最后输出结果
imagepng($image);
//imagepng($image,"exam01.png");
imagedestroy($image);
?>
```

本实例的执行效果如图 10-15 所示。

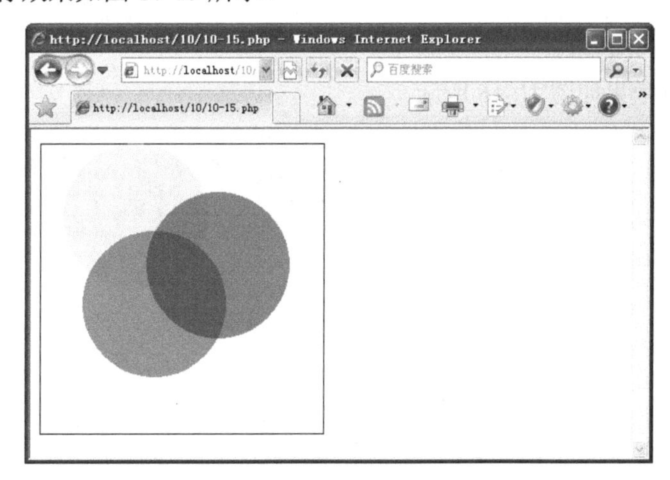

图 10-15　实例 10-14 的执行效果

10.5.2　生成图形验证码

在 Web 页面中实现验证码的方法有很多，例如有数字验证码、图形验证码和文字验证码等。在下面的实例代码中，演示了使用图像处理技术生成验证码的方法。

实例 10-15：生成图形验证码

源文件路径： daima\10\10-15

实例文件 checks.php 的主要实现代码如下：

```
<?php
session_start();
```

```
header("content-type:image/png");              //设置创建图像的格式
$image_width=70;                               //设置图像宽度
$image_height=18;                              //设置图像高度
srand(microtime()*100000);                     //设置随机数的种子
for($i=0;$i<4;$i++){                           //循环输出一个 4 位的随机数
   $new_number.=dechex(rand(0,15));
}
$_SESSION[check_checks]=$new_number;  //将获取的随机数验证码写入到 SESSION 变量中

$num_image=imagecreate($image_width,$image_height);     //创建一个画布
imagecolorallocate($num_image,255,255,255);             //设置画布的颜色
//循环读取 SESSION 变量中的验证码
for($i=0;$i<strlen($_SESSION[check_checks]);$i++){
   $font=mt_rand(3,5);                         //设置随机的字体
   $x=mt_rand(1,8)+$image_width*$i/4;          //设置随机字符所在位置的 X 坐标
   $y=mt_rand(1,$image_height/4);              //设置随机字符所在位置的 Y 坐标
//设置字符的颜色
   $color=imagecolorallocate($num_image,mt_rand(0,100),mt_rand(0,150),
   mt_rand(0,200));
   //水平输出字符
   imagestring($num_image,$font,$x,$y,$_SESSION[check_checks][$i],$color);
}
imagepng($num_image);                          //生成 PNG 格式的图像
imagedestroy($num_image);                      //释放图像资源
?>
```

本实例的执行效果如图 10-16 所示。

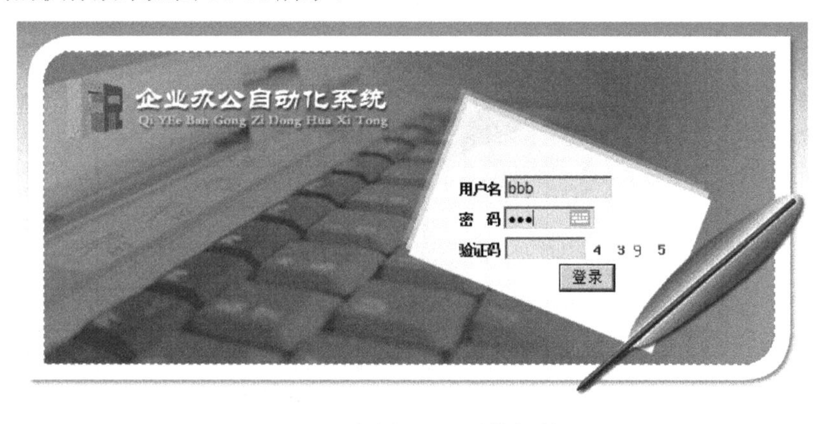

图 10-16　实例 10-15 的执行效果

10.6　思考与练习

本章详细讲解了 PHP 绘图函数的知识，循序渐进地讲解了 GD 库基础、图形图像的简单处理、填充绘制的几何图形和绘制文字等知识。在讲解过程中，通过具体实例介绍了使用 PHP 函数绘制图形图像的方法。通过对本章内容的学习，读者应能熟悉使用 PHP 绘图的知识，并掌握其使用方法和技巧。

1. 选择题

(1) 在 PHP 程序中，可以使用函数(　　)来创建画布。

A. imagecreate()　　B. imagecolorallocate()　　C. imagefilledpolygon()

(2) 在 PHP 程序中，矩形也是比较常见的几何图形之一，使用函数(　　)可以绘制一个矩形。

A. imagerectangle()　　B. imagecolorallocate()　　C. imagefilledpolygon()

2. 判断对错

(1) 在 PHP 程序中，函数 imagefilltoborder()也能够实现图形填充功能，可以实现区域填充到指定颜色的边界为止。　　(　　)

(2) 函数 imagefilledrectangle()的功能是绘制扇形并填充。　　(　　)

3. 上机练习

(1) 使用 GD2 函数在图片中添加指定的文字。

(2) 使用 GD2 函数生成字母和数字混搭的验证码。

第 11 章

面向对象开发技术

本章要点

- 面向对象的基本概念
- 使用类
- 继承、多态和接口

本章主要内容

面向对象是高级开发语言的一个主要特点，现在市面中的主流高级语言都是面向对象的，例如 Java、C++和 C#等。PHP 是一门优秀的程序设计语言，从 PHP 5 开始便全面支持面向对象。在本章的内容中，将详细讲解 PHP 面向对象的基础知识。

11.1　什么是面向对象

在目前的软件开发领域有两种主流的开发方法，分别是结构化开发方法和面向对象开发方法。早期的编程语言如 C、Basic、Pascal 等都是结构化编程语言，面向对象的编程语言，例如 C++、Java、C#和 Ruby 等。

↑扫码看视频

面向对象程序设计即 OOP，是 Object-Oriented Programming 的缩写。面向对象编程技术起源于 20 世纪 60 年代的 Simula 语言，发展已经将近三十年的程序设计思想。其自身理论已经十分完善，并被多种面向对象程序设计语言(Object-Oriented Programming Language，OOPL)实现。如果把 UNIX 系统看成是国外在系统软件方面的文化根基，那么 Smalltalk 语言无疑在 OOPL 领域和 UNIX 持有相同地位。由于很多原因，国内大部分程序设计人员并没有很深的 OOP 以及 OOPL 理论，很多人从一开始学习到工作很多年都只是接触到 C/C++、Java、VB 和 Delphi 等静态类型语言，而对纯粹的 OOP 思想以及作为 OOPL 根基的 Smalltalk 以及动态类型语言知之甚少，不知道其实世界上还有一些可以针对变量不绑定类型的编程语言。在面向对象编程语言中，对象的产生通常基于两种基本方式，分别是以原型对象为基础产生新的对象和以类为基础产生新的对象，具体说明如下。

(1)　基于原型。

原型的概念已经在认知心理学中被用来解释概念学习的递增特性，原型模型本身就是企图通过提供一个有代表性的对象为基础来产生各种新的对象，并由此继续产生更符合实际应用的对象。而原型-委托也是 OOP 中的对象抽象，是代码共享机制中的一种。

(2)　基于类。

一个类提供了一个或多个对象的通用性描叙。从形式化的观点看，类与类型有关，因此一个类相当于是从该类中产生的实例的集合。而在一种所有皆对象的世界观背景下，在类模型基础上还诞生出了一种拥有元类的新对象模型，即类本身也是一种其他类的对象。

智慧锦囊

在 PHP 程序中，万物皆为对象，面向对象是 PHP 语言的核心，在编程时必须遵循面向对象的编程思想来编写代码。

11.2 使　用　类

在 PHP 程序中，类只是具备某项功能的抽象模型。在实际中使用类时，需要先对类进行实例化操作，被实例化后的类被称为对象。对象是类进行实例化后的产物，是一个实体。在本节的内容中，将详细讲解 PHP 类的知识。

↑扫码看视频

11.2.1 创建类

假如以人为例，“黄种人是人”这句话没有错误，但反过来说“人是黄种人”这句话一定是错误的。因为除了有黄种人，还有黑人、白人等。那么“黄种人”就是“人”这个类的一个实例对象。可以这样理解对象和类的关系：对象实际上就是“有血有肉的、能摸得到看得到的”一个类。类(class)是对象概念在面向对象编程语言中的反映，被认为是相同对象的集合。类描述了一系列在概念上具有相同含义的对象，为这些对象统一定义了编程语言语义上的属性和方法。

在 PHP 程序中，创建类的方法十分简单，具体语法格式如下：

```
class classname
{
}
```

其中，class 为类的关键字。classname 为类名，类名的选择尽量让类具有一定的意义。

在上述格式中，两个大括号中间的部分是类的全部内容。classname 是一个最简单的类，仅有一个类的骨架，什么功能都没有实现，但这并不影响它的存在。

11.2.2 创建成员属性

在 PHP 程序中，属性是构成类的重要成员之一，每个类都有自己的属性。按照前面介绍的语法格式创建的类是一个空类，空类没有任何意义。用户可以继续在这个类中添加属性，其代码如下：

```
class classname
{
var $myname;
var $myage;
}
```

提示： 创建类的属性的方法十分简单，在类中输入名称即可。

11.2.3 创建类的方法

在 PHP 程序中，当为类创建了属性后，用户还需要创建类的方法，方法在非面向对象编程语言中被称为函数。通常将类中的函数称为成员方法。函数和成员方法唯一的区别是，函数实现的是某个独立的功能，而成员方法是实现类的一个行为，是类的一部分。在 PHP 程序中创建方法的过程十分简单，在下面的实例中创建了一个完整的类。

实例 11-1：创建一个完整的类

源文件路径：daima\11\11-1

实例文件 index.php 的主要实现代码如下：

```
<?php
class A {                        //定义类 A
    function example() {        //定义类中的函数
        echo "我是基类的函数 A::example().<br />"; //函数能够输出文本
    }
}

class B extends A {              //定义类 B，类 B 继承于类 A
    function example() {        //定义类中的函数
        echo "我是子类中的函数 B::example().<br />\n";//函数能够输出文本
        A::example();            //调用父类的函数
    }
}
//A 类没有对象实例，直接调用其方法 example
A::example();
// 建立一个类 B 的对象
$b = new B;
//调用类 B 的函数 example
$b->example();
?>
```

智慧锦囊

在创建类的时候，一定要将一个类放在一个 php 标记中，不要将它放在多个 php 标记中，这种方法是完全错误的，例如下面的代码是错误的做法。

```
<?php
class A {
}
?>
<?php
function example()
 {
        echo "我是基类的函数 A::example().<br />";
    }
?>
```

本实例的执行效果如图 11-1 所示。

我是基类的函数A::example().
我是子类中的函数B::example().
我是基类的函数A::example().

图 11-1　实例 11-1 的执行效果

11.2.4　类的实例化

当在 PHP 程序中声明了一个类后，如果需要使用这个类，就必须先创建该类的实例。类只是具备某项功能的抽象模型，在实际应用中还需要对类进行实例化，这样就引入了对象的概念。举个例子，假设创建一个运动类，包括 5 个属性：姓名、身高、体重、年龄和性别，然后定义 4 个方法：踢足球、打篮球、举重和跳高。接下来我们需要实例化上述创建的运动类，调用运动类中的打篮球方法，判断提交的实例对象是否符合打篮球的条件。根据实例化对象，调用打篮球方法，并向其中传递参数(库里，185cm，80kg，20 周岁，男)，在打篮球方法中判断这个对象是否符合打篮球的条件。

在 PHP 程序中，实例化一个类的方法非常简单，只需使用关键字“new”即可创建一个类实例。具体语法格式如下：

```
对象名=new 类名
```

由此可见，类是一个抽象的描述，是功能相似的一组对象的集合。如果想用到类中的方法或变量，首先就要把它具体落实到一个实体，也就是对象上。

实例 11-2：实现类的实例化
源文件路径：daima\11\11-2

实例文件 index.php 的主要实现代码如下：

```
<?php
class myName                        //定义类 myName
{
    function __construct($myName)   //定义构造函数
    {
        echo("我的名字是：$myName<br>"); //函数能够输出文本
    }
}
//下面创建类实例
$name1=new myName("小狗");          //创建第 1 个类实例
$name2=new myName("小猫");          //创建第 2 个类实例
$name3=new myName("小马");          //创建第 3 个类实例
?>
```

本实例的执行效果如图 11-2 所示。

我的名字是：小狗
我的名字是：小猫
我的名字是：小马

图 11-2　实例化对象的执行效果

11.2.5　成员变量

在 PHP 程序中，类中的变量也被称为成员变量，有时也被称为属性或字段。成员变量用来保存数据信息，或与成员方法进行交互来实现某项功能。定义成员变量的语法格式为：

```
关键字 成员变量名
```

在上述格式中，关键字可以是 public、private、protected、static 和 final 中的任意一个，相关信息将在本书后面的内容中进行讲解。在 PHP 程序中，访问成员变量和访问成员方法是一样的，只要把成员方法换成成员变量即可，具体语法格式为：

```
对象名 ->成员变量
```

下面的实例演示了使用成员变量的过程。

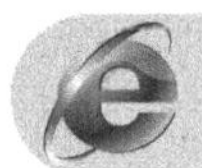

实例 11-3：使用成员变量

源文件路径：daima\11\11-3

实例文件 index.php 的主要实现代码如下：

```
<?php
class SportObject{
    public $name;              //定义成员变量
    public $height;            //定义成员变量
    public $avoirdupois;       //定义成员变量

    public function bootFootBall($name,$height,$avoirdupois){   //声明成员方法
        $this->name=$name;
        $this->height=$height;
        $this->avoirdupois=$avoirdupois;
        if($this->height<185 and $this->avoirdupois<85){
            return $this->name.", 符合踢足球的要求!";       //方法实现的功能
        }else{
            return $this->name.", 不符合踢足球的要求!";     //方法实现的功能
        }
    }
}
$sport=new SportObject();                                   //实例化类，并传递参数
echo $sport->bootFootBall('库里','185','80');              //执行类中的方法
?>
```

在上述代码中首先定义了运动类 SportObject，声明了 3 个成员变量$name、$height 和$avoirdupois。然后定义了一个成员方法 bootFootBall()，用于判断申请的运动员是否适合这个运动项目。最后实例化类，通过实例化返回对象调用指定的方法，根据调用方法的参数，判断申请的运动员是否符合要求。其执行效果如图 11-3 所示。

库里，不符合踢足球的要求!

图 11-3　实例 11-3 的执行效果

11.2.6　类常量

既然在类中存在变量，那么也会存在常量这一概念。常量是指不会发生改变的量，是一个恒值，例如圆周率是众所周知的一个常量。在 PHP 程序中使用关键字 const 定义常量，例如下面的代码定义了常量 PI：

```
const PI=3.14159;
```

实例 11-4：使用类常量

源文件路径：daima\11\11-4

实例文件 index.php 的主要实现代码如下：

```
<?php
class SportObject{
    const BOOK_TYPE = '计算机图书';
    public $object_name;                              //图书名称
    function setObjectName($name){                    //声明方法 setObjectName()
        $this -> object_name = $name;                 //设置成员变量值
    }
    function getObjectName(){                         //声明方法 getObjectName()
        return $this -> object_name;
    }
}
$c_book = new SportObject();                          //实例化对象
$c_book -> setObjectName("PHP 类");                   //调用方法 setObjectName
echo SportObject::BOOK_TYPE."->";                     //输出常量 BOOK_TYPE
echo $c_book -> getObjectName();                      //调用方法 getObjectName
?>
```

在上述代码中先声明了一个常量，然后又声明了一个变量，实例化对象后分别输出两个值。其执行效果如图 11-4 所示。

计算机图书->PHP类

图 11-4　实例 11-4 的执行效果

11.2.7　构造方法

在 PHP 程序中，在类中创建与类名同名的方法即为构造方法。构造方法可以带参数，也可以不带参数。在类中构造方法是固定的，即方法名称为_construct()，这是 PHP 5 及其后面版本中的重要特性。构造方法可以传递参数，这些参数可以在调用类的时候传递。在 PHP 程序中，定义构造方法的语法格式如下：

```
class classname
{
function_construct($param)
{
}
}
```

实例 11-5：使用构造方法
源文件路径：daima\11\11-5

实例文件 index.php 的主要实现代码如下：

```
<?php
class SportObject{
    public $name;                        //定义成员变量
    public $height;                      //定义成员变量
    public $avoirdupois;                 //定义成员变量
    public $age;                         //定义成员变量
    public $sex;                         //定义成员变量
    //定义构造方法
    public function _construct($name,$height,$avoirdupois,$age,$sex){
    $this->name=$name;                        //为成员变量赋值
        $this->height=$height;                    //为成员变量赋值
        $this->avoirdupois=$avoirdupois;          //为成员变量赋值
        $this->age=$age;                          //为成员变量赋值
        $this->sex=$sex;                          //为成员变量赋值
    }
    public function bootFootBall(){           //声明成员方法
        if($this->height<185 and $this->avoirdupois<85){
            return $this->name."，符合踢足球的要求!";      //方法实现的功能
        }else{
            return $this->name."，不符合踢足球的要求!";    //方法实现的功能
        }
    }
}
$sport=new SportObject('库里','185','80','20','男');    //实例化类，并传递参数
echo $sport->bootFootBall();                            //执行类中的方法
?>
```

本实例的执行效果如图 11-5 所示。

库里，不符合踢足球的要求!

图 11-5　实例 11-5 的执行效果

11.2.8　析构方法

除了构造函数外，在 PHP 中还有一个方法也十分重要，那就是析构方法。析构方法是一种当对象被销毁时，无论使用 unset()或者简单的脱离范围，都会被自动调用的方法。析构方法允许在销毁一个类之前操作或者完成一些功能。在 PHP 程序中，一个类的析构方法名称必须是_destruct()。在下面的实例中演示了使用析构方法的过程。

实例 11-6：使用析构方法
源文件路径：daima\11\11-6

实例文件 index.php 的主要实现代码如下：

```
<?php
class SportObject{
```

```
    public $name;            //定义成员变量
    public $height;          //定义成员变量
    public $avoirdupois;     //定义成员变量
    public $age;             //定义成员变量
    public $sex;             //定义成员变量
    //定义构造方法
    public function _construct($name,$height,$avoirdupois,$age,$sex){
        $this->name=$name;                       //为成员变量赋值
        $this->height=$height;                   //为成员变量赋值
        $this->avoirdupois=$avoirdupois;         //为成员变量赋值
        $this->age=$age;                         //为成员变量赋值
        $this->sex=$sex;                         //为成员变量赋值
    }
    public function bootFootBall(){              //声明成员方法
        if($this->height<185 and $this->avoirdupois<85){
            return $this->name."，符合踢足球的要求！";      //方法实现的功能
        }else{
            return $this->name."，不符合踢足球的要求！";    //方法实现的功能
        }
    }
    function _destruct(){                                  //析构函数
        echo "<p><b>对象被销毁，调用析构函数。</b></p>";    //方法实现的功能
    }
}
//实例化类，并传递参数 unset($sport);
$sport=new SportObject('库里','185','80','20','男');
?>
```

本实例的执行效果如图 11-6 所示。

对象被销毁，调用析构函数。

图 11-6　实例 11-6 的执行效果

11.2.9　类的访问控制

在 PHP 程序中引入了类的访问控制符这一概念，这样可以控制类的属性和方法的可见性。PHP 语言支持 3 种访问控制符，具体说明如下所示。

- public：该控制符是默认的，如果不指定一个属性的访问控制，则默认是 public。public 表示该属性和方法在类的内部或者外部都可以被直接访问。
- private：该控制符说明属性或者方法只能够在类的内部进行访问。如果没有使用 _get()和_set()方法，可以对所有的属性都使用这个关键字，也可以选择使用私有的属性和方法。注意，私有属性和方法不能被继承。
- protected：该控制符能被同类中的所有方法和继承类中的所有方法访问到，除此之外不能被访问。

实例 11-7：类的访问控制
源文件路径：daima\11\11-7

实例文件 index.php 的主要实现代码如下：

```
<?php
class calendar
{
//创建一个日历类
public function getDayNames()
{
//获取属性值的函数
    return $this->$dayNames;
  //返回该属性值
}
public function setDayNames($names)
{     //设置属性值的函数
    $this->dayNames=$names;
//设置属性值
}
}
?>
```

在上面这段代码中，每一个成员都有一个修饰符，说明了它是公有的还是私有的。在此可以不添加 public 修饰符，因为默认的控制符就是 public。

11.3 继承、多态和接口

通过本章前面内容的学习，相信大家已经了解了类在 PHP 程序中的重要作用。在接下来的内容中，将详细讲解面向对象的高级编程的基本知识。面向对象的高级性主要表现在类的继承、接口的实现和类的多态性这三个方面。

↑扫码看视频

11.3.1 类的继承

无论任何编程语言，只要有类这一概念，它的类就可以从其他的类中扩展出来，PHP 语言也不例外。在 PHP 语言中使用关键字 extends 来扩展一个类，即指定该类派生于哪个基类。扩展或派生出来的类拥有其基类(这称为“继承”)的所有变量和函数，并包含所有派生类中定义的部分。类中的元素不可能减少，也就是说不可以注销任何存在的函数或者变量。一个扩充类总是依赖于一个单独的基类，即不支持多继承。

下面的实例演示了实现类的继承的过程。

实例 11-8：实现类的继承
源文件路径：daima\11\11-8

实例文件 index.php 的主要实现代码如下：

```
<?php
/*  父类  */
class SportObject{
    public $name;                   //定义姓名成员变量
    public $age;                    //定义年龄成员变量
    public $avoirdupois;            //定义体重成员变量
    public $sex;                    //定义性别成员变量
    //定义构造方法
    public function _construct($name,$age,$avoirdupois,$sex){
        $this->name=$name;                          //为成员变量赋值
        $this->age=$age;                            //为成员变量赋值
        $this->avoirdupois=$avoirdupois;            //为成员变量赋值
        $this->sex=$sex;                            //为成员变量赋值
    }
    function showMe(){                              //定义普通函数
        echo '这句话不会显示。';                    //输出
    }
}
/*  子类 BeatBasketBall  */
class BeatBasketBall extends SportObject{//定义子类 BeatBasketBall，继承父类
    public $height;                                 //定义身高变量
    function _construct($name,$height){             //定义构造方法
        $this -> height = $height;                  //为成员变量赋值
        $this -> name = $name;                      //为成员变量赋值
    }
    function showMe(){                              //定义方法
        if($this->height>185){
            return $this->name."，符合打篮球的要求!"; //方法实现的功能
        }else{
            return $this->name."，不符合打篮球的要求!";//方法实现的功能
        }
    }
}
/*  子类 WeightLifting  */
class WeightLifting extends SportObject{            //继承父类
    function showMe(){                              //定义普通方法
        if($this->avoirdupois<85){
            return $this->name."，符合举重的要求!";   //方法实现的功能
        }else{
            return $this->name."，不符合举重的要求!"; //方法实现的功能
        }
    }
}
//实例化对象
$beatbasketball = new BeatBasketBall('库里','190');//实例化子类
$weightlifting = new WeightLifting('汤普森','185','80','20','男');
echo $beatbasketball->showMe()."<br>";              //输出结果
echo $weightlifting->showMe()."<br>";               //输出结果
?>
```

在上述代码中，用 SportObject 类生成了两个子类：BeatBasketBall 和 WeightLifting，两个子类使用不同的构造方法实例化了两个对象 beatbasketball 和 weightlifting，并输出信息。其执行效果如图 11-7 所示。

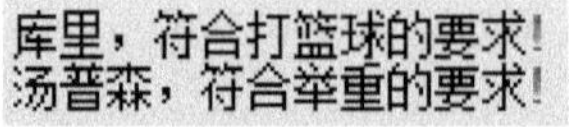

```
库里，符合打篮球的要求!
汤普森，符合举重的要求!
```

图 11-7　实例 11-8 的执行效果

11.3.2　实现多态

多态是对象的一种能力，它可以在运行时根据传递的对象参数，将同一操作使用于不同的对象。可以有不同的解释，以产生不同的执行结果，这就是多态性。多态好比有一个成员方法是让大家去游泳，这时有的人带游泳圈，有的人拿浮板，还有人什么也不带。虽然是同一种方法，却产生了不同的形态，这就是多态。

多态有两种存在形式，分别是覆盖和重载，具体说明如下所示。

- 所谓覆盖就是在子类中重写父类的方法，而在子类的对象中虽然调用的是父类中相同的方法，但返回的结果是不同的。例如，在前面的实例 11-8 中，虽然在两个子类中都调用了父类中的方法 showMe()，但是返回的结果并不相同。
- 重载是类的多态的另一种实现，函数重载是指一个标识符被用作多个函数名，并且能够通过函数的参数个数或参数类型将这些同名的函数区分开来，以使调用不发生混淆。重载的好处是可以实现代码重用，即不用为了对不同的参数类型或参数个数而写多个函数。

知识精讲

在 PHP 程序中，多态通常使用派生类重载基类中的同名函数来实现，PHP 的多态性分为以下两种类型。

(1) 编译时的多态性：编译时的多态性是通过重载来实现的。系统在编译时，根据传递的参数、返回的类型等信息决定实现何种操作。

(2) 运行时的多态性：是指直到系统运行时才根据实际情况决定实现何种操作。

编译时的多态性提供了运行速度快的特点，而运行时的多态性则带来了高度灵活和抽象的特点。

11.3.3　实现接口

在 PHP 程序中，由于类是单继承的关系，所以不能满足设计的需求。PHP 学习了 Java 语言的优点，引入了一个新的概念：接口。在接口中仅定义了一些方法的名称及参数，并没有编写这些方法或函数的具体实现。

在 PHP 程序中，接口类通过关键字 interface 进行声明，并且在类中只能包含未实现的方法和一些成员变量，具体语法格式如下：

```
interface 接口名
{
```

```
    function 接口函数 1();
    function 接口函数 2();
    …
}
```

在上述格式中，接口指定了一个实现了该接口的必须实现的一系列函数。

下面的实例，演示了在 PHP 程序中使用接口的过程。

实例 11-9：使用接口

源文件路径：daima\11\11-9

实例文件 index.php 的主要实现代码如下：

```
<?php
//定义接口
interface User{
    function getDiscount();                          //第 1 个接口函数
    function getUserType();                          //第 2 个接口函数
}
//VIP 用户接口实现
class VipUser implements User{
    //VIP 用户折扣系数
    private $discount = 0.8;                         //8 折折扣系数
    function getDiscount() {                         //定义实现第 1 个接口函数
        return $this->discount;
    }
    function getUserType() {                         //定义实现第 2 个接口函数
        return "VIP 用户";
    }
}
class Goods{                                         //定义商品类 Goods
    var $price = 100;                                //定义价格变量
    var $vc;
    //定义 User 接口类型参数，这时并不知道是什么用户
    function run(User $vc){
        $this->vc = $vc;
        $discount = $this->vc->getDiscount();
     $usertype = $this->vc->getUserType();
        echo $usertype."商品价格：".$this->price*$discount;
    }
}
$display = new Goods();                          //新建商品对象
$display ->run(new VipUser);                     //可以是更多其他用户类型
?>
```

本实例的执行效果如图 11-8 所示。

VIP用户商品价格：80

图 11-8　实例 11-9 的执行效果

11.3.4　使用“::”运算符

在 PHP 程序中，子类不仅可以调用自己的变量和方法，而且也可以调用父类中的变量

和方法，对于其他不相关的类成员同样可以调用。PHP 是通过伪变量“$this.>”和作用域操作符“::”来实现这些功能的。“::”运算符可以在没有任何声明、任何实例的情况下，访问类中的函数。使用“::”运算符的语法格式如下：

```
关键字::变量名/常量名/方法名
```

上述格式中的“关键字”分为以下 3 种情况。

- parent：可以调用父类中的成员变量、成员方法和常量。
- self：可以调用当前类中的静态成员和常量。
- 类名：可以调用本类中的变量、常量和方法。

实例 11-10：使用“::”运算符

源文件路径：daima\11\11-10

实例文件 index.php 的主要实现代码如下：

```
<?php
class A {                        //定义类 A
    function example() {         //定义类中的函数
        echo "我是基类的函数 A::example().<br />";
    }
}
class B extends A {              //定义子类 B
    function example() {         //定义类中的函数
        echo "我是子类中的函数 B::example().<br />\n";
        A::example();            //调用父类的函数
    }
}
//A 类没有对象实例，直接调用其方法 example
A::example();
//建立一个 B 类的对象
$b = new B;
//调用 B 的函数 example
$b->example();
?>
```

本实例的执行效果如图 11-9 所示。

```
我是基类的函数A::example().
我是子类中的函数B::example().
我是基类的函数A::example().
```

图 11-9　使用类的“::”运算符的执行效果

11.3.5　使用伪变量$this>

在类进行实例化操作时，使用对象名加方法名的格式(对象名->方法名)实现，但是在定义类时(如 SportObject 类)无法得知对象的名称是什么。如果此时想调用本类中的方法，就需要使用伪变量“$this->”。“$this->”的意思就是本身，所以“$this->”只可以在类的内部使用。

下面的实例演示了使用伪变量“$this>”的过程。

实例 11-11：使用伪变量$this>
源文件路径：daima\11\11-11

实例文件 index.php 的主要实现代码如下：

```
<?php
    class example{                          //定义类 example
        function exam(){                    //定义类中的函数
            if(isset($this)){               //使用伪变量
                echo '$this 的值为：'.get_class($this);   //显示变量的值
            }else{                                         //如果未定义
                echo '$this 未定义';                        //显示提示文本
            }
        }
    }
    $class_name = new example();    //新建实例
    $class_name->exam();            //执行函数
?>
```

在上述代码中，当类被实例化后，$this 同时被实例化为本类的对象，这时对$this 使用 get_class()函数返回本类的类名。其执行效果如图 11-10 所示。

$this的值为：example

图 11-10　实例 11-11 的执行效果

11.4　实践案例与上机指导

通过本章的学习，读者基本可以掌握 PHP 语言面向对象的基础知识。其实 PHP 面向对象的知识还有很多，这需要读者通过课外渠道来加深学习。下面通过练习操作，以达到巩固学习、拓展提高的目的。

↑扫码看视频

11.4.1　使用 parent 关键字

在 PHP 程序中，可能会发现自己写的代码访问了基类的变量和函数，尤其在派生类非常精练或者基类非常专业化的时候。所以不要使用代码中基类文字上的名字，应该使用特殊的名字 parent，它指的是派生类在 extends 声明中所指的基类的名字，这样做可以避免在多个地方使用基类的名字。如果在实现继承的过程中需要修改，只需要简单地修改类中 extends 声明的部分。

实例 11-12：使用关键字 parent
源文件路径：daima\11\11-12

实例文件 index.php 的主要实现代码如下：

```
<?php
class A {                                   //定义类 A
    function example() {                    //定义类函数
        echo "I am A::example() and provide basic functionality.<br/>\n";
    }
}
class B extends A {                         //定义子类 B
    function example() {                    //定义子类函数
        echo "I am B::example() and provide additional functionality.<br />\n";
        parent::example();                  //使用关键字 parent 指明是使用基类
    }
}
$b = new B;                                 //创建对象实例
//下面将调用 B::example()，而它会去调用 A::example()
$b->example();
?>
```

本实例的执行效果如图 11-11 所示。

```
I am B::example() and provide additional functionality.
I am A::example() and provide basic functionality.
```

图 11-11　使用 parent 关键字的执行效果

11.4.2　使用 final 关键字

英文 final 的中文含义是“最终的”或“最后的”。被 final 修饰过的类和方法就是“最终的版本”。在 PHP 程序中，当在一个函数声明前使用 final 关键字时，这个被修饰的函数不能被任何函数重载。当一个类被 final 修饰后，说明该类不可以再被继承，也不能再有子类。当一个方法被 final 修饰后，说明该方法在子类中不可以进行重写，也不可以被覆盖。

实例 11-13：使用 final 关键字
源文件路径：daima\11\11-13

实例文件 index.php 的主要实现代码如下：

```
<?php
class BaseClass                             //定义类
 {
   public function test()                   //定义函数
 {
       echo "BaseClass::test() called\n";
   }
   final public function moreTesting()  //使用 final 关键字限制了类的方法
 {
       echo "BaseClass::moreTesting() called\n";//输出提示
   }
```

```
}
class ChildClass extends BaseClass {              //定义子类
   public function moreTesting() {               //定义子类函数
      echo "ChildClass::moreTesting() called\n";    //输出提示
   }
}
BaseClass::moreTesting()                          //想执行父类函数
?>
```

执行上述代码后会产生错误，因为已经使用 final 关键字限制了类的方法，但是在子类中继续被调用。执行效果如图 11-12 所示。

Fatal error: Cannot override final method BaseClass::moreTesting() in **H:\AppServ\www\book\11\11-13\index.php** on line **18**

图 11-12　产生的错误页面

智慧锦囊

在 PHP 的编程过程中，可以将 final 关键字用于类、属性和方法中，用于保护类。如果要实现继承功能，则不能使用此关键字。在 PHP 程序中，private 关键字也十分重要，它只能用于类的属性和方法。倘若在一个类中看到 protected 这个关键字，这个类的属性和方法仍然可以被继承，但是在它的外部不可见。

11.5　思考与练习

本章详细讲解了 PHP 面向对象编程技术的知识，循序渐进地讲解了面向对象的基本概念、使用类，继承、多态和接口等知识。在讲解过程中，通过具体实例介绍了使用 PHP 面向对象编程的方法。通过对本章内容的学习，读者应能熟悉使用 PHP 面向对象编程的知识，并掌握其使用方法和技巧。

1. 选择题

(1) 在 PHP 程序中使用关键字(　　)定义常量。

A. const　　B. var　　C. class

(2) 在 PHP 程序中，一个类的析构方法名称必须是(　　)。

A. _destruct()　　B. _construct()　　C. destruct()　　D. construct()

2. 判断对错

(1) 在 PHP 程序中，public 控制符是默认的，如果不指定一个属性的访问控制，则默认是 public。　　(　　)

(2) 在 PHP 语言中使用关键字 extend 来扩展一个类，即指定该类派生于哪个基类。　　(　　)

3. 上机练习

(1) 设置子类继承父类。

(2) 使用 parent 调用父类方法。

新起点 电脑教程

第 12 章

正则表达式

本章要点

- 正则表达式基础
- 组成元素
- 正则表达式匹配处理
- 正则表达式函数

本章主要内容

正则表达式又被称为规则表达式，英文名是 Regular Expression，在代码中通常简写为 regex、regexp 或 RE。正则表达式是计算机科学中的一个概念，通常被用来检索、替换那些符合某个模式(规则)的文本。在本章的内容中，将详细讲解在 PHP 程序中使用正则表达式的知识。

12.1 正则表达式基础

正则表达式是一种描述字符串结构的语法规则，是一个特定的格式化模式，可以匹配、替换、截取匹配的子串。在 PHP 语言中，可以使用正则表达式来处理字符串。

↑扫码看视频

12.1.1 什么是正则表达式

正则表达式(Regular Expression)描述了一种字符串的匹配模式，可以实现如下功能。

(1) 检查一个字符串是否含有某种子串。

(2) 将匹配的子串进行替换。

(3) 从某个字符串中取出符合某个条件的子串。

对于用户来说，可能以前接触过 DOS，如果想匹配当前文件夹下所有的文本文件，可以输入“dir *.txt”命令，按 Enter 键后，所有.txt 文件都会被列出来。这里的 dir *.txt 即可理解为一个简单的正则表达式。由此可见，正则表达式是用某种模式去匹配一类字符串的一个公式。

智慧锦囊

在初学者看来，正则表达式比较古怪并且复杂，其实只要读者通过一点点练习之后，就会觉得这些复杂的表达式相当简单。而且一旦你弄懂之后，可以把数小时才能完成的文本处理工作在几分钟(甚至几秒钟)内就能完成。

12.1.2 正则表达式的术语

在学习正则表达式之前，需要先了解一下正则表达式中的几个容易混淆的术语，这对于学习正则表达式有很大的帮助。下面是 PHP 正则表达式中的常用专业术语。

(1) grep：是一个用来在一个或者多个文件或者输入流中使用 RE 进行查找的程序。grep 的 name 编程语言可以用来针对文件和管道进行处理。读者可以从 PHP 手册中得到 grep 的完整信息。

(2) egrep：是 grep 的一个扩展版本，在它的正则表达式中可以支持更多的元字符。

(3) POSIX(Portable Operating System Interface of Vnix，可移植操作系统接口)：在 grep 发展的同时，其他一些开发人员也按照自己的喜好开发出了具有独特风格的版本。但问题也随之而来，有的程序支持某个元字符，而有的程序则不支持。因此就有了 POSIX，POSIX 是一系列标准，确保了操作系统之间的可移植性。但 POSIX 和 SQL 一样，没有成为最终的标准，而只能作为一个参考。

(4) Perl(Practical Extraction and Reporting Language，实际抽取与汇报语言)：1987 年，Larry Wall 发布了 Perl。在随后的 7 年时间里，Perl 经历了从 Perl 1 到现在的 Perl 5 的发展，最终 Perl 成为 POSIX 之后的另一个标准。

(5) PCRE：Perl 的成功，让其他的开发人员在某种程度上要兼容 Perl，包括 C/C++、Java、Python 等都有自己的正则表达式。1997 年，Philip Hazel 开发了 PCRE 库，这是兼容 Perl 正则表达式的一套正则引擎，其他开发人员可以将 PCRE 整合到自己的语言中，为用户提供丰富的正则功能。许多语言都使用 PCRE，PHP 正是其中之一。

12.2 组 成 元 素

正则表达式描述了一种字符串匹配的模式，可以用来检查一个字符串是否含有某种子串，能够将匹配的子串进行替换或者从某个串中取出符合某个条件的子串等。正则表达式是由普通字符(例如 A～Z)以及特殊字符(例如*、/等元字符)组成的文字模式。

↑扫码看视频

一个完整的正则表达式由两部分构成，分别是元字符和文本字符。元字符就是具有特殊含义的字符，例如表 12-1～表 12-3 列出的都是元字符。文本字符就是普通的文本，如字母和数字等。PCRE 风格的正则表达式一般都放置在定界符“/”中间。为了便于读者理解，除个别实例外，本节内容中的表达式不给出定界符“/”。

12.2.1 普通字符

普通字符就是由所有未显式指定为元字符的打印和非打印字符组成。这包括所有的大写和小写字母字符、所有数字、所有标点符号以及其他一些符号。正则表达式的普通字符如表 12-1 所示。

表 12-1　正则表达式的普通字符

字　符	匹　配	字　符	匹　配
[⋯]	位于括号之内的任意字符	\s	任何 Unicode 空白符，注意和\w 不同
[^⋯]	不在括号之中的任意字符	\S	任何非 Unicode 空白符
.	除换行符和其他 Unicode 行终止符之外的任意字符	\d	任何 ASCII 数字，等价于[0～9]

续表

字　符	匹　配	字　符	匹　配
\w	匹配包括下划线的任何单词字符。等价于'[A～Z，a～z，0～9]	\D	除了 ASCII 数字之外的任何字符，等价于[^0～9]
\W	匹配任何非单词字符。等价于'[^A～Z，a～z，0～9]	[\b]	匹配一个字边界，即字与空格间的位置

12.2.2 非打印字符

非打印字符的具体说明如表 12-2 所示。

表 12-2 非打印字符说明

字　符	含　义
\cx	匹配由 x 指明的控制字符。例如，\cM 匹配一个 Control-M 或回车符。x 的值必须为 A～Z 或 a～z 之一。否则，将 c 视为一个原义的 'c' 字符
\f	匹配一个换页符。等价于 \x0c 和 \cL
\n	匹配一个换行符。等价于 \x0a 和 \cJ
\r	匹配一个回车符。等价于 \x0d 和 \cM
\s	匹配任何空白字符，包括空格、制表符、换页符等。等价于 [\f\n\r\t\v]
\S	匹配任何非空白字符。等价于 [^ \f\n\r\t\v]
\t	匹配一个制表符。等价于 \x09 和 \cI
\v	匹配一个垂直制表符。等价于 \x0b 和 \cK

12.2.3 特殊字符

所谓特殊字符，就是一些有特殊含义的字符，例如*.txt 中的“*”，简单地说就是表示任何字符串的意思。如果要查找文件名中有“*”的文件，则需要对“*”进行转义，即在其前面加一个反斜杠“\”。正则表达式中的特殊字符如表 12-3 所示。

表 12-3 特殊字符

字　符	说　明
$	匹配输入字符串的结尾位置。如果设置了 RegExp 对象的 Multiline 属性，则 $ 也匹配 '\n' 或 '\r'。要匹配 $ 字符本身，请使用“\$”
( )	标记一个子表达式的开始和结束位置。子表达式可以获取并供以后使用。要匹配这些字符，请使用“\”(和“\”)
*	匹配前面的子表达式零次或多次。要匹配“*”字符，请使用“*”
+	匹配前面的子表达式一次或多次。要匹配“+”字符，请使用“\+”
.	匹配除换行符 \n 之外的任何单字符。要匹配“.”，请使用“\”

续表

字　符	说　明
[	标记一个中括号表达式的开始。要匹配“[”，请使用“\[”
?	匹配前面的子表达式零次或一次，或指明一个非贪婪限定符。要匹配“?”字符，请使用“\?”
\	将下一个字符标记为特殊字符(或原义字符，或向后引用，或八进制转义符)。例如，'n'匹配字符 'n'。'\n' 匹配换行符。序列 '\\' 匹配 "\"，而 '\(' 则匹配 "("
^	匹配输入字符串的开始位置，除非在方括号表达式中使用，此时它表示不接受该字符集合。要匹配“^”字符本身，请使用“\^”
{	标记限定符表达式的开始。要匹配“{”，请使用“\{”
|	指明两项之间的一个选择。要匹配“|”，请使用“\\|”

智慧锦囊

构造正则表达式的方法和创建数学表达式的方法一样。也就是用多种元字符与操作符将小的表达式结合在一起来创建更大的表达式。正则表达式的组件可以是单个的字符、字符集合、字符范围、字符间的选择或者所有这些组件的任意组合。

12.2.4　限定符

限定符用来指定正则表达式的一个给定组件必须要出现多少次才能满足匹配，限定符有“*”“+”“?”“{n}”“{n,}”“{n,m}”共 6 种。“*”“+”和“?”限定符都是贪婪的，因为它们会尽可能多地匹配文字，只要在它们的后面加上一个“?”，就可以实现非贪婪或最小匹配。正则表达式的限定符信息如表 12-4 所示。

表 12-4　限定符信息

字　符	描　述
*	匹配前面的子表达式零次或多次。例如，“zo*”能匹配“z”以及“zoo”。“*”等价于“{0,}”
+	匹配前面的子表达式一次或多次。例如，“zo+”能匹配“zo”以及“zoo”，但不能匹配“z”。“+”等价于“{1,}”
?	匹配前面的子表达式零次或一次。例如，“do(es)?”可以匹配“do”或“does”中的“do”。“?”等价于“{0,1}”
{n}	n 是一个非负整数。匹配确定的 n 次。例如，“o{2}”不能匹配“Bob”中的“o”，但是能匹配“food”中的两个“o”
{n,}	n 是一个非负整数。至少匹配 n 次。例如，“o{2,}”不能匹配“Bob”中的“o”，但能匹配“foooood”中的所有“o”。“o{1,}”等价于“o+”。“o{0,}”则等价于“o*”
{n,m}	m 和 n 均为非负整数，其中 n <= m。最少匹配 n 次且最多匹配 m 次。例如，“o{1,3}”将匹配“fooooood”中的前三个“o”。“o{0,1}”等价于“o?”。请注意在逗号和两个数之间不能有空格

12.2.5 定位符

定位符用来描述字符串或单词的边界，“^”和“$”分别指字符串的开始与结束，“\b”描述单词的前或后边界，“\B”表示非单词边界。读者需要注意，不能对定位符使用限定符。

12.2.6 选择

用圆括号将所有选择项括起来，相邻的选择项之间用“|”分隔。但用圆括号会有一个副作用——相关的匹配会被缓存，此时可用“?:”放在第一个选项前来消除这种副作用。其中“?:”是非捕获元之一，还有两个非捕获元是“?=”和“?!”，这两个还有更多的含义，前者为正向预查，在任何开始匹配圆括号内的正则表达式模式的位置来匹配搜索字符串，后者为负向预查，在任何开始不匹配该正则表达式模式的位置来匹配搜索字符串。

知识精讲

对一个正则表达式模式或部分模式两边添加圆括号将导致相关匹配存储到一个临时缓冲区中，所捕获的每个子匹配都按照在正则表达式模式中从左至右所遇到的内容存储。存储子匹配的缓冲区编号从 1 开始，连续编号直至最大 99 个子表达式。每个缓冲区都可以使用“'\n'”访问，其中 n 为一个标识特定缓冲区的一位或两位十进制数。可以使用非捕获元字符“?:”“?=”或“?!”来忽略对相关匹配的保存。

12.3 正则表达式的匹配处理

在 PHP 程序中，使用正则表达式进行匹配操作是必不可少的，读者可以通过内置函数来匹配正则表达式。在本节的内容中，将详细讲解 PHP 正则表达式的匹配知识。

↑扫码看视频

12.3.1 搜索字符串

在 PHP 程序中，通过函数 preg_match()可以搜索指定的字符串，其语法格式如下：

```
int preg_match ( string pattern, string subject [, array matches [, int flags]] )
```

通过使用上述格式，在 subject 字符串中可以搜索出与 pattern 给出的正则表达式相匹配的内容。如果提供了 matches，则会被搜索的结果填充。$matches[0]包含与整个模式匹配的文本，$matches[1] 包含与第一个捕获的括号中的子模式所匹配的文本，以此类推。如果设定了标记 PREG_OFFSET_CAPTURE，对每个出现的匹配结果也同时返回其附属的字符串偏移量。注意这改变了返回的数组的值，使其中的每个单元也是一个数组，其中第一项为匹配字符串，第二项为其偏移量。preg_match() 返回 pattern 所匹配的次数。要么是 0 次(没有匹配)或 1 次，因为 preg_match() 在第一次匹配之后将停止搜索。preg_match_all()则相反，会一直搜索到 subject 的结尾处。如果出错，preg_match()则返回 false。

在下面的实例中，搜索出了指定的字符。

实例 12-1：搜索指定的字符

源文件路径：daima\12\12-1

实例文件 index.php 的主要实现代码如下：

```
<?php
//模式定界符后面的“i”表示不区分大小写字母的搜索
if (preg_match ("/love/i", "I love you.")) {   //如果找到
   print "找到匹配.";
} else {                                       //如果没有找到
   print "没找到匹配.";
}
?>
```

本实例的执行效果如图 12-1 所示。

找到匹配.

图 12-1　实例 12-1 的执行效果

12.3.2　从 URL 取出域名

在 PHP 程序中，使用函数 preg_match()可以根据需要取出一个网页地址的域名。例如下面实例的功能是从 URL 中取出域名。

实例 12-2：从 URL 中提取出域名

源文件路径：daima\12\12-2

实例文件 index.php 的主要实现代码如下：

```
<?php
//从 URL 中取得主机名
preg_match("/^(http:\/\/)?([^\/]+)/i",
   "http://adsfile.qq.com/web/a.html?
loc=QQ_BackPopWin&oid=1117705&cid=98288&type=flash&resource_url=http%3A%
2F%2Fadsfile.qq.com%2Fweb%2Ft_hsjjhk.swf&link_to=http%3A%2F%2Fadsclick.
qq.com%2Fadsclick%3Fseq%3D20090401000058%26loc%3DQQ_BackPopWin%26url%
3Dhttp%3A%2F%2Fallyesbjafa.allyes.com%2Fmain%2Fadfclick%3Fdb%3Dallyesbj
afa%26bid%3D127284%2C61637%2C486%26cid%3D63663%2C2191%2C1%26sid%3D123548
%26show%3Dignore%26url%3Dhttp%3A%2F%2Fwww.vancl.com%2F%3Fsource%3Dqq74
&width=750&height=500&cover=true",
$matches);
//获取主机名
```

```
$host = $matches[2];
//从主机名中取得后面两段得到域名
preg_match("/[^\.\/]+\.[^\.\/]+$/", $host, $matches);
echo "域名为: {$matches[0]}\n";
?>
```

上面代码中的网址是腾讯公司的一个网页地址，通过上述代码可以获取这个网页的地址域名，其执行效果如图 12-2 所示。

域名为: qq.com

图 12-2　获取域名的执行效果

12.3.3　匹配单个字符

最基本的正则表达式是匹配其自身的单个字符，比如匹配“china”单词中的“h”。接下来将讲解一个十分有用的元字符“.”，意思是“匹配除换行符之外的任一字符”。

下面实例的功能是使用元字符“.” 匹配单个字符。

实例 12-3：使用元字符“.” 匹配单个字符
源文件路径：daima\12\12-3

实例文件 index.php 的主要实现代码如下：

```
<?php
$pattern="/P.P/";                 //定义模式变量
$str="PHP,How are you";           //定义字符串变量
if (preg_match($pattern,$str))  //如果发现匹配
    print("发现匹配!");           //输出提示
?>
```

本实例的执行效果如图 12-3 所示。

发现匹配!

图 12-3　单个字符匹配的执行效果

12.3.4　使用插入符“^”

在锁定一个字符时必须使用插入符“^”，这个元字符能够使用正则表达式匹配本行起始处出现的字符，可以使得正则表达式“/^china/”在某个字符串中成功找到一个匹配。

下面的实例中使用了插入符“^”。

实例 12-4：使用插入符“^”
源文件路径：daima\12\12-4

实例文件 index.php 的主要实现代码如下：

```
<?php
$str="PHP is the best scripting language"; //字符串变量
```

```
$pattern="/^PHP/";                              //使用插入符
if (preg_match($pattern,$str))                  //如果发现匹配
    print("发现匹配");                           //输出提示
?>
```

本实例的执行效果如图 12-4 所示。

发现匹配！

图 12-4　执行效果

12.3.5　美元“$”的应用

在 PHP 正则表达式应用中，美元符号“$”的功能是把一个模式锚定到一行的尾端。在下面的实例中使用了美元符号“$”。

实例 12-5：使用美元符号“$”
源文件路径：daima\12\12-5

实例文件 index.php 的主要实现代码如下：

```
<?php
$str="I like PHP";                       //定义字符串变量
$pattern="/PHP$/";                       //使用美元符号
if (preg_match($pattern,$str))           //如果发现匹配
    print("发现匹配!");                   //输出提示
?>
```

本实例的执行效果如图 12-5 所示。

发现匹配！

图 12-5　使用美元符号的执行效果

12.3.6　使用“|”实现替换匹配

在正则表达式中有一个管道元字符“|”，管道元字符在正则表达式中有“或者”之意。通过管道元字符，可以匹配管道元字符的左边。

在下面的实例中使用“|”实现了替换匹配功能。

实例 12-6：使用“|”实现替换匹配
源文件路径：daima\12\12-6

实例文件 index.php 的主要实现代码如下：

```
<?php
$pattern="/(dog|cat)\.$/";         //使用替换匹配
$str="I like dog.";                //定义字符串变量
if (preg_match($pattern,$str))     //如果发现匹配
    print("发现匹配!");             //输出提示
?>
```

本实例的执行效果如图 12-6 所示。

发现匹配!

图 12-6　使用替换匹配的执行效果

12.4　正则表达式函数

在 PHP 程序中，提供了专门用于处理正则表达式的内置函数。在本节下面的内容中，将详细讲解这些内置函数的基本用法，以让读者熟练操作正则表达式。

↑扫码看视频

12.4.1　函数 ereg()和函数 eregi()

1. 函数 ereg()

使用函数 ereg()的语法格式如下：

```
int ereg(string pattern, string string, array [regs]);
```

函数 ereg()能够以区分大小写的方式在 string 中寻找与给定的正则表达式 pattern 所匹配的子串。如果找到与 pattern 中圆括号内的子模式相匹配的子串，并且函数调用给出了第三个参数 regs，则匹配项将被存入 regs 数组中。$regs[1] 包含第一个左圆括号开始的子串，$regs[2] 包含第二个子串，以此类推。在$regs[0]中包含整个匹配的字符串。

2. 函数 eregi()

函数 eregi()能够以不区分大小写的正则表达式匹配，其语法格式如下：

```
bool eregi ( string pattern, string string [, array regs] )
```

函数 eregi()的功能和上面介绍的函数 ereg()类似，只是大小写的区别不同。

下面的实例演示了使用函数 ereg()和函数 eregi()的过程。

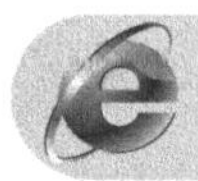

实例 12-7：使用函数 ereg()设置字符串的长度

源文件路径：daima\12\12-7

实例文件 index.php 的主要实现代码如下：

```
<?php
    $ereg = 'tm';                                          //要匹配的字符串
    $str = 'hello,tm,Tm,tM.';                              //要查找的文本
    $rep_str = eregi_replace($ereg,'TM',$str); //使用 eregi_replace()函数进行替换
```

```
    echo $rep_str;                                      //输出替换后的文本
?>
```

执行效果如图 12-7 所示。

```
Invalid password! Passwords must be from 8 - 10 chars
```

图 12-7 实例 12-7 的执行效果

12.4.2 函数 ereg_replace()

函数 ereg_replace()的功能是替换文本，其语法格式如下：

```
string ereg_replace ( string pattern, string replacement, string string )
```

当参数 pattern 与参数 string 中的子串匹配时，原字符串将被参数 replacement 的内容所替换，该函数区分大小写。如果没有可供替换的匹配项则会返回原字符串。如果 pattern 包含有括号内的子串，则 replacement 可以包含形如“\\digit”的子串，这些子串将被替换为数字表示的第几个括号内的子串；“\\0”则包含了字符串的整个内容。最多可以用 9 个子串。括号可以嵌套，此情形下以左圆括号来计算顺序。

在下面的实例中使用了函数 ereg_replace()。

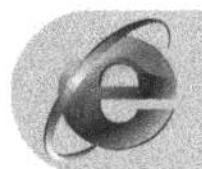

实例 12-8：使用函数 ereg_replace()
源文件路径：daima\12\12-8

实例文件 index.php 的主要实现代码如下：

```
<?php
//定义要操作的字符串，设置将要显示的格式
$weather = "『天气预报』 今天:{1} 天气:<font color=red>{2}</font> 风向:{3} 气温:{4}";
//定义保存天气状况数据的变量
$daytype = array( 1 => "10 月 14 日",
                  2 => "多云转晴",
                  3 => "东北风 2-3 级",
                  4 => "12℃-3℃" );
while (ereg ("{([0-9])}", $weather, $regs)) {
  $found = $regs[1];
  $weather = ereg_replace("\{".$found."\}", $daytype[$found], $weather);
    //替换操作处理
}
echo "$weather";
?>
```

本实例的执行效果如图 12-8 所示。

『天气预报』今天:10月14日 天气:多云转晴 风 向:东北风2-3级 气温:12℃-3℃

图 12-8 使用 ereg_replace()函数的执行效果

12.4.3 函数 split()

在 PHP 正则表达式应用中，函数 split()以参数 pattern 作为分界符，可以从参数 string 中

获取行等一系列子串，并将它们存入到字符串数组中。使用函数 split()的语法格式如下所示。

```
array split(string pattern,string string[,int limit]);
```

参数 limit 用于限定生成数组的大小。函数 split()能够返回生成的字符串数组，如果有一个错误，则返回 false(0)。

实例 12-9：使用函数 split()
源文件路径：daima\12\12-9

实例文件 index.php 的主要实现代码如下：

```
<?php
$email="tanzhenjun@qq.com";          //定义操作字符串变量
$array=split("\.|@",$email);         //使用 split()函数
while(list($key,$value)=each ($array)){
echo"$value"."<br>";}                //输出分解后的字符
?>
```

本实例的执行效果如图 12-9 所示。

tanzhenjun
qq
com

图 12-9　使用 split()函数的执行效果

12.4.4　函数 spliti()

函数 spliti()和函数 split()的功能类似，用法也相同。不同之处在于函数 spliti()不区分大小写。使用函数 spliti()的语法格式如下所示。

```
array spliti(string pattern,string string[,int limit]);
```

实例 12-10：使用函数 spliti()
源文件路径：daima\12\12-10

实例文件 index.php 的主要实现代码如下：

```
<?php
    $ereg = 'is';                              //定义分解标志
    $str = 'This is a register book.';  //定义操作字符串变量
    $arr_str = spliti($ereg,$str);        //实现分解处理
    var_dump($arr_str);                       //输出分解结果
?>
```

本实例的执行效果如图 12-10 所示。

array(4) { [0]=> string(2) "Th" [1]=> string(1) " " [2]=> string(6) " a reg" [3]=> string(9) "ter book." }

图 12-10　使用 spliti()函数的执行效果

12.5　实践案例与上机指导

通过本章的学习，读者基本可以掌握 PHP 语言正则表达式的知识。其实 PHP 正则表达式的知识还有很多，这需要读者通过课外渠道来加深学习。下面通过练习操作，以达到巩固学习、拓展提高的目的。

↑扫码看视频

12.5.1　使用函数 preg_grep()

在 PHP 程序中，函数 preg_grep()是实现 PCRE 风格的正则表达式的函数，无论从执行效率还是从语法支持上，PCRE 函数都要略优于 POSIX 函数。本节前面的函数都是 POSIX 函数，从现在开始，后面介绍的函数都是 PCRE 函数。使用函数 preg_grep()的语法格式如下：

```
array preg_grep(string pattern, array input)
```

上述格式表示函数 preg_grep()使用数组 input 中的元素去一一匹配表达式 pattern，最后返回由所有相匹配的元素组成的数组。

实例 12-11： 使用函数 preg_grep()

源文件路径： daima\12\12-11

实例文件 index.php 的主要实现代码如下：

```
<?php
    $preg = '/\d{3,4}-?\d{7,8}/';        //定义匹配表达式
    //定义数组变量 arr
    $arr = array('043212345678','0531-5131400','12345678');
    $preg_arr = preg_grep($preg,$arr); //使用函数 preg_grep()
    var_dump($preg_arr);                //输出结果
?>
```

在上述代码中，在数组$arr 中匹配具有正确格式的电话号码(010-1234****等)，并保存到另一个数组中。其执行效果如图 12-11 所示。

```
array(2) { [0]=> string(12) "043212345678" [1]=> string(12) "0531-5131400" }
```

图 12-11　案例 12-11 的执行效果

12.5.2　使用函数 preg_match()和 preg_match_all()

在 PHP 程序中，函数 preg_match()和函数 preg_match_all()的语法格式如下：

```
int preg_match/preg_match_all(string pattern, string subject [, array matches])
```

上面使用一行格式讲解了这两个函数，这意味着上述两个函数的功能是一样的。

知识精讲

函数 preg_match()和函数 preg_match_all()的功能相同，都能够在字符串 subject 中匹配表达式 pattern，返回匹配的次数。如果有数组 matches，那么每次匹配的结果都将被存储到数组 matches 中。函数 preg_match()的返回值是 0 或 1，因为该函数在匹配成功后就停止继续查找了，而函数 preg_match_all()则会一直匹配到最后才会停止，所以参数 array matches 对于 preg_match_all()函数是必须有的，而对前者则可以省略。

实例 12-12：使用函数 preg_match()和 preg_match_all()
源文件路径：daima\12\12-12

实例文件 index.php 的主要实现代码如下：

```
<?php
    $str = 'This is an example!';                   //定义字符串变量
    $preg = '/\b\w{2}\b/';                          //定义匹配表达式
    $num1 = preg_match($preg,$str,$str1);           //实现匹配操作
    echo $num1.'<br>';
    var_dump($str1);                                //显示结果
    $num2 = preg_match_all($preg,$str,$str2);       //实现匹配操作
    echo '<br>'.$num2.'<br>';
    var_dump($str2);                                //显示结果
?>
```

在上述代码中，使用 preg_match()函数和 preg_match_all()函数来匹配字符串$str，并返回各自的匹配次数。其执行效果如图 12-12 所示。

```
1
array(1) { [0]=> string(2) "is" }
2
array(1) { [0]=> array(2) { [0]=> string(2) "is" [1]=> string(2) "an" } }
```

图 12-12　实例 12-12 的执行效果

12.6　思考与练习

本章详细讲解了 PHP 语言正则表达式的知识，循序渐进地讲解了正则表达式基础、组成元素、正则表达式匹配处理和正则表达式函数等知识。在讲解过程中，通过具体实例介绍了使用 PHP 正则表达式的方法。通过对本章内容的学习，读者应能熟悉使用 PHP 正则表达式的知识，并掌握其使用方法和技巧。

1. 选择题

(1) (　　)能够匹配位于括号之内的任意字符。

A. ()　　B. [...]　　C. [^...]

(2) (　　)能够匹配标记一个子表达式的开始和结束位置。

A. ()　　B. *　　C. +　　D. .

2. 判断对错

(1) 在 PHP 程序中，可以通过函数 preg_match()搜索指定的字符串。　　(　　)

(2) 在 PHP 程序中，使用函数 preg_match()可以根据需要取出一个网页地址的域名。　　(　　)

3. 上机练习

(1) 字符串首尾空格的处理。

(2) 字符串的逆序输出。

新起点 电脑教程

第13章

错误调试

本章要点

- 认识程序错误
- 错误类型

本章主要内容

在开发 PHP 程序的过程中，程序调试工作是十分重要的一个步骤。特别是在开发大型 PHP 工程的过程中，无论开发者在编码过程中多么小心或多么认真，都会在程序中留下或多或少的各种错误，因此开发者需要对程序进行调试或者处理一些不该发生的异常情况。在本章的内容中，将向大家详细讲解解决常见 PHP 异常和错误的知识。

13.1 认识程序错误

在实际开发工作过程中，编写任何程序都会不可避免地出现这样或那样的错误。在编写并调试 PHP 程序的过程中，也总会遇见这样或那样的错误。

↑扫码看视频

下面通过一个简单实例来演示错误调试和异常处理的知识。

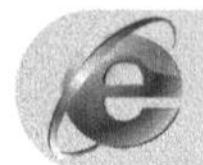

实例 13-1：第一个 PHP 错误程序

源文件路径：daima\13\13-1

实例文件 index.php 的主要实现代码如下：

```
<?php
require ("debug_100.php");      //一个不存在的文件
?>
```

本实例的执行效果如图 13-1 所示。

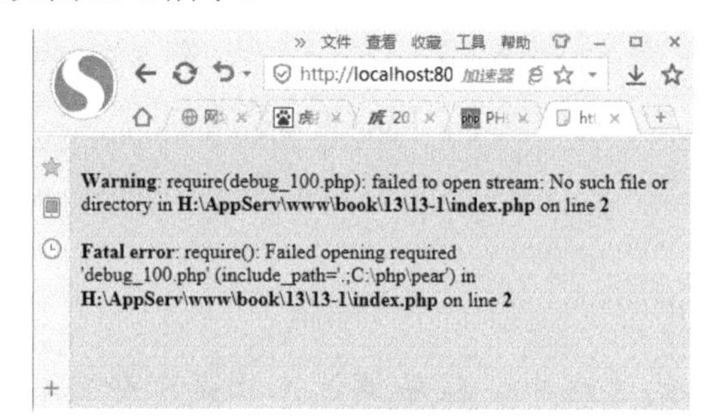

文件 查看 收藏 工具 帮助
http://localhost:80
Warning: require(debug_100.php): failed to open stream: No such file or directory in H:\AppServ\www\book\13\13-1\index.php on line 2
Fatal error: require(): Failed opening required 'debug_100.php' (include_path='.;C:\php\pear') in H:\AppServ\www\book\13\13-1\index.php on line 2

图 13-1 错误调试和异常处理

13.2 错误类型

无论是 PHP 程序还是 Java 程序，程序错误都包括语法错误、运行时错误和逻辑错误这三种类型。在本节的内容中，将详细讲解这三种错误类型的基本知识。

↑扫码看视频

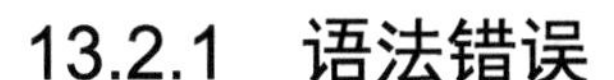

13.2.1　语法错误

语法错误是指在开发程序的过程中使用了不符合某种语法规则的语句而产生的错误。在 PHP 程序中，常见的语法错误有以下几种。

- 缺少分号或者引号。
- 关键字输入错误或者缺少，逻辑结构错误。
- 括号不匹配，如大括号、圆括号以及方括号。
- 忘记使用变量前面的美元符号。
- 错误地转义字符中的特殊字符。

1. 缺少分号

缺少分号是语法解析中出现概率最高的错误，下面将通过一段实例代码来演示。

实例 13-2：缺少分号错误

源文件路径：daima\13\13-2

实例文件 index.php 的主要实现代码如下：

```
<?php
    $a=1                    //分号呢？
    $b=6;
    echo "i love php";
?>
```

本实例的执行效果如图 13-2 所示。

Parse error: syntax error, unexpected '$b' (T_VARIABLE) in **H:\AppServ\www\book\13\13-2\index.php** on line **4**

图 13-2　缺少分号的执行效果

2. 缺少引号

缺少引号也是常见的错误之一，例如缺少单引号或者双引号。下面将通过一段实例代码来演示。

实例 13-3：缺少引号错误

源文件路径：daima\13\13-3

实例文件 index.php 的主要实现代码如下：

```
<?php
    $a=1;
    $b=6;
    echo "how are you;            //引号呢？
?>
```

本实例的执行效果如图 13-3 所示。

Parse error: syntax error, unexpected end of file, expecting variable (T_VARIABLE) or ${ (T_DOLLAR_OPEN_CURLY_BRACES) or {$ (T_CURLY_OPEN) in **H:\AppServ\www\book\13\13-3\index.php** on line **6**

图 13-3　缺少引号的执行效果

3. 缺少关键字或者逻辑结构错误

缺少关键字也是一种常见的错误，下面将通过一段实例代码来演示。

实例 13-4：缺少关键字错误
源文件路径：daima\13\13-4

实例文件 index.php 的主要实现代码如下：

```
<?php
    $A=1;
    do
    {
        echo "i am $A";
        $A++;                   //缺少循环关键字
    }
?>
```

本实例的执行效果如图 13-4 所示。

Parse error: syntax error, unexpected '?> ', expecting while (T_WHILE) in **H:\AppServ\www\book\13\13-4\index.php** on line **9**

图 13-4　缺少关键字的执行效果

上面的程序缺少了关键字，可以简单地把上述程序修改为正确的代码，例如下面代码：

```
<?php
    $A=1;
    do
    {
        echo "i am $A";
        $A++;
    }while($A<10)
?>
```

4. 缺少括号

在代码中可能需要很多括号，如大括号、圆括号以及中括号。当程序中的括号层数比较多的时候，有可能发生缺少括号的错误。下面将通过一段实例代码来演示。

实例 13-5：缺少括号
源文件路径：daima\13\13-5

实例文件 index.php 的主要实现代码如下：

```
<?php
    $a=1;
    $b=2;
    $c=3;
    $d=4;
    if ((($a>$b) and ($a>$c)) or ($c>$d)
```

```
    {
        echo "条件成立!";
    }
    else
    {
        echo "条件不成立!";
    }
?>
```

本实例的执行效果如图 13-5 所示。

Parse error: syntax error, unexpected '{' in H:\AppServ\www\book\13\13-5\index.php on line 7

图 13-5　缺少括号的执行效果

5. 忘记美元符号$

在 PHP 程序中，必须在变量前面加上美元符号$，否则将会引起解析错误。下面将通过一段实例代码来演示。

实例 13-6：忘记美元符号$错误
源文件路径：daima\13\13-6

实例文件 index.php 的主要实现代码如下：

```
<?php
    for(i=0;i<100;$i++)      //美元符号
    {
        echo "i am $i";
    }
?>
```

本实例的执行效果如图 13-6 所示。

Parse error: syntax error, unexpected '=', expecting ';' in H:\AppServ\www\book\13\13-6\index.php on line 2

图 13-6　缺少美元符号的执行效果

智慧锦囊

运行错误对于语法错误来说是一种复杂的错误，是一件令人头痛的事情。开发者很难检测到错误出现在什么地方，同时也更加难以修改。在一个脚本中可以存在语法上的错误，那是因为在书写时没有注意到，但是在运行时能够检测到该错误。但是如果是运行上的错误，则不一定能查找到具体原因，它可能是由脚本导致的，也可能是在脚本的交互过程中或其他的事件、条件下产生的。通常在下面的情况下容易导致运行时的错误。

- 调用不存在的函数
- 读写文件
- 包含的文件不存在
- 运算的错误
- 连接到网络服务
- 连接数据库的错误

13.2.2 调用不存在的函数

在编写程序时，很有可能调用了一个不存在的函数，此时就会产生错误，有时在调用一个正确的函数时，使用的参数不对，同样也会产生一个错误，例如下面的实例代码调用了不存在的文件。

实例 13-7：调用不存在的函数

源文件路径： daima\13\13-7

实例文件 index.php 的主要实现代码如下：

```
<?php
 trastr();        //此函数不存在
 ?>
```

本实例的执行效果如图 13-7 所示。

Fatal error: Call to undefined function trastr() in **H:\AppServ\www\book\13\13-7\index.php** on line **2**

图 13-7　调用函数不存在的执行效果

13.2.3 读写文件错误

访问文件的错误也是经常出现的，例如硬盘驱动器出错或写满，以及人为操作错误导致目录权限改变等。如果没有考虑到文件的权限问题，直接对文件进行操作就会产生错误。下面将通过一段实例代码来演示。

实例 13-8：读写文件错误

源文件路径： daima\13\13-8

实例文件 index.php 的主要实现代码如下：

```
<?php
$fp=fopen("test.txt","r");                    //r 权限错误
fwrite($fp ,"插入到文档中");
fclose($fp);
 ?>
```

本实例的执行效果如图 13-8 所示。

Warning: fopen(test.txt): failed to open stream: No such file or directory in **H:\AppServ\www\book\13\13-8\index.php** on line **2**

Warning: fwrite() expects parameter 1 to be resource, boolean given in **H:\AppServ\www\book\13\13-8\index.php** on line **3**

Warning: fclose() expects parameter 1 to be resource, boolean given in **H:\AppServ\www\book\13\13-8\index.php** on line **4**

图 13-8　读写文件错误的执行效果

解决错误，将“r”修改为“w”会自动创建：

```
<?php
$fp=fopen("test.txt","w");
fwrite($fp ,"插入到文档中");
```

```
fclose($fp);
 ?>
```

13.2.4　包含文件不存在

在使用函数 include()和函数 require()的时候，如果包含的文件不存在，那么就会产生错误。下面将通过一段实例代码来演示。

实例 13-9：包含文件不存在错误
源文件路径：daima\13\13-9

实例文件 index.php 的主要实现代码如下：

```
<?php
require ("de.php");     //包含文件不存在
?>
```

本实例的执行效果如图 13-9 所示。

Warning: require(de.php): failed to open stream: No such file or directory in **H:\AppServ\www\book\13\13-9\index.php** on line **2**

Fatal error: require(): Failed opening required 'de.php' (include_path='.;C:\php\pear') in **H:\AppServ\www\book\13\13-9\index.php** on line **2**

图 13-9　包含文件不存在的执行效果

知识精讲

1. 注意(Notices)

这些都是比较小而且不严重的错误，比如去访问一个未被定义的变量。通常，这类错误是不提示给用户的，但有时这些错误会影响到运行的结果。

2. 警告(Warnings)

这就是稍微严重一些的错误了，比如想要包含 include()一个本身不存在的文件。这样的错误信息会提示给用户，但不会导致程序终止运行。

3. 致命错误(Fatal errors)

这些就是严重的错误，比如你想要初始化一个根本不存在的类的对象，或调用一个不存在的函数，这些错误会导致程序停止运行，PHP 也会把这些错误展现给用户。

13.3　实践案例与上机指导

通过本章的学习，读者基本可以掌握 PHP 语言常见错误的知识。其实 PHP 语言常见错误的知识还有很多，这需要读者通过课外渠道来加深学习。下面通过练习操作，以达到巩固学习、拓展提高的目的。

↑扫码看视频

13.3.1 运算错误

在使用 PHP 程序执行一些不符合运算法则的运算时，也会产生运行错误。下面将通过一段实例代码进行演示。

实例 13-10：运算错误
源文件路径：daima\13\13-10

实例文件 index.php 的主要实现代码如下：

```
<?php
 $a=120 ;
  $b=0 ;
  $c=$a/$b ;                            //除数为 0
?>
```

本实例的执行效果如图 13-10 所示。

Warning: Division by zero in **H:\AppServ\www\book\13\13-10\index.php** on line **4**

图 13-10　计算式错误的执行效果

13.3.2 逻辑错误

逻辑错误是最难发现和清除的错误类型。逻辑错误的代码是完全正确的，而且也是按照正确的程序逻辑执行的，但是结果却是错误的。对于逻辑错误而言，很容易纠正错误，但很难查找出逻辑错误。例如计数错误通常发生在数组编程中，如果程序员把值存储在一个数组的全部 10 个元素中，可是忽略了数组的索引是从 0 开始的，而将数据存进了元素 1～10 中，索引 0 的元素没有获得赋值。下面将通过一段实例代码进行演示。

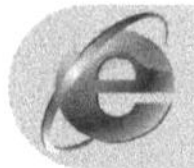

实例 13-11：逻辑错误
源文件路径：daima\13\13-11

实例文件 index.php 的主要实现代码如下：

```
<?php
$data=10 ;
for ( $i=1 ; $i<$data ; $i++)        //没有 0
{
        echo "循环第 $i 次." ;
}
 ?>
```

本实例的执行效果如图 13-11 所示。

循环第 1 次.循环第 2 次.循环第 3 次.循环第 4 次.循环第 5 次.循环第 6 次.循环第 7 次.循环第 8 次.循环第 9 次.

图 13-11　逻辑错误的执行效果

13.4　思考与练习

本章详细讲解了常见 PHP 程序错误的知识，循序渐进地讲解了认识程序错误和错误类型等知识。在讲解过程中，通过具体实例介绍了解决常见 PHP 错误的方法。通过对本章内容的学习，读者应能熟悉解决 PHP 错误的知识，并掌握其使用方法和技巧。

1. 选择题

(1) 在 PHP 程序中，必须在变量前加上符号(　　)，否则将会引起解析错误。

A. $　　B. ?.　　C. :?　　D. .?

(2) 错误类型(　　)通常会显示出来，也会中断程序执行。

A. E_ERROR　　B. E_WARNING

2. 判断对错

(1) 在使用 PHP 程序执行一些不符合运算法则的运算时，也会产生运行错误。(　　)

(2) 逻辑错误是最难发现和清除的错误类型。逻辑错误的代码是完全正确的，而且也是按照正确的程序逻辑执行的，但是结果却是错误的。(　　)

3. 上机练习

(1) 使用 die()函数处理文件不存在时的异常错误。

(2) 通过尝试输出不存在的变量，来测试这个错误处理程序。

第 14 章

使用 MySQL 数据库

本章要点

- MySQL 数据库的特点
- MySQL 的基本操作
- 对表中记录进行操作
- 使用 SQL 语句
- 数据库备份和还原

本章主要内容

PHP 作为一门著名的动态 Web 开发语言，只有与数据库相结合才能充分发挥出动态网页语言的魅力。在现实网站开发应用中，绝大多数动态 Web 程序都是基于数据库实现的。PHP 语言支持多种数据库工具，尤其与 MySQL 被称为黄金组合。本章将详细介绍使用 MySQL 数据库的基础知识。

14.1 MySQL 数据库的特点

MySQL 是一个小型关系型数据库管理系统，开发者为瑞典 MySQL AB 公司。在 2008 年 1 月 16 号被 Sun 公司收购。而 2009 年，Sun 又被 Oracle 收购。对于 MySQL 的前途，没有任何人抱乐观的态度。目前 MySQL 被广泛地应用在 Internet 上的中小型网站中。

↑扫码看视频

由于 MySQL 体积小、速度快、总体拥有成本低，尤其是开放源码这一特点，许多中小型网站为了降低网站总体拥有成本而选择了 MySQL 作为网站数据库。MySQL 官方网站的网址是：www.mysql.com。

根据笔者的总结，MySQL 数据库的特点有以下几个方面。

(1) 功能强大。

MySQL 提供了多种数据库存储引擎，各个引擎各有所长，适用于不同的应用场合。用户可以选择最合适的引擎以得到最高性能，这些引擎甚至可以应用于处理每天访问量数亿的高强度 Web 搜索站点。MySQL 支持事务、视图、存储过程和触发器等。

(2) 跨平台。

MySQL 支持至少 20 种以上的开发平台，包括 Linux、Windows、FreeBSD、IBMAIX、AIX 和 FreeBSD 等。这使得在任何平台下编写的程序都可以进行移植，而不需要对程序做任何修改。

(3) 运行速度快。

高速是 MySQL 的显著特性。在 MySQL 中，使用了极快的 B 树磁盘表(MyISAM)和索引压缩；通过使用优化的单扫描多连接，能够极快地实现连接；SQL 函数使用高度优化的类库实现，运行速度极快。

(4) 支持面向对象。

PHP 支持混合编程方式。编程方式可分为纯粹面向对象、纯粹面向过程、面向对象与面向过程混合 3 种方式。

(5) 安全性高。

灵活安全的权限和密码系统允许主机的基本验证。连接到服务器时，所有的密码传输均采用加密形式，从而保证了密码的安全。

(6) 成本低。

MySQL 数据库是一种完全免费的产品，用户可以直接从网上下载。

(7) 支持各种开发语言。

MySQL 为各种流行的程序设计语言提供支持，为它们提供了很多的 API 函数。这些语言包括 PHP、ASP.NET、Java、Eiffel、Python、Ruby、Tcl、C、C++和 Perl 等。

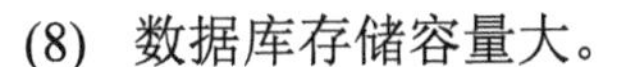

(8) 数据库存储容量大。

MySQL 数据库的最大有效容量通常是由操作系统对文件大小的限制决定的，而不是由 MySQL 内部限制决定的。InnoDB 存储引擎将表 InnoDB 保存在一个表空间内，该表空间可由数个文件创建，表空间的最大容量为 64TB，可以轻松处理拥有上千万条记录的大型数据库。

(9) 支持强大的内置函数。

在 PHP 中提供了大量内置函数，几乎涵盖了 Web 应用开发中的所有功能。它内置了数据库连接、文件上传等功能，MySQL 支持大量的扩展库，如 MySQLi 等，为快速开发 Web 应用提供方便。

14.2　MySQL 的基本操作

MySQL 数据库自身是没有管理工具的，只能靠 SQL 语句操作 MySQL。市面上很多第三方网站开发了许多管理工具，如 phpMyAdmin。在本书第 1 章中介绍了搭建 AppServ 环境的方法，在 AppServ 环境中包含了 phpMyAdmin。接下来将以使用 AppServ 环境为基础，详细讲解使用 MySQL 数据库的基本知识。

↑扫码看视频

14.2.1　启动 MySQL 数据库

尽管通过系统服务器和命令提示符(DOS)均可启动、连接和关闭 MySQL，具体操作过程非常简单。但是在大多数情况下，建议不要随意停止 MySQL 服务器，否则会导致数据库无法使用。启动 MySQL 服务器的方法有两种，分别是系统服务器启动和命令提示符(DOS)启动。下面以 Windows 7(64)为例具体介绍每种方法的操作流程。

1．通过系统服务器启动 MySQL 服务器

如果 MySQL 设置为 Windows 服务，则可以选择“开始”→“控制面板”→“管理工具”→“服务”命令，打开 Windows 服务管理器。在服务器的列表中找到 MySQL 服务并右击，在弹出的快捷菜单中选择“启动”命令，即可启动 MySQL 服务器，如图 14-1 所示。

2．在命令提示符下启动 MySQL 服务器

选择“开始”→“所有程序”→AppServ 命令，选择里面的 MySQL Start 选项，即可启动 MySQL 服务器，如图 14-2 所示。

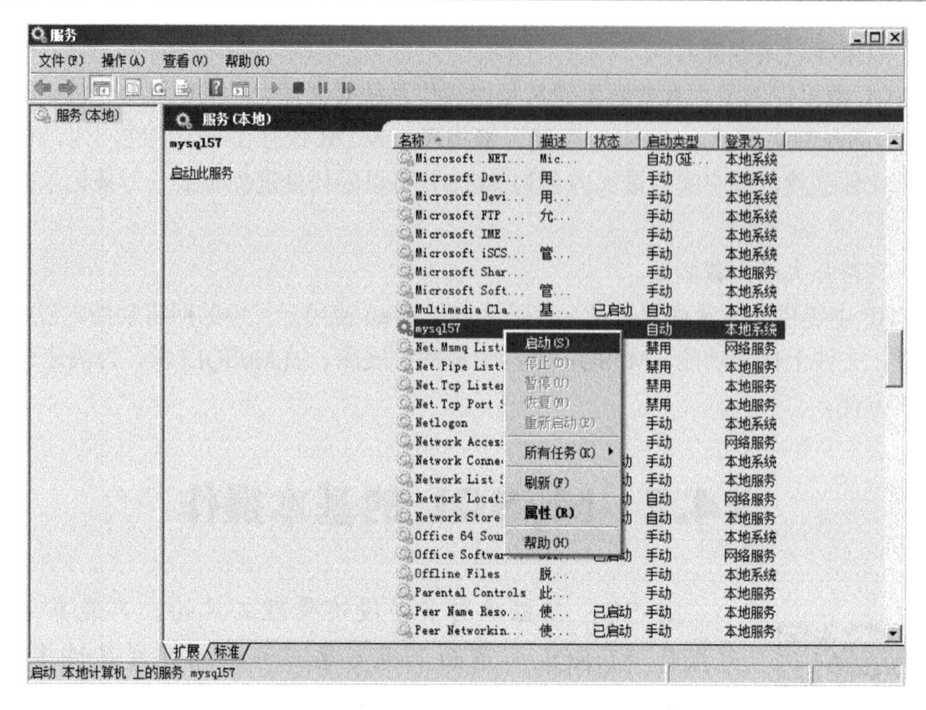

图 14-1 启动 MySQL 服务

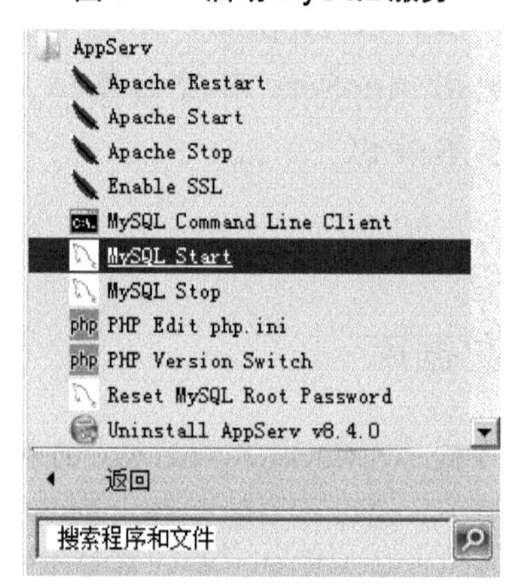

图 14-2 选择 MySQL Start 选项

14.2.2 停止 MySQL 数据库

停止 MySQL 服务器的方法有两种，分别是系统服务器停止和命令提示符(DOS)停止。下面以 Windows 7(64)为例具体介绍每种方法的操作流程。

1. 通过系统服务器停止 MySQL 服务器

如果 MySQL 设置为 Windows 服务，则可以选择“开始”→“控制面板”→“管理工具”→“服务”命令，打开 Windows 服务管理器。在服务器的列表中找到 MySQL 服务并右击，在弹出的快捷菜单中选择“停止”命令，即可停止 MySQL 服务器，如图 14-3 所示。

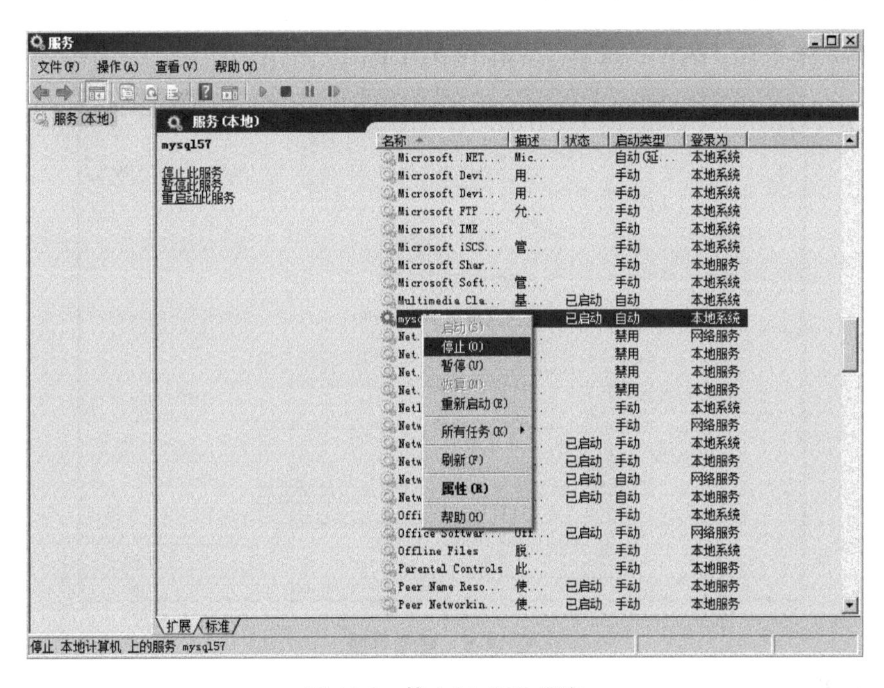

图 14-3　停止 MySQL 服务

2. 在命令提示符下停止 MySQL 服务器

选择“开始”→“所有程序”→AppServ 命令，选择里面的 MySQL Stop 选项，即可停止 MySQL 服务器，如图 14-4 所示。

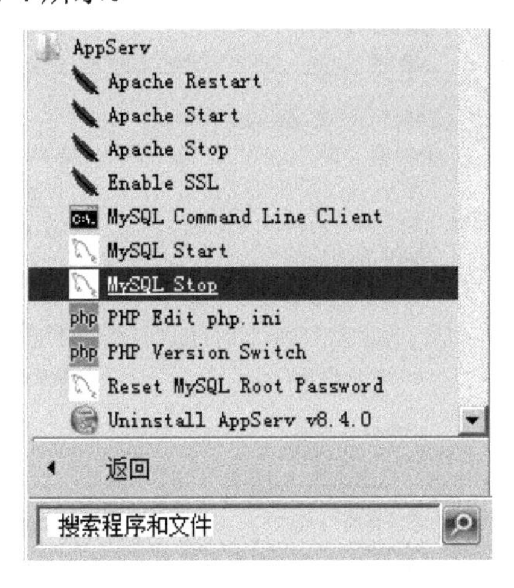

图 14-4　选择 MySQL Stop 选项

14.2.3　登录或退出 MySQL 数据库

要想操作 MySQL 数据库，首先必须学会登录和退出 MySQL 数据库的方法。其中登录 MySQL 数据库的方法十分简单，只需要在浏览器地址栏中输入地址即可，具体操作过程如下所示。

第 1 步　启动浏览器，在地址栏中输入“http://localhost/phpmyAdmin”，然后输入用

户名和密码，再单击“执行”按钮，如图 14-5 所示。

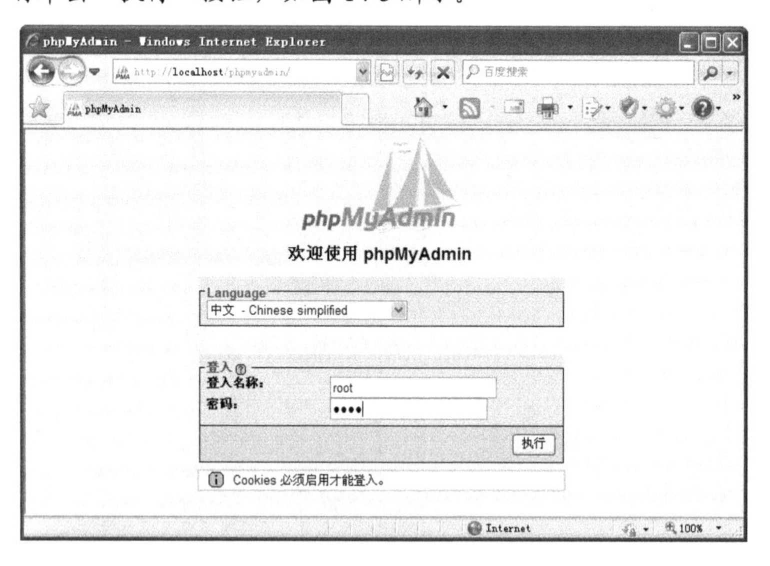

图 14-5　登录界面

第 2 步 网页自动跳转进入 MySQL 管理界面的首页，在此可以根据自己的需要单击超级链接，例如“更改密码”，如图 14-6 所示。

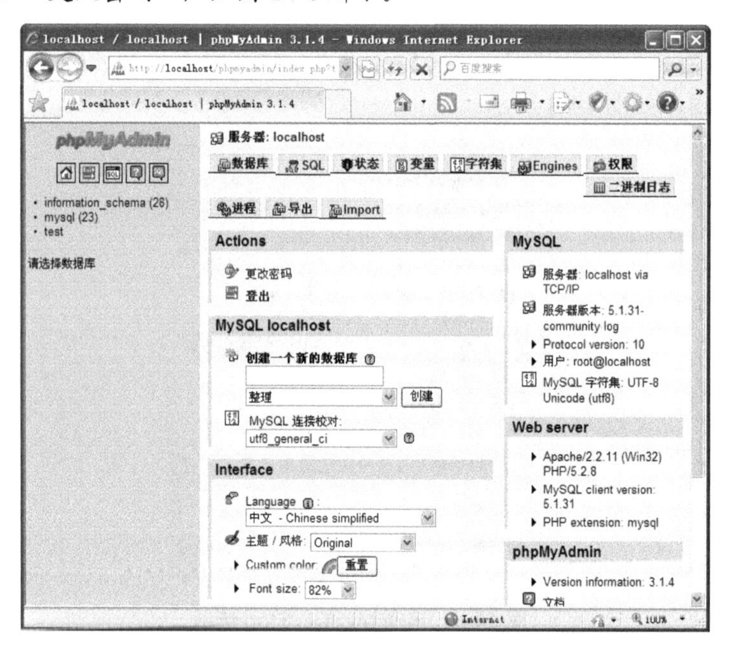

图 14-6　MySQL 的管理界面

智慧锦囊

退出 phpMyAdmin 管理的方法十分简单，只需要单击“退出”超链接即可。在某些版本中，“退出”被翻译为“登出”，同样可以退出 phpMyAdmin，如图 14-7 所示。

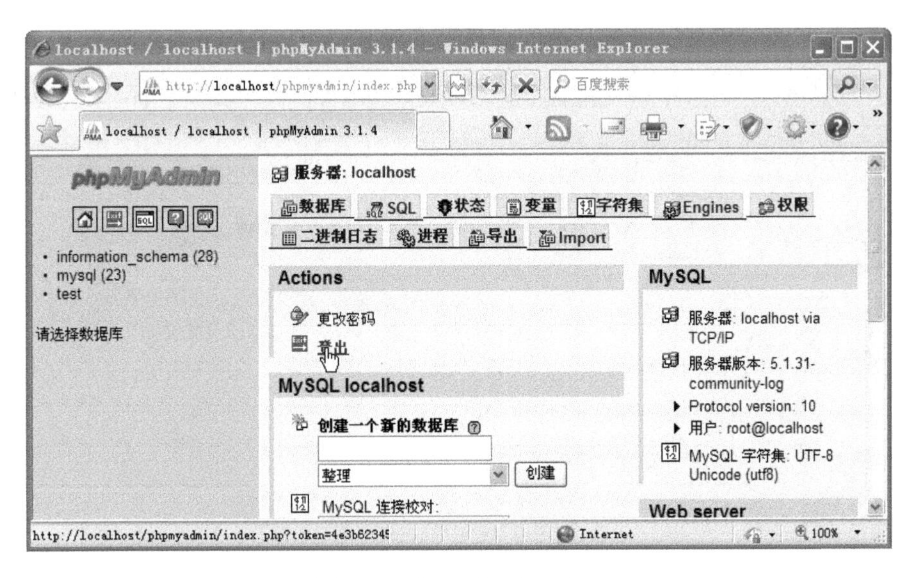

图 14-7　退出 phpMyAdmin

14.2.4　建立和删除数据库

建立数据库和删除数据库的方法十分简单，具体操作流程如下所示。

第 1 步 在打开的页面中，在“创建一个新的数据库”文本框中输入数据库名称，如“shop”，在右边的下拉列表框中选择一个选项，如图 14-8 所示。

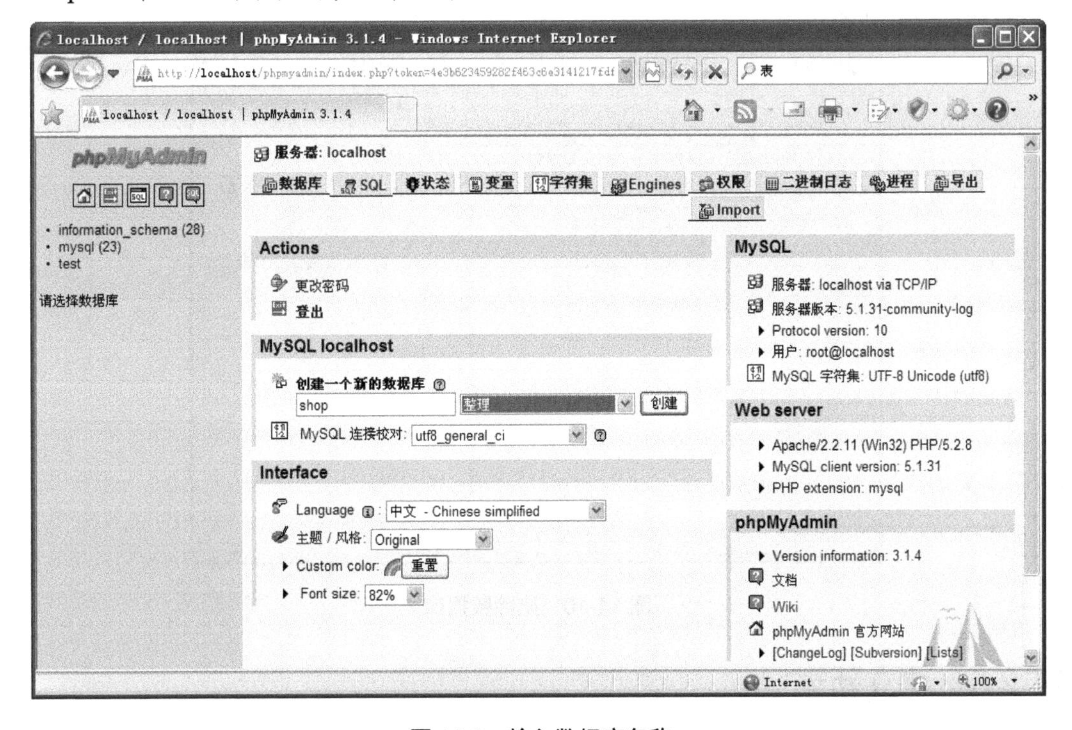

图 14-8　输入数据库名称

第 2 步 单击“创建”按钮，即可创建一名为“shop”的数据库，如图 14-9 所示。

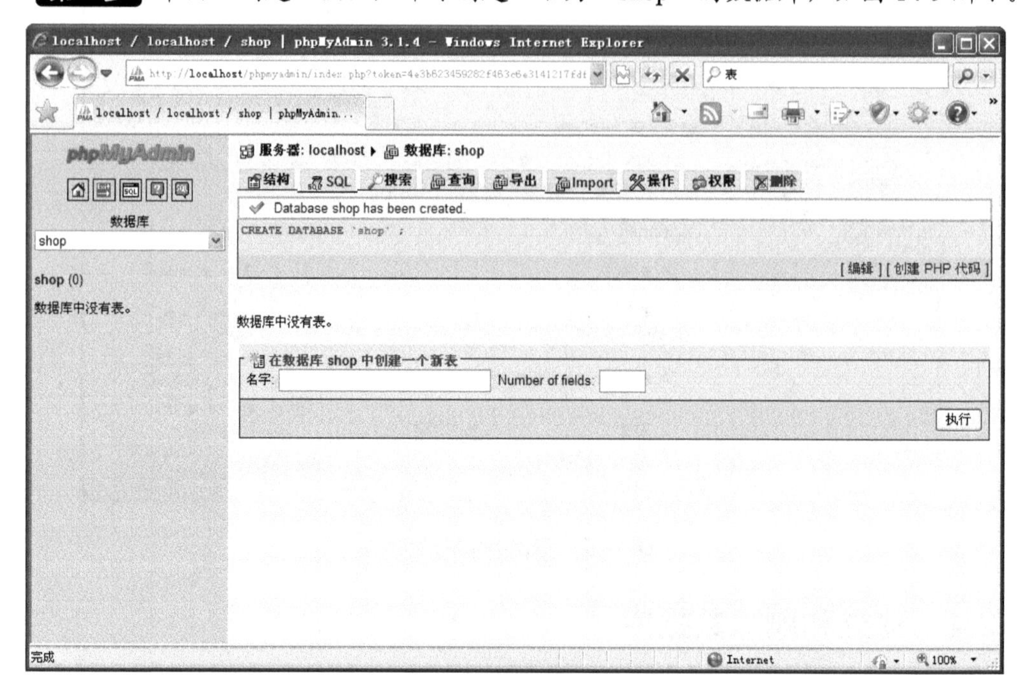

图 14-9　创建数据库

当不再需要某个数据库时，可以将其删除，删除方法十分简单，只需单击右上角的“删除”按钮即可，如图 14-10 所示。

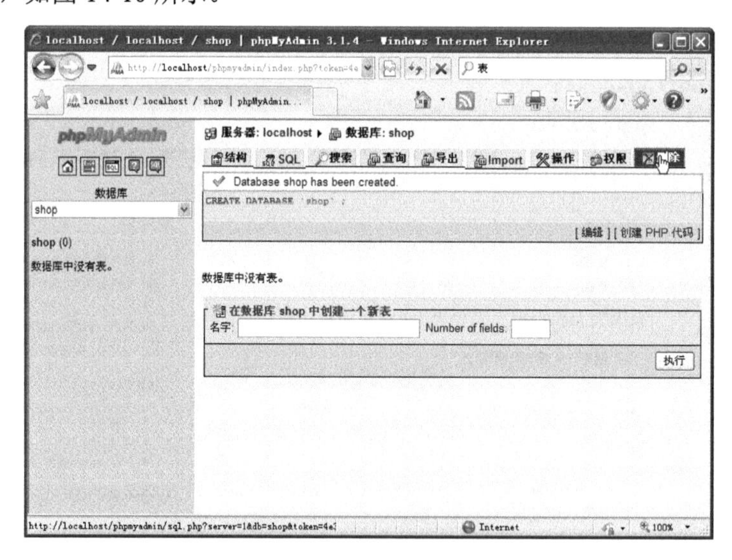

图 14-10　删除数据库

14.2.5　建立新表

建立数据库后就可以为这个数据库建立新表了，具体操作流程如下所示。

第 1 步 选中数据库，例如在前面刚创建的数据库“shop”页面中，在“名字”文本框中输入“user”，在 Number of fields 文本框中输入数字，设置类型的范围大小，例如输入“4”，如图 14-11 所示。

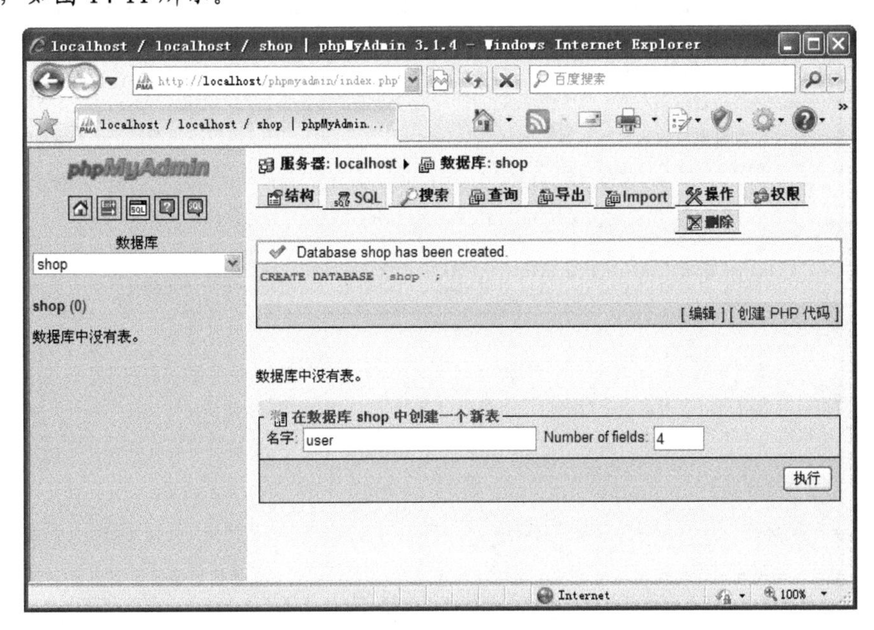

图 14-11　建立表

第 2 步 单击“执行”按钮，进入设置字段界面，如图 14-12 所示。

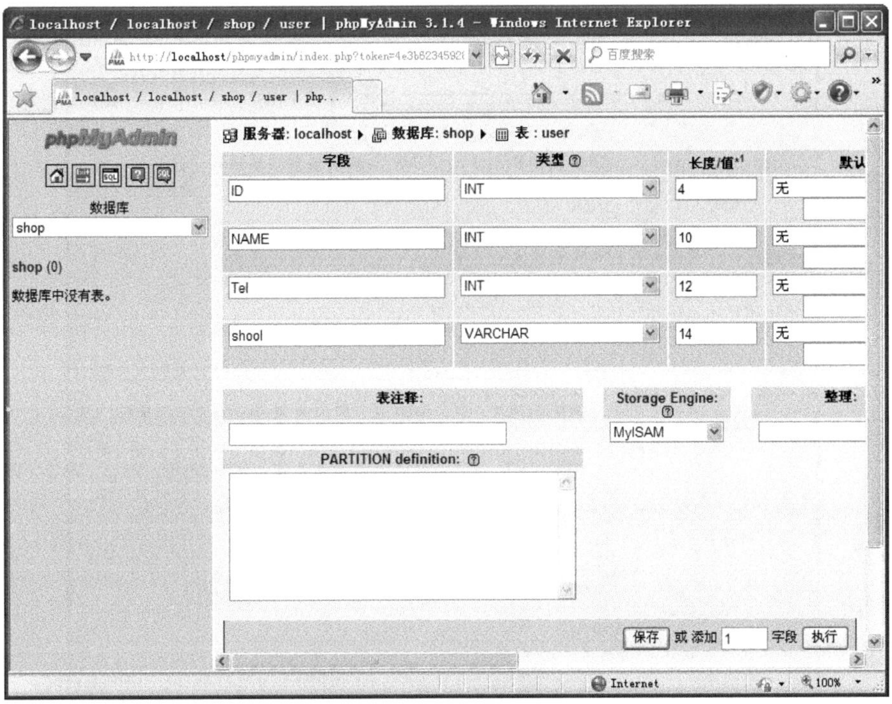

图 14-12　设置字段界面

第 3 步 在该界面中可以设置表中各个字段的名字和值，并且可以为表中的字段建立一个索引，索引界面如图 14-13 所示。

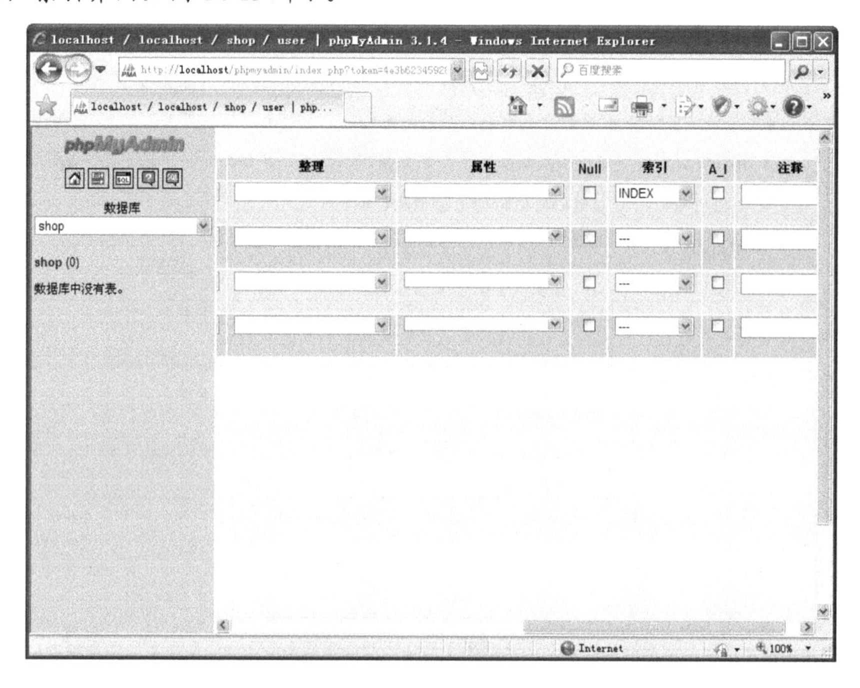

图 14-13　建立索引界面

第 4 步 单击“保存”按钮即可看到刚刚建立的表，如图 14-14 所示。

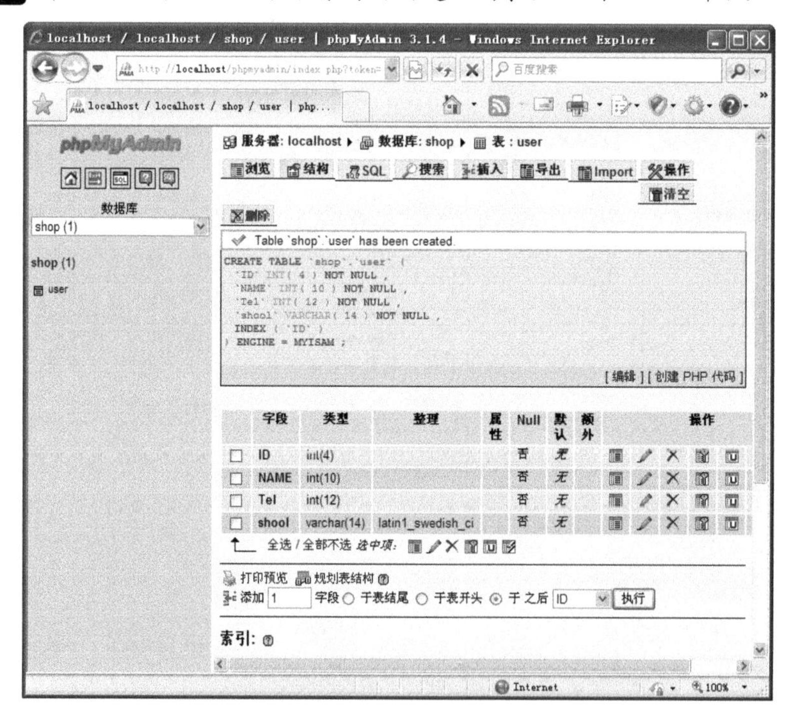

图 14-14　建立的表

14.2.6　查看表的结构

查看表结构的方法十分简单，只需在左侧导航栏中选择要查看表的名字，然后在顶部单击“结构”超级链接，即可查看表的结构，如图 14-15 所示。

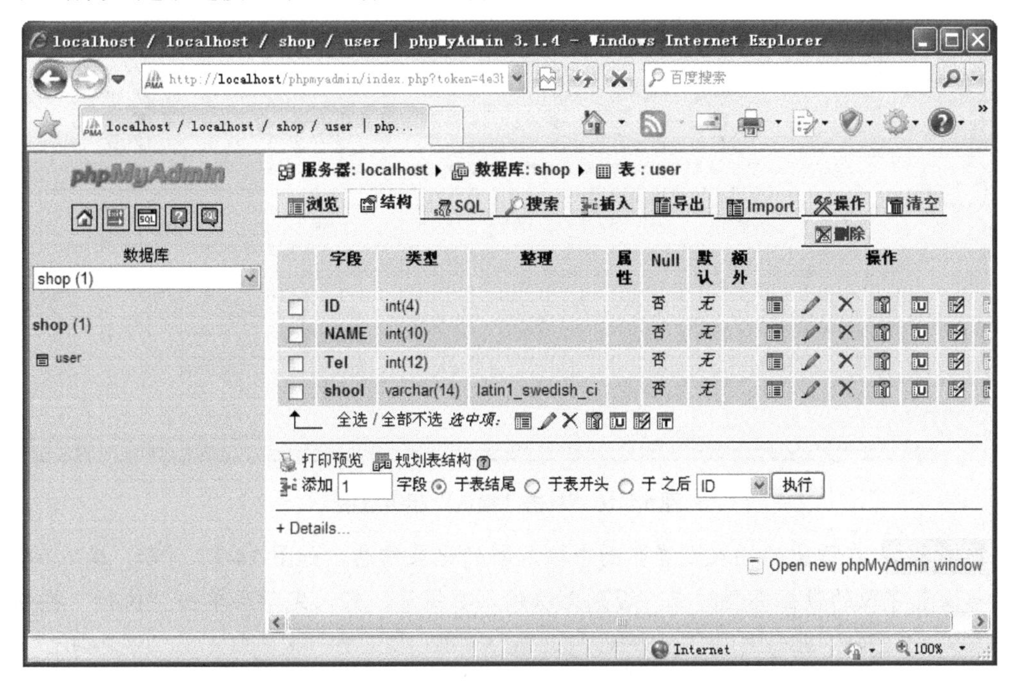

图 14-15　查看表的结构

14.3　对表中记录进行操作

当在数据库中建立一个表后，接下来就可以按照要求实现输入数据、更新数据和删除数据等操作。在本节的内容中，将详细讲解对 MySQL 数据库表中的数据进行操作的方法。

↑扫码看视频

14.3.1　插入数据

向数据库表中插入新数据是数据库应用中常见的操作之一，具体操作流程如下。

第 1 步　选中数据库，然后选中数据库中的一个表，例如 shop 数据库中的表 user，最后单击顶部导航中的“插入”超级链接，如图 14-16 所示。

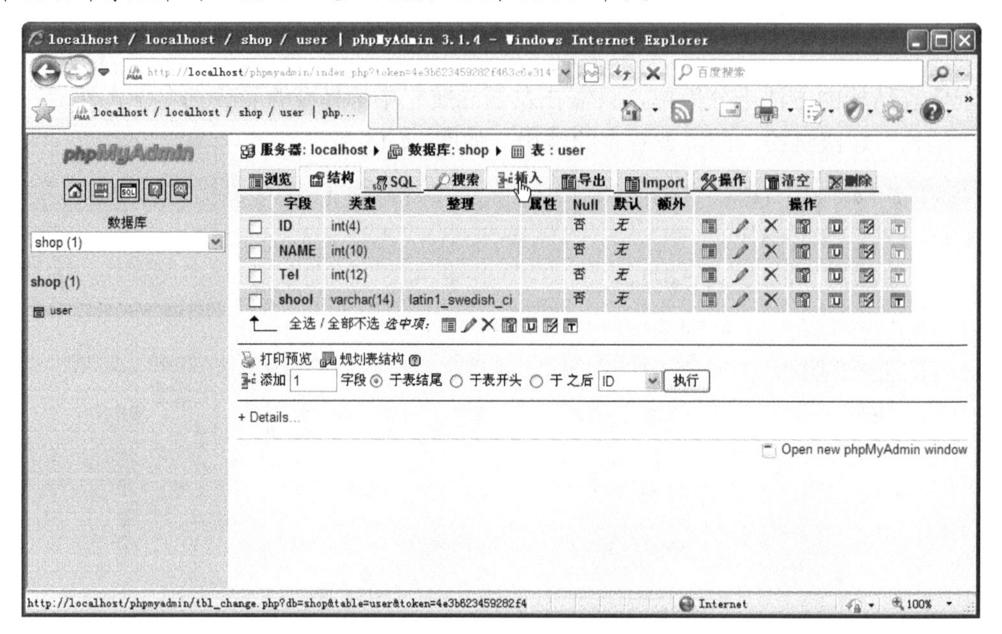

图 14-16　单击“插入”超级链接

第 2 步 在弹出的插入设置界面中输入新的记录信息，如图 14-17 所示。输入的数据必须与设置字段的数据类型对应，否则无法输入数据库。输入完毕后单击“执行”按钮。

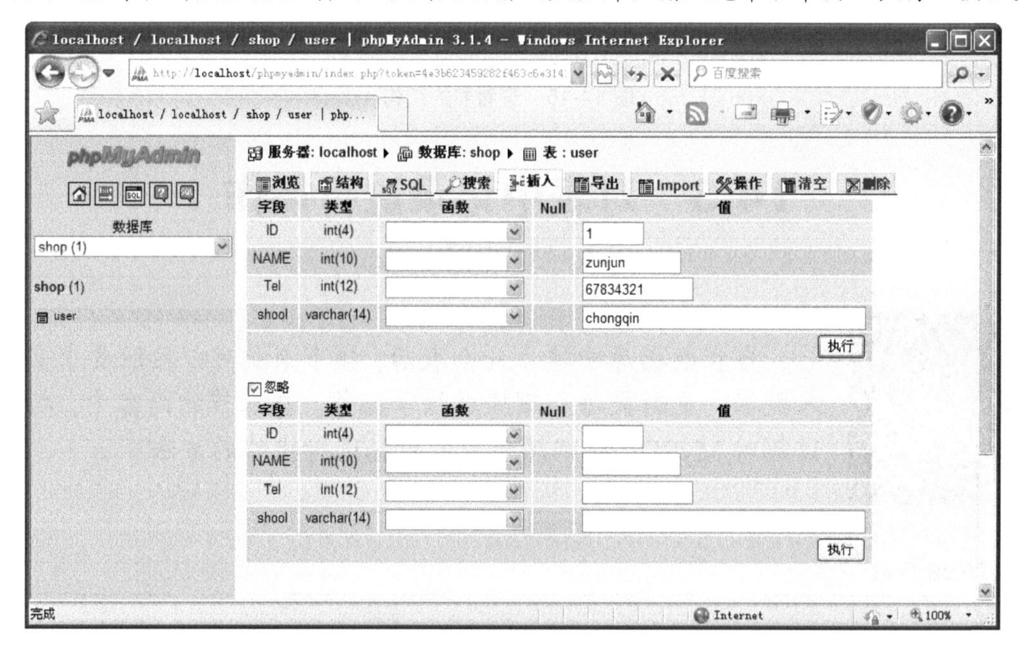

图 14-17　插入设置界面

第 3 步 插入数据成功后，单击“浏览”超级链接即可查看插入的新记录，如图 14-18 所示。

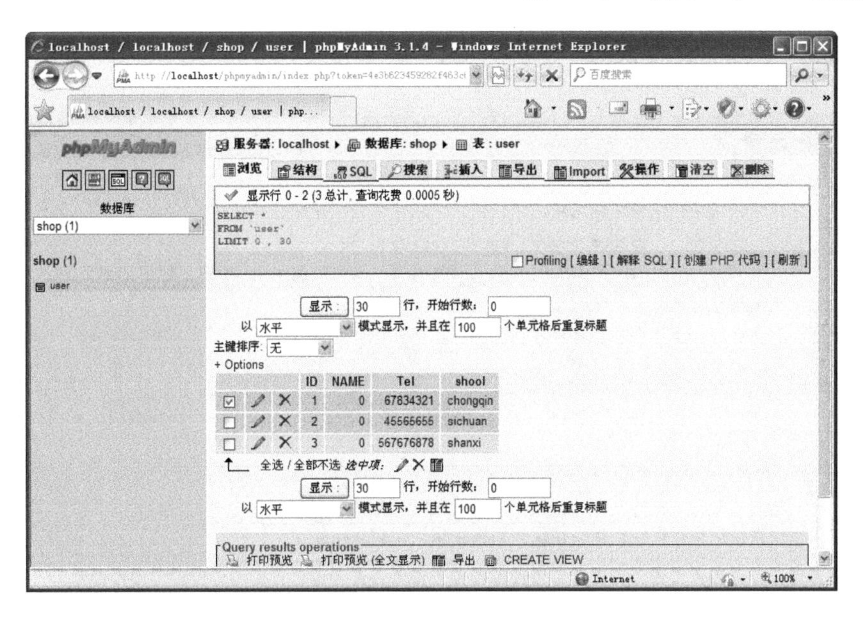

图 14-18　查看新记录

14.3.2　更新数据

开发者可以更新 MySQL 数据库中某个表的数据，具体操作流程如下。

第 1 步 选中数据库，然后选中数据库中的一个表，例如 shop 数据库中的表 user，此时在页面中会显示表 user 中的记录信息。选择需要修改的记录，例如记录 maomao，并单击此记录前的“编辑”按钮，如图 14-19 所示。

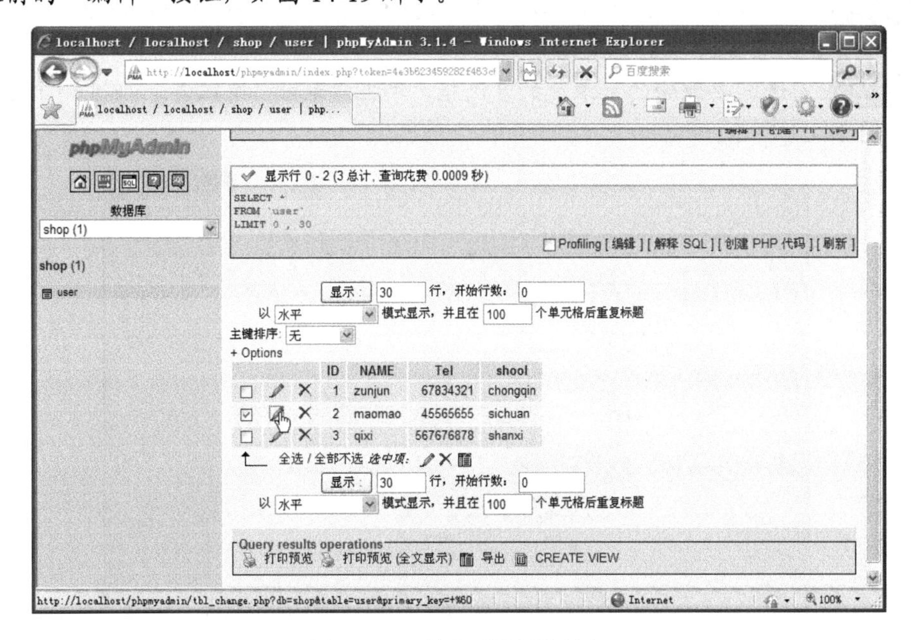

图 14-19　单击“编辑”按钮

第 2 步 在弹出的编辑设置界面中可以修改每个记录的信息，例如将“name”修改为

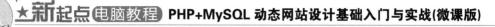

"qiximaomao"，将 Tel 修改为"898997831"，如图 14-20 所示。单击"执行"按钮后完成修改。

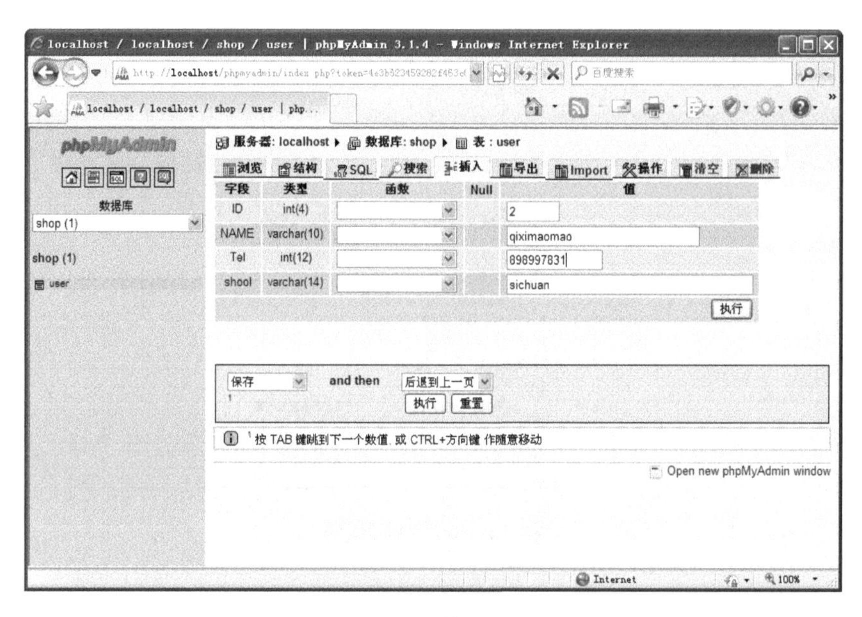

图 14-20　修改记录

14.3.3　删除数据

开发者可以删除 MySQL 数据库中某个表的数据，具体操作流程如下。

第 1 步 选中数据库，然后选中数据库中的一个表，例如 shop 数据库中的表 user，此时在页面中会显示表 user 中的记录信息。

第 2 步 勾选需要删除的记录前的复选框，单击"删除"按钮 ✕，即可删除这些记录信息，如图 14-21 所示。

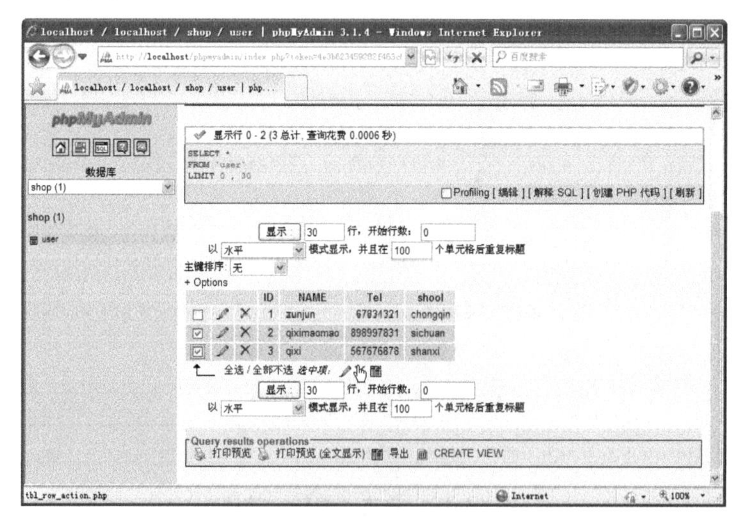

图 14-21　删除记录

14.3.4　查询数据

我们可以查询 MySQL 数据库中某个表的数据信息，具体操作流程如下。

第 1 步 选中数据库，然后选中数据库中的一个表，例如 shop 数据库中的表 user，此时在页面中会显示表 user 中的记录信息。

第 2 步 单击“搜索”超级链接，然后输入查询条件，如 ID=2，如图 14-22 所示。

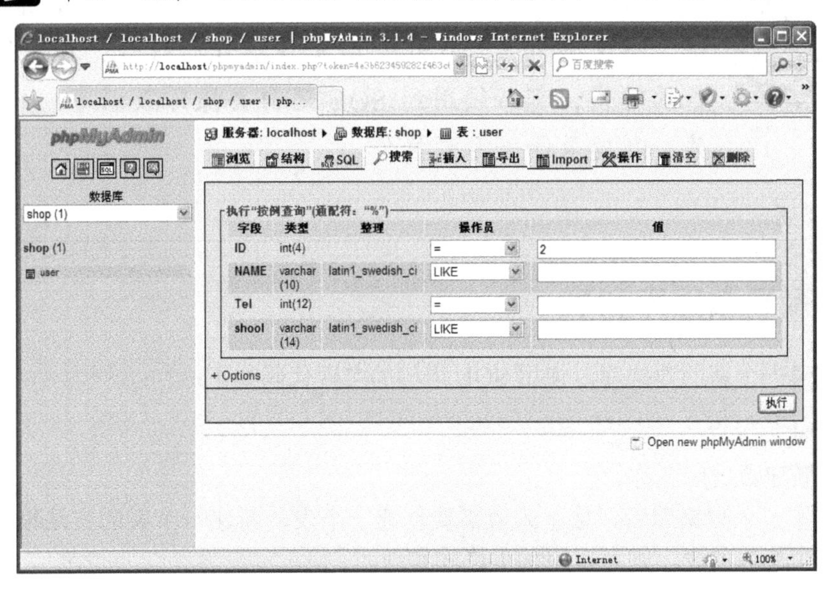

图 14-22　输入搜索条件

第 3 步 单击“执行”按钮后将会在下方显示对应的搜索结果，如图 14-23 所示。

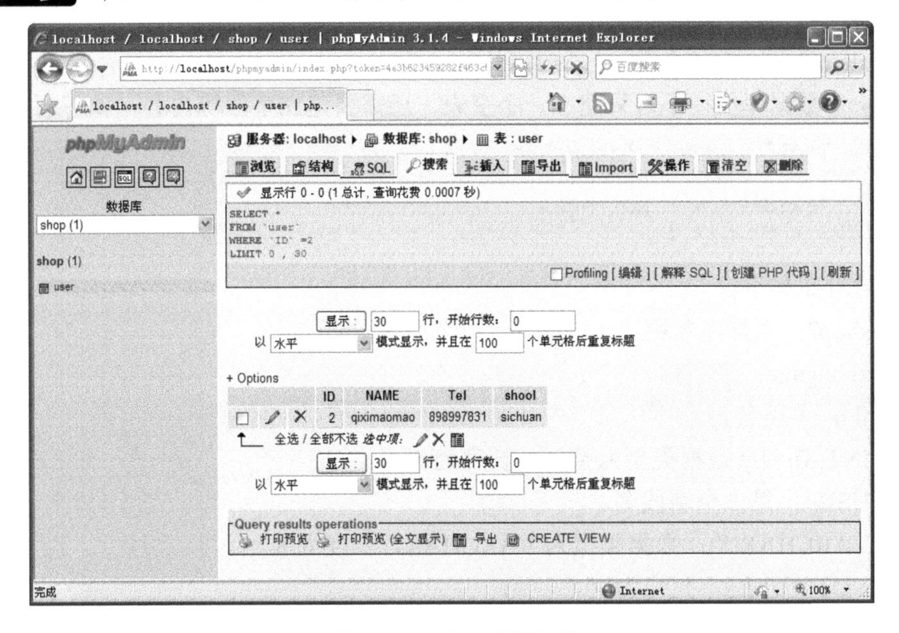

图 14-23　显示查询结果

14.4 使用 SQL 语句

SQL 是结构化查询语言(Structured Query Language)的简称，是一种特殊目的的编程语言，是一种数据库查询和程序设计语言，用于存取数据以及查询、更新和管理关系数据库系统。SQL 语句是 MySQL 数据库操作的核心，在使用 PHP 编程的时候，都必须用到 SQL 语句去操作数据库，如新建数据库、新建表等一系列操作。

↑扫码看视频

14.4.1 新建数据库和表

要想创建一个新的数据库，使用 SQL 语句的实现代码如下：

```
CREATE DATABASE 'user' ;
```

user 为新建数据库名称。

当创建了一个数据库后，接下来就需要创建一个表，新建一个表的方法很简单，如果只要建立一个空白的表，则可以用如下格式实现。

```
CREATE TABLE 'shop2'.'zhonghua'
```

上述各个参数的具体说明如下所示。

- shop2：数据库的名称。
- zhonghua：表的名称。

但是一个数据库往往不是只建立一个空表，还需要建立字段等内容，如下面的代码：

```
CREATE TABLE 'shop2'.'zhonghua' (
'ID' INT( 8 ) NOT NULL ,
'USER' VARCHAR( 8 ) NOT NULL
) ENGINE = MYISAM ;
```

各参数介绍如下。

- shop2：数据库名称。
- zhonghua：表名称。
- ID：字段名。
- INT(8)：ID 数据类型为整型，长度为 8。
- USER：第二个字段名。
- VARCHAR(8)：数据类型为 VARCHAR，长度为 8。
- NOT NULL 不允许为空。

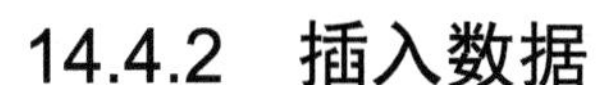

14.4.2 插入数据

插入数据的功能是向数据库表添加新的数据行，其主要格式如下：

```
INSERT INTO 表名称 VALUES (值1, 值2,...)
```

在上面的代码中，插入的数据必须与表的值一一对应，下面的代码可以将指定的列插入数据，其语法格式如下：

```
INSERT INTO table_name (列1, 列2,...) VALUES (值1, 值2,...)
```

各参数介绍如下。

- INSERT：关键字。
- INTO：关键字。
- Table_name：表名。
- VALUES：要插入的数据。

14.4.3 选择语句

选择语句能够对数据库中的指定列进行操作，其语法格式如下：

```
select *(列名) from table_name(表名) where column_name operator value(条件)
```

其参数介绍如下。

- select：关键字。
- from：关键字。
- table_name：表的名称。
- where：关键字。
- column_name operator value：这是条件，如果没有条件，where column_name operator value(条件)可以不要。

14.4.4 删除语句

在 SQL 语言中，可以使用关键字 DELETE 删除表中的行，其语法格式如下：

```
DELETE FROM table_name WHERE column_name operator value
```

其参数介绍如下。

- DELETE FROM：关键字。
- table_name：表名。
- WHERE：条件的关键字。
- column_name operator value：条件，一般是等式或者不等式。

注意：有的时候需要删除数据库中所有的行，具体语法格式如下。

```
DELETE FROM table_name
```

或者也可以用下面的方法实现。

```
DELETE * FROM table_name
```

14.4.5 修改表中的数据

修改表中某列数据的格式如下：

```
UPDATE table_name SET 列名称 = 新值 WHERE 列名称 = 某值
```

各参数介绍如下。

- UPDATE：关键字。
- table_name：表名。
- SET：条件的关键字。
- WHERE：条件关键字。

例如下面的代码：

```
UPDATE Person SET Address = 'Zhongshan 23', City = 'Nanjing'
WHERE LastName = 'Wilson'
```

这段代码很好理解，在表 Person 中，只要是列的值为 LastName=“Wilson”，将其对应的 Address 值修改为 Zhongshan23，然后将 City 的值修改为 Nanjing。

14.4.6 从数据库中删除一个表

前面讲解了新建表的方法，其实删除一个表的方法也很简单，具体格式如下。

```
DROP TABLE customer
```

各参数介绍如下。

- DROP：关键字。
- TABLE：关键字。
- customer：删除表的名称。

14.4.7 修改表结构

修改表结构对于开发者来说是十分常见的操作，在建立数据库后，表结构、表与表之间的关系是数据库中最为重要的内容，它是决定一个数据库是否健康的标准，修改表结构的语法格式如下所示。

```
ALTER TABLE "table_name"
```

各参数介绍如下。

- ALTER：关键字。
- TABLE：关键字。
- table_name：表名称。

上述语法有点复杂，下面通过一个例子来讲解如何修改表结构，例如新建一个 customer 表，其结构如表 14-1 所示。

表 14-1　customer 表

字 段 名	数据类型
First_Name	char(50)
Last_Name	char(50)
Address	char(50)
City	char(50)
Country	char(25)
Birth_Date	date

在表 customer 中，如果需要将第三个字段修改为“Addr”，只需要使用下面的 SQL 语句即可实现。

```
ALTER table customer change Address Addr char(50)
```

修改后的表结构如表 14-2 所示。

表 14-2　修改字段名后的 customer 表

字 段 名	数据类型
First_Name	char(50)
Last_Name	char(50)
Addr	char(50)
City	char(50)
Country	char(25)
Birth_Date	date

上面是修改字段名的操作，假如要修改数据类型的长度呢？其实也是十分简单的，只需要编写如下 SQL 语句即可实现。

```
ALTER table customer modify Addr char(30)
```

其中，Addr 字段是 char 数据类型，长度为 50，经过上面的 SQL 语句处理后，数据类型没发生变化，但是 char 的长度变成了 30，修改后的表结构如表 14-3 所示。

表 14-3　修改字段长度后的 customer 表

字 段 名	数据类型
First_Name	char(50)

续表

字 段 名	数据类型
Last_Name	char(50)
Addr	char(30)
City	char(50)
Country	char(25)
Birth_Date	date

另外，修改表结构语句还有另外一种用法，它可以删除一个字段，例如下面的代码。

```
ALTER table customer drop birth_Date
```

通过上述代码删除了 birth_Date 字段，删除后的表结构如表 14-4 所示。

表 14-4 删除字段后的 customer 表

字 段 名	数据类型
First_Name	char(50)
Last_Name	char(50)
Addr	char(30)
City	char(50)
Country	char(25)

14.5 实践案例与上机指导

通过本章的学习，读者基本可以掌握使用 MySQL 数据库的知识。其实使用 MySQL 数据库的知识还有很多，这需要读者通过课外渠道来加深学习。下面通过练习操作，以达到巩固学习、拓展提高的目的。

↑扫码看视频

14.5.1 对数据库进行备份

要想对 MySQL 数据库进行备份，只需要登录 PhpMyAdmin 并选择需要备份的数据库，然后单击“导出”超级链接，可以根据自己的需要来设置备份。在一般情况下，只需按照默认设置即可，如图 14-24 所示。设置完成后，单击页面右下角的“执行”按钮即可实现备份操作。

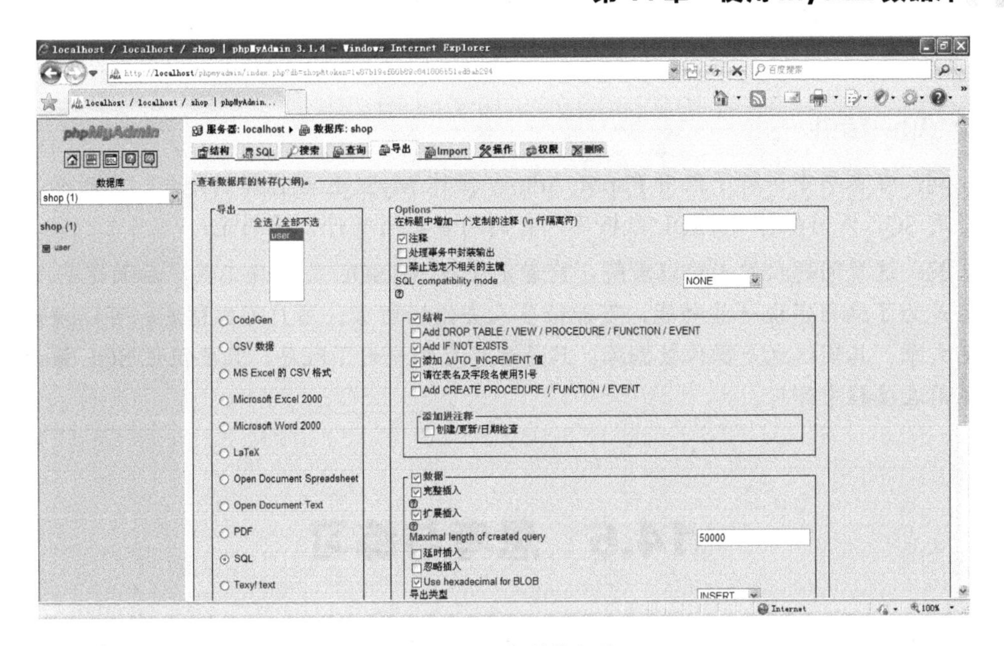

图 14-24　备份数据库

14.5.2　对数据库进行还原

要想对 MySQL 数据库进行还原操作，开发者可以通过多种方法实现。在前面讲解的是使用 PhpMyAdmin 默认的方式(使用 SQL 方式)进行备份，下面也将讲解使用 SQL 方式进行还原的方法。在还原前需要新建一个名称与备份数据库相同的数据库，如“shop”。新建数据库后单击左上角的 SQL 超级链接，然后用记事本打开备份的数据库文件，复制全部文字，粘贴到 PhpMyAdmin 文本框中，单击“执行”按钮，如图 14-25 所示。

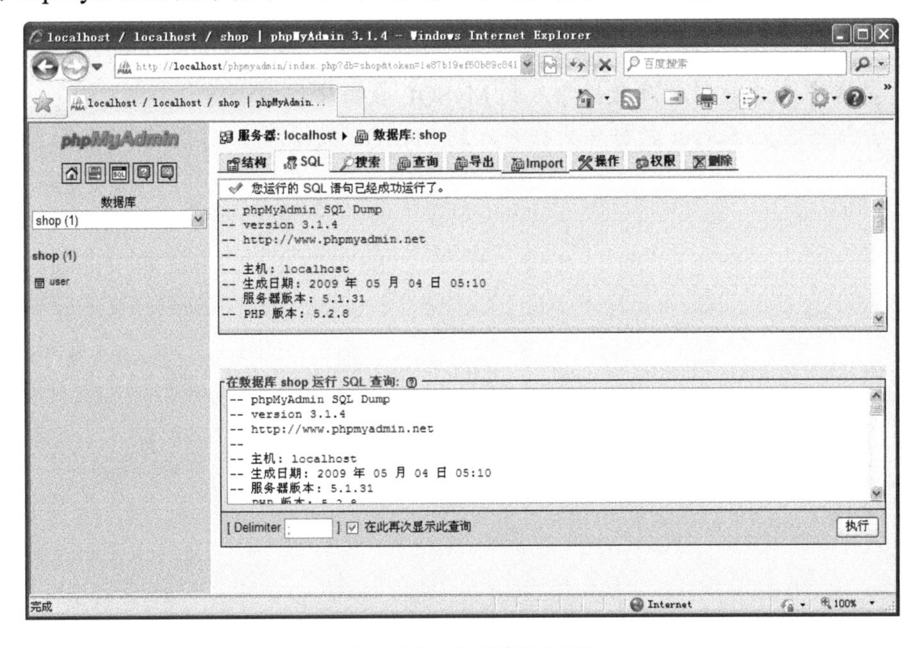

图 14-25　数据库的还原

知识精讲

问：在本书中讲解了使用 PhpMyAdmin 操作 MySQL 数据库的知识，在后面又讲解了用 SQL 语句操作 MySQL 数据库，它们两者之间有什么区别呢？

答：这个问题初学者难以理解，前者是管理 MySQL 数据库工具，后面这些 SQL 语句是为了编程实现一些功能，可能很多人去论坛留言，用户可以留言，可以评论相关的文章，其实这也是操作数据库，只是程序员编制好了程序，只要记住 SQL 语句主要是用在编程中即可。

14.6 思考与练习

本章详细讲解了使用 MySQL 数据库的知识，循序渐进地讲解了 MySQL 数据库的特点、MySQL 的基本操作、对表中记录进行操作、使用 SQL 语句和数据库备份和还原等知识。在讲解过程中，通过具体实例介绍了使用 MySQL 数据库的方法。通过本章的学习，读者应能熟悉使用 MySQL 数据库的知识，并掌握其使用方法和技巧。

1. 判断对错

(1) 我们可以通过系统服务器停止 MySQL 服务器。 (   )

(2) 查看 MySQL 表结构的方法十分简单，只需要在左侧导航栏中选择要查看表的名字，然后在顶部单击“结构”超级链接即可查看表的结构。 (   )

2. 上机练习

(1) 尝试将 Access 数据库数据导入到 MySQL 数据库。

(2) 尝试将 SQL Server 数据库数据导入到 MySQL 数据库。

第 15 章

PHP 和 MySQL 数据库

本章要点

- 使用 PHP 操作 MySQL 数据库
- 使用 PHP 管理 MySQL 数据库中的数据

本章主要内容

在当今软件开发领域中有多种流行的数据库，例如 Oracle、Sybase、SQL Server、MySQL 等，其中 MySQL 被认为是 PHP 语言的最佳拍档。MySQL 数据库相当于一个仓库，仓库里装什么内容，怎么从仓库中取出或添加数据内容，只需要使用 PHP 处理这些内容即可实现动态 Web 功能。在本章的内容中，将详细讲解使用 PHP 操作 MySQL 数据库的知识。

15.1　使用 PHP 操作 MySQL 数据库

在本书上一章的内容中，已经详细讲解了 MySQL 数据库的基本知识。在本节的内容中，将详细讲解使用 PHP 操作 MySQL 数据库的知识，包括连接数据库和查询数据库数据的知识。

↑扫码看视频

15.1.1　连接 MySQL 数据库

PHP 与 MySQL 数据库是黄金搭档，在连接 MySQL 数据库时，PHP 客户端向服务器端的 MySQL 数据库发出连接请求，连接成功后就可以进行相关的数据操作。如果使用不同的用户信息进行连接，则会有不同的操作权限。在 PHP 程序中，可以使用函数 mysql_connect() 连接 MySQL 服务器，使用该函数的语法格式如下：

```
resource    mysql_connect([string    server[,string    username[,string
password[,bool]]]]
```

在上述格式中，各个参数的具体说明如下。

- server：表示 MySQL 服务器，可以包括端口号，如果 mysql.default_host 未定义(默认情况)，则默认值为“localhost:3306”。
- username：表示用户名。
- password：表示密码。

例如下面的实例演示了使用 PHP 连接 MySQL 数据库的过程。

实例 15-1：使用 PHP 连接 MySQL 数据库

源文件路径：daima\15\15-1

实例文件 index.php 的主要实现代码如下：

```
<?php
$link = mysql_connect('localhost', 'root', '1234');     //定义连接参数
if (!$link) {                                            //如果连接失败
    die ('连接失败：' . mysql_error());                  //输出提示
}
echo '服务器信息：' .mysql_get_host_info($link); //显示服务器信息
mysql_close($link);                                    //关闭连接
?>
```

本实例的执行效果如图 15-1 所示。

图 15-1　连接数据库的执行效果

知识精讲

PHP 访问 MySQL 数据库的基本步骤

通过本书前面内容的讲解可知，MySQL 是一款广受欢迎的数据库产品，备受 PHP 开发者的青睐，一直被认为是 PHP 的最佳搭档。使用 PHP 访问 MySQL 数据库的一般步骤如下。

(1) 连接 MySQL 服务器。

使用函数 mysql_connect()建立与 MySQL 服务器的连接，有关函数 mysql_connect()的使用方法请参考本章后面相关内容。

(2) 选择 MySQL 数据库。

使用函数 mysql_select_db()选择 MySQL 数据库服务器上的数据库，并与数据库建立连接。有关函数 mysql_select_db()的使用方法请参考本章后面的相关内容。

(3) 执行 SQL 语句。

在选择的数据库中使用函数 mysql_query()执行 SQL 语句，对数据的操作方式主要包括如下所示的 5 种方式。

- 查询数据：使用 select 语句实现数据的查询功能。
- 显示数据：使用循环语句显示数据的查询结果。
- 插入数据：使用 insert into 语句向数据库中插入数据。
- 更新数据：使用 update 语句更新数据库中的记录。
- 删除数据：使用 delete 语句删除数据库中的记录。

(4) 关闭结果集。

数据库操作完成后一定不要忘记关闭结果集，以释放系统资源，具体语法如下所示：

```
mysql_free_ result($result);
```

15.1.2　选择数据库

经过本章前面内容的学习，已经成功连接了数据库服务器。但是在一个数据库服务器中可能包含了很多个数据库，PHP 程序通常需要针对某个具体的数据库进行编程，此时就必须选择目标数据库。在 PHP 程序中，可以使用函数 mysql_select_db()来选择目标数据库，也就是用来选择 MySQL 服务器中的数据库，如果成功则返回 true，如果失败则返回 false。

使用函数 mysql_select_db()的语法格式如下：

```
bool mysql_select_db(string database_name[,resource link_identifier]);
```

实例 15-2：设置连接的数据库名

源文件路径：daima\15\15-2

实例文件 index.php 的主要实现代码如下：

```
<?php
$link = mysql_connect("localhost", "root", "66688888") or die("不能连接到数据库服务器！可能是数据库服务器没有启动，或者用户名密码有误！".mysql_error());
                                                        //连接 MySQL 服务器
$db_selected=mysql_select_db("db_database16",$link);    //建立连接
if($db_selected){                                       //如果选择数据库
echo "数据库选择成功!";                                  //选择成功提示
}
?>
```

在上述代码中，使用函数 mysql_select_db()连接了 MySQL 数据库 db_database16，执行效果如图 15-2 所示。

数据库选择成功!

图 15-2　实例 15-2 的执行效果

15.1.3　简易查询数据库

查询操作是数据库应用中必不可少的内容，数据查询功能是通过 select 语句完成的。select 语句可以从数据库中根据用户要求提供的限定条件来检索数据，并将查询结果以表格的形式返回。在 PHP 程序中，可以通过函数 mysql_query()来查询数据库中的内容，其使用格式如下：

```
resource mysql_query ( string query [, resource link_identifier] )
```

函数 mysql_query()可以在指定的连接标识符关联的服务器中，向当前活动数据库发送一条查询指令。当查询指令发出后，如果没有指定 link_identifier，则使用上一个打开的连接。如果没有打开的连接，此函数会尝试无参数调用。函数 mysql_connect()用来建立一个连接并使用之，查询结果会被缓存。下面打开本章数据库 db_database16，以里面的会员信息表 tb_member 为例，说明常见 SQL 语句的基本用法。

(1) 执行一个添加会员记录的 SQL 语句的代码如下：

```
$result=mysql_query("insert into tb_member values('guan','111',
'tm@tmsoft.com')",$link);
```

(2) 执行一个修改会员记录的 SQL 语句的代码如下：

```
$result=mysql_query("update tb_member set user='纯净水',pwd='1025' where
user='guan'",$link);
```

(3) 执行一个删除会员记录的 SQL 语句的代码如下：

```
$result=mysql_query("delete from tb_member where user='纯净水'",$link);
```

(4) 执行一个查询会员记录的 SQL 语句的代码如下：

```
$result=mysql_query("select * from tb_member",$link);
```

(5) 执行一个显示会员信息表结构的 SQL 语句的代码如下：

```
$result=mysql_query("DESC tb_member ");
```

以上通过各个实例创建了 SQL 语句，并赋予变量$result。PHP 提供了一些函数来处理查询得到的结果$result，如 mysql_fetch_array()函数、mysql_fetch_object()函数和 mysql_fetch_row()函数等。

智慧锦囊

函数 mysql_query() 仅对 SELECT、SHOW、EXPLAIN 或 DESCRIBE 语句返回一个资源标识符。如果查询执行不正确，则返回 false。对于其他类型的 SQL 语句，mysql_query() 在执行成功时返回 true，出错时返回 false。非 false 的返回值意味着查询是合法的并能够被服务器执行。这并不说明任何有关影响到的或返回的行数。

15.1.4　显示查询结果

在实际开发应用中，只是创建了查询操作是不够的，还需要将查询结果显示出来。在 PHP 程序中，可以使用函数 mysql_fetch_row()来显示查询结果，其语法函数格式如下所示。

```
array mysql_fetch_row ( resource result );
```

在上述格式中，参数 result 是资源类型的参数，表示要传入的是由 mysql_fetch_row()函数返回的数据指针。函数 mysql_fetch_row()会返回根据所取得的行生成的数组，如果没有更多行则返回 false。函数 mysql_fetch_row()可以从指定的结果标识关联的结果集，获取一行数据并作为数组返回。每个结果的列储存在一个数组的单元中，偏移量从 0 开始。依次调用 mysql_fetch_row()将返回结果集中的下一行，如果没有更多行则返回 false。

例如下面的实例演示了使用前面所讲的各个查询函数，并显示查询结果的过程。

实例 15-3：查询数据库数据并显示结果
源文件路径：daima\15\15-3

本实例的功能是实现一个图书信息检索的功能。首先，通过 mysql_fetch_row()函数逐行获取结果集中的每条记录，然后使用 echo 语句从数组结果集中输出各字段所对应的图书信息。本实例查询的数据库是本章 MySQL 数据库 db_database16 中的表“tb_book”。

实例文件 index.php 的主要实现代码如下：

```
<form name="myform" method="post" action="">
…
    <table width="572"  border="0" align="center" cellpadding="0" cellspacing=
"1" bgcolor="#625D59">
        <tr align="center" bgcolor="#CC99FF">
          <td width="46" height="20">编号</td>
          <td width="167">图书名称</td>
          <td width="90">出版时间</td>
          <td width="70">图书定价</td>
          <td width="78">作者</td>
          <td width="114">出版社</td>
        </tr>
        <?php
            $link=mysql_connect("localhost","root","66688888") or die("数
据库连接失败".mysql_error());                    //连接数据库参数
            mysql_select_db("db_database16",$link);     //连接的数据库名
            mysql_query("set names utf-8");              //设置字符格式
            $sql=mysql_query("select * from tb_book");  //查询详细信息
            $row=mysql_fetch_row($sql);                  //获取查询结果
            if ($_POST[Submit]=="查询"){
                $txt_book=$_POST[txt_book];
                $sql=mysql_query("select * from tb_book where bookname like
'%".trim($txt_book)."%'"); //如果选择的条件为"like",则进行模糊查询
                $row=mysql_fetch_row($sql);
                }
            if($row==false){    //如果检索的信息不存在,则输出相应的提示信息
                echo    "<div    align='center'    style='color:#FF0000;
font-size:12px'>对不起,您检索的图书信息不存在!</div>";
            }
            do{                          //循环显示查询结果
        ?>
```

上述代码的实现流程如下。

(1) 创建 PHP 动态页,命名为 index.php。在 index.php 中,添加一个表单、一个文本框和一个提交按钮。

(2) 连接到 MySQL 数据库服务器,选择数据库 db_database16,设置 MySQL 数据库的编码格式为 utf-8。

(3) 使用 if 条件语句对结果集变量$row 进行判断,如果该值为假,则输出您检索的图书信息不存在;否则使用 do...while 循环语句以数组的方式输出结果集中的图书信息。

(4) 使用 if 条件语句对结果集变量$info 进行判断,如果该值为假,则使用 echo 语句输出检索的图书信息不存在。

(5) 使用 do...while 循环语句以表格形式输出数组结果集$info[]中的图书信息。以字段的名称为索引,使用 echo 语句输出数组$info 中的数据。

执行效果如图 15-3 所示,默认将输出图书信息表中的全部图书信息。如果在文本框中输入欲搜索的图书名称,例如“PHP”(由于支持模糊查询,因此可输入部分查询关键字),单击“查询”按钮,即可逐条输出信息,并输出到浏览器,查询结果如图 15-4 所示。

请输入图书名称 查询

编号	图书名称	出版时间	图书定价	作者	出版社
9	大话PHP	2017-03-01	52	巅峰卓越	清华大学出版社
5	大话Android	2017-06-30	89	巅峰卓越	清华大学出版社
6	大话Java	2017-06-01	52	巅峰卓越	清华大学出版社
7	大话C	2017-09-01	99	巅峰卓越	清华大学出版社
8	大话C++	2017-04-01	65	巅峰卓越	清华大学出版社

图 15-3　实例 15-3 的执行效果

请输入图书名称 查询

编号	图书名称	出版时间	图书定价	作者	出版社
9	大话PHP	2017-03-01	52	巅峰卓越	清华大学出版社

图 15-4　检索 Java

15.1.5　通过函数 mysql_fetch_array 获取记录

在 PHP 程序中，可以使用函数 mysql_fetch_array()从数组结果集中获取信息，此函数的语法格式如下：

```
array mysql_fetch_array ( resource $result [, int $ result_type  ] )
```

各参数的具体说明如下。

- result：资源类型的参数，要传入的是由 mysql_query()函数返回的数据指针。
- result_type：可选项，整数型参数，要传入的是 MYSQL_ASSOC(关联索引)、MYSQL_NUM(数字索引)、MYSQL_BOTH(同时包含关联和数字索引的数组)3 种索引类型，默认值为 MYSQL_BOTH。

例如下面实例的功能是使用函数 mysql_fetch_array()查询并显示结果。

实例 15-4：使用函数 mysql_fetch_array()查询数据库并显示结果
源文件路径：daima\15\15-4

本实例的功能是实现一个图书信息检索的功能。首先，使用函数 mysql_query()执行 SQL 语句查询图书信息。然后应用 mysql_fetch_array()函数获取查询结果。最后使用 echo 语句输出数组结果集$info[]中的图书信息。本实例查询的数据库是本章 MySQL 数据库 db_database16 中的表“tb_book”。

实例文件 index.php 的主要实现代码如下：

```
<tr align="center" bgcolor="#CC99FF">
  <td width="46" height="20">编号</td>
  <td width="167">图书名称</td>
  <td width="90">出版时间</td>
```

```
  <td width="70">图书定价</td>
  <td width="78">作者</td>
  <td width="114">出版社</td>
</tr>
<?php
    $link=mysql_connect("localhost","root","66688888") or die("数据库连接失
        败".mysql_error());
        mysql_select_db("db_database16",$link);
        mysql_query("set names utf-8");
        $sql=mysql_query("select * from tb_book");
        $info=mysql_fetch_array($sql);
        if ($_POST[Submit]=="查询"){
            $txt_book=$_POST[txt_book];
            $sql=mysql_query("select * from tb_book where bookname like
            '%".trim($txt_book)."%'"); //如果选择的条件为"like"，则进行模糊查询
                $info=mysql_fetch_array($sql);
                }
            if($info==false){     //如果检索的信息不存在，则输出相应的提示信息
            echo "<div align='center' style='color:#FF0000; font-size:12px'>
                对不起，您检索的图书信息不存在!</div>";
            }
             do{
          ?>
        <tr align="left" bgcolor="#FFFFFF">
          <td height="20" align="center"><?php echo $info[id]; ?></td>
          <td > <?php echo $info[bookname]; ?></td>
          <td align="center"><?php echo $info[issuDate]; ?></td>
          <td align="center"><?php echo $info[price]; ?></td>
          <td align="center"> <?php echo $info[maker]; ?></td>
          <td> <?php echo $info[publisher]; ?></td>
        </tr>
        <?php
            }
            while($info=mysql_fetch_array($sql));       //循环显示查询结果
            ?>
        </table></td>
    </tr>
</table>
```

上述代码的实现流程如下。

(1) 创建 PHP 动态页，命名为 index.php。在 index.php 中，添加一个表单、一个文本框和一个提交按钮。

(2) 连接到 MySQL 数据库服务器，选择数据库 db_database16，设置 MySQL 数据库的编码格式为 utf-8。

(3) 使用 if 条件语句判断用户是否单击了“查询”按钮，如果是，则使用 POST 方法接收传递过来的图书名称信息，使用函数 mysql_query()执行 SQL 查询语句，该查询语句主要用来实现图书信息的模糊查询，查询结果被赋予变量$sql。然后使用 mysql_fetch_array()函数从数组结果集中获取信息。

(4) 使用 if 条件语句对结果集变量$info 进行判断，如果值为假，则使用 echo 语句输出检索的图书信息不存在。

(5) 使用 do...while 循环语句以表格形式输出数组结果集$info[]中的图书信息。以字段的名称为索引，使用 echo 语句输出数组$info 中的数据。

本实例的执行效果如图 15-5 所示，默认将输出图书信息表中的全部图书信息。如果在文本框中输入欲搜索的图书名称，例如“PHP”(由于支持模糊查询，因此可输入部分查询关键字)，单击“查询”按钮，即可逐条输出信息，并输出到浏览器，查询结果如图 15-6 所示。

请输入图书名称 [　　　　] 查询

编号	图书名称	出版时间	图书定价	作者	出版社
9	大话PHP	2017-03-01	52	巅峰卓越	清华大学出版社
5	大话Android	2017-06-30	89	巅峰卓越	清华大学出版社
6	大话Java	2017-06-01	52	巅峰卓越	清华大学出版社
7	大话C	2017-09-01	99	巅峰卓越	清华大学出版社
8	大话C++	2017-04-01	65	巅峰卓越	清华大学出版社

图 15-5　实例 15-4 的执行效果

请输入图书名称 [　　　　] 查询

编号	图书名称	出版时间	图书定价	作者	出版社
6	大话Java	2017-06-01	52	巅峰卓越	清华大学出版社

图 15-6　检索 Java

15.1.6　使用函数 mysql_fetch_object()

在 PHP 程序中，函数 mysql_fetch_object()能够获取查询结果集中的数据，返回根据所取得的行生成的对象，如果没有更多行，则返回 false。使用函数 mysql_fetch_object()的语法格式如下：

```
object mysql_fetch_object ( resource $result )
```

由此可见，函数 mysql_fetch_object()和函数 mysql_fetch_array()的功能相似。两者只有一点区别：返回的是一个对象而不是数组。间接地也意味着只能通过字段名来访问数组，而不是偏移量(数字是合法的属性名)。

例如下面实例的功能是使用函数 mysql_fetch_object()查询并显示结果。

实例 15-5：使用函数 mysql_fetch_object()查询数据库并显示结果
源文件路径：daima\15\15-5

本实例的功能是实现一个图书信息检索的功能。首先，通过函数 mysql_fetch_object()获取结果集中的数据信息，然后使用 echo 语句从结果集中以“结果集->列名”的形式输出各字段所对应的图书信息。本实例查询的数据库是本章 MySQL 数据库 db_database16 中的表“tb_book”。

实例文件 index.php 的主要实现代码如下：

```
<tr align="center" bgcolor="#CC99FF">
  <td width="46" height="20">编号</td>
  <td width="167">图书名称</td>
  <td width="90">出版时间</td>
  <td width="70">图书定价</td>
  <td width="78">作者</td>
  <td width="114">出版社</td>
</tr>
  <?php
    $link=mysql_connect("localhost","root","66688888") or die("数据库连接
        失败".mysql_error());
    mysql_select_db("db_database16",$link);
    mysql_query("set names utf-8");
    $sql=mysql_query("select * from tb_book");
    $info=mysql_fetch_object($sql);
    if ($_POST[Submit]=="查询"){
        $txt_book=$_POST[txt_book];
        $sql=mysql_query("select * from tb_book where bookname like
            '%".trim($txt_book)."%'");   //如果选择的条件为“like”，则进行模糊查询
        $info=mysql_fetch_object($sql);
        }
    if($info==false){    //如果检索的信息不存在，则输出相应的提示信息
        echo "<div align='center' style='color:#FF0000; font-size:12px'>
            对不起，您检索的图书信息不存在!</div>";
        }
            do{
        ?>
        <tr align="left" bgcolor="#FFFFFF">
          <td height="20" align="center"><?php echo $info->id; ?></td>
          <td > <?php echo $info->bookname; ?></td>
          <td align="center"><?php echo $info->issuDate; ?></td>
          <td align="center"><?php echo $info->first_name ; ?></td>
          <td align="center"> <?php echo $info->maker; ?></td>
          <td> <?php echo $info->publisher; ?></td>
        </tr>
        <?php
            }while($info=mysql_fetch_object($sql));    //循环显示查询结果
            ?>
        </table></td>
    </tr>
</table>
```

上述代码的实现流程如下。

(1) 创建 PHP 动态页，命名为 index.php。在 index.php 中，添加一个表单、一个文本框和一个提交按钮。

(2) 连接到 MySQL 数据库服务器，选择数据库 db_database16，设置 MySQL 数据库的编码格式为 utf-8。

(3) 使用 mysql_fetch_object()函数获取查询结果集中的数据，其返回值为一个对象。

(4) 使用 do...while 循环语句以“结果集->列名”的方式输出结果集中的图书信息。

本实例的执行效果如图 15-7 所示，默认将输出图书信息表中的全部图书信息。如果在文本框中输入欲搜索的图书名称，例如“PHP”(由于支持模糊查询，因此可输入部分查询关键字)，单击“查询”按钮，即可按条件读取相关图书信息，并输出到浏览器，查询结果

如图 15-8 所示。

请输入图书名称 [　　　　] 查询

编号	图书名称	出版时间	图书定价	作者	出版社
9	大话PHP	2017-03-01	52	巅峰卓越	清华大学出版社
5	大话Android	2017-06-30	89	巅峰卓越	清华大学出版社
6	大话Java	2017-06-01	52	巅峰卓越	清华大学出版社
7	大话C	2017-09-01	99	巅峰卓越	清华大学出版社
8	大话C++	2017-04-01	65	巅峰卓越	清华大学出版社

图 15-7　实例 15-5 的执行效果

请输入图书名称 [　　　　] 查询

编号	图书名称	出版时间	图书定价	作者	出版社
6	大话Java	2017-06-01	52	巅峰卓越	清华大学出版社

图 15-8　检索 Java

智慧锦囊

函数 mysql_fetch_object()返回的字段名大小写敏感。

15.1.7　使用函数 mysql_num_rows()

在 PHP 程序中，使用函数 mysql_num_rows()可以获取查询到的结果集中的记录数目，也就是能够获取由 select 语句查询到的结果集中行的数目。使用函数 mysql_num_rows()的语法格式如下：

```
int mysql_num_rows(resource result)
```

例如在下面的示例代码中用到了函数 mysql_num_rows()获取查询结果的数目。

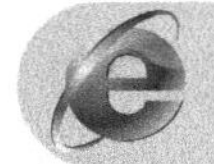

实例 15-6：使用函数 mysql_num_rows()

源文件路径：daima\15\15-6

本实例的功能是实现一个图书信息检索的功能。在查询图书信息的同时，应用 mysql_num_rows()函数获取结果集中的记录数。本实例查询的数据库是本章 MySQL 数据库 db_database16 中的表“tb_book”。

实例文件 index.php 的主要实现代码如下：

```
<?php
    $link=mysql_connect("localhost","root","66688888") or die("数据库连接
        失败".mysql_error());
```

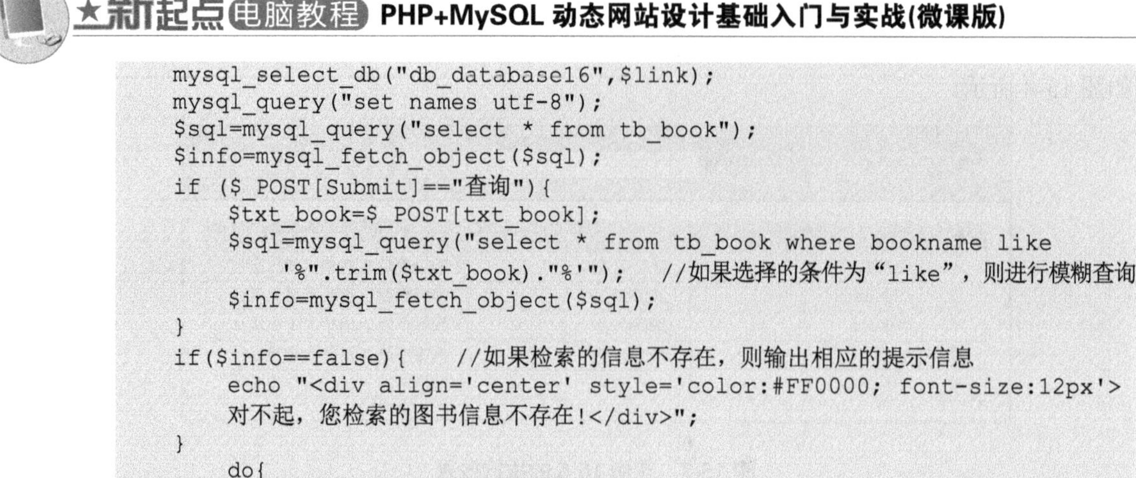

```
mysql_select_db("db_database16",$link);
mysql_query("set names utf-8");
$sql=mysql_query("select * from tb_book");
$info=mysql_fetch_object($sql);
if ($_POST[Submit]=="查询"){
    $txt_book=$_POST[txt_book];
    $sql=mysql_query("select * from tb_book where bookname like
        '%".trim($txt_book)."%'");    //如果选择的条件为“like”，则进行模糊查询
    $info=mysql_fetch_object($sql);
}
if($info==false){    //如果检索的信息不存在，则输出相应的提示信息
    echo "<div align='center' style='color:#FF0000; font-size:12px'>
    对不起，您检索的图书信息不存在!</div>";
}
    do{
?>
<tr align="left" bgcolor="#FFFFFF">
  <td height="20" align="center"><?php echo $info->id; ?></td>
  <td > <?php echo $info->bookname; ?></td>
  <td align="center"><?php echo $info->issuDate; ?></td>
  <td align="center"><?php echo $info->price; ?></td>
  <td align="center"> <?php echo $info->maker; ?></td>
  <td> <?php echo $info->publisher; ?></td>
</tr>
<?php
    }while($info=mysql_fetch_object($sql));    //循环显示查询结果
?>
```

上述代码的实现流程如下。

(1) 创建 PHP 动态页，命名为 index.php。在 index.php 中，添加一个表单、一个文本框和一个提交按钮。

(2) 连接到 MySQL 数据库服务器，选择数据库 db_database16，设置 MySQL 数据库的编码格式为 utf-8。

(3) 使用 mysql_fetch_object()函数获取查询结果集中的数据，其返回值为一个对象。

(4) 使用 do...while 循环语句以“结果集->列名”的方式输出结果集中的图书信息。

本实例的执行效果如图 15-9 所示，默认将输出图书信息表中的全部图书信息，在右下角显示记录数目。如果在文本框中输入欲搜索的图书名称，例如“C”(由于支持模糊查询，因此可输入部分查询关键字)，单击“查询”按钮，即可显示查询结果，在右下角显示记录数目，如图 15-10 所示。

请输入图书名称 [ ] 查询

编号	图书名称	出版时间	图书定价	作者	出版社
9	大话PHP	2017-03-01	52	巅峰卓越	清华大学出版社
5	大话Android	2017-06-30	89	巅峰卓越	清华大学出版社
6	大话Java	2017-06-01	52	巅峰卓越	清华大学出版社
7	大话C	2017-09-01	99	巅峰卓越	清华大学出版社
8	大话C++	2017-04-01	65	巅峰卓越	清华大学出版社

图 15-9 实例 15-6 的执行效果

编号	图书名称	出版时间	图书定价	作者	出版社
7	大话C	2017-09-01		巅峰卓越	清华大学出版社
8	大话C++	2017-04-01		巅峰卓越	清华大学出版社

图 15-10　检索 C

15.2　使用 PHP 管理 MySQL 数据库中的数据

在动态 PHP Web 项目中，数据库中的数据信息是至关重要的，在编写 PHP 程序过程中常常进行添加数据、删除数据和修改数据等一系列操作。在本节的内容中，将详细讲解上述操作数据库数据的方法。

↑扫码看视频

15.2.1　数据的插入

在动态网页中经常需要插入单条数据，使用 SQL 语句可以向指定的数据库表中插入数据。例如下面实例的功能是添加新的公告信息。

实例 15-7：添加新的公告信息
源文件路径：daima\15\15-7

本实例主要功能是使用 insert 语句动态地向数据库中添加公告信息，使用 mysql_query()函数执行 insert 语句，添加完成后将数据动态添加到数据库的操作。具体实现流程如下所示。

第 1 步 创建文件 index.php 完成页面布局。在添加公告信息的图片上添加热区，创建一个超链接，链接到 add_affiche.php 文件。

第 2 步 编写文件 add_affiche.php，在里面分别添加一个表单、一个文本框、一个编辑框、一个提交(保存)按钮和一个重置按钮，设置表单的 action 属性值为 check_add_affiche.php。另外，考虑到要严谨地添加公告信息，就不能过多地添加空信息。因此，在代码中，在“保存”按钮的 onClick 事件下调用一个由 JavaScript 脚本自定义的 check()函数，用来限制表单信息不能为空。当用户单击“保存”按钮时，自动调用 check()函数，判断表单中提交的数据是否为空。

第 3 步 编写文件 check_add_affiche.php，对表单提交信息进行处理。首先连接指定的 MySQL 数据库服务器，并选择数据库，设置数据库编码格式为 utf-8。然后通过 POST 方法获取表单提交的数据。最后定义 insert 语句将表单信息添加到数据表，通过 mysql_query()

函数执行添加语句，完成公告信息的添加，弹出提示信息，并重新定位到 add_affiche.php 页面。通过函数 date()获取系统的当前时间，其参数用来指定日期时间的格式。在此需要注意的是，字母 H 要求大写，它代表时间采用 24 小时制计算。在公告信息添加成功后，使用 JavaScript 脚本弹出提示对话框，并在 JavaScript 脚本中使用 window.location.href='add_affiche.php'重新定位网页。主要实现代码如下：

```
<?php
date_default_timezone_set('Asia/Shanghai');  //'Asia/Shanghai'亚洲/上海时区
    $conn=mysql_connect("localhost","root","66688888") or die("数据库服务器
      连接错误".mysql_error());                    //数据库连接参数
    mysql_select_db("db_database16",$conn) or die("数据库访问错误".mysql_error());
    mysql_query("set names utf-8");              //编码格式
    $title=$_POST[txt_title];
    $content=$_POST[txt_content];
    $createtime=date("Y-m-d H:i:s");
    $sql=mysql_query("insert into tb_affiche(title,content,createtime)
      values('$title','$content','$createtime')");
    echo "<script>alert('公告信息添加成功!');window.location.href=
      'add_affiche.php';</script>";
    mysql_free_result($sql);
    mysql_close($conn);
?>
```

本实例的执行效果如图 15-11 所示。单击“添加公告信息”超链接后弹出信息添加表单，如图 15-12 所示。在页面中添加公告主题和公告内容，单击“保存”按钮后将弹出“公告信息添加成功”提示信息，单击“确定”按钮后重新定位到公告信息添加页面。

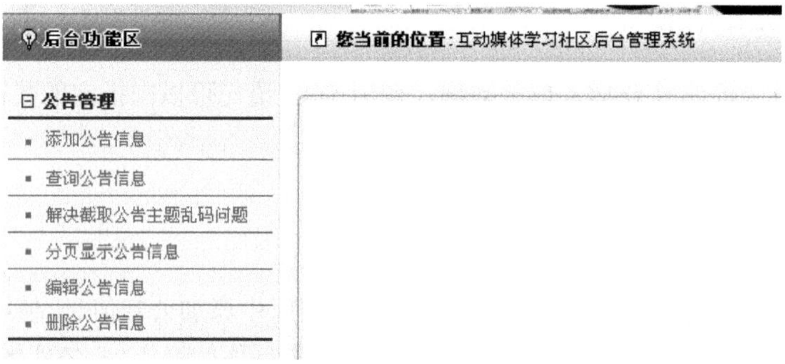

图 15-11　实例 15-7 的执行效果

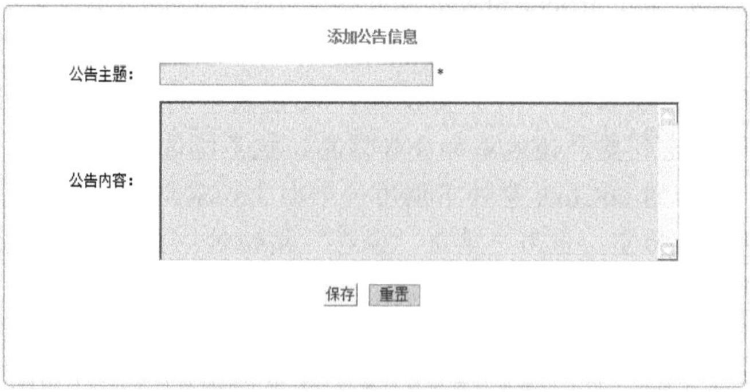

图 15-12　信息添加表单界面

智慧锦囊

在真正的编程过程中，通常使用表单、变量插入数据。其实可以十分简单地实现，只需要按照前面的方法，创建不同的表单元素，让表单的页面用变量接收数据，然后交给处理页面，处理页面又用变量去接收这些变量的数据，然后再连接并打开数据库，将记录插入在数据库中即可。

15.2.2　查询数据库中的记录

查询数据库中记录功能在 PHP 开发中十分常见，例如通过本章前面的实例 15-7 成功添加了公告信息后，那么接下来可以对公告信息执行查询操作。例如在下面的实例中使用 select 语句动态查询数据库中的公告信息，使用 mysql_query()函数执行 select 查询语句，使用 mysql_fetch_object()函数获取查询结果集，通过 do...while 循环语句输出查询结果。

实例 15-8：查询数据库中的记录

源文件路径： daima\15\15-8

本实例的具体实现流程如下。

第 1 步 编写文件 index.php，在里面嵌入一个菜单导航页 menu.php。在 menu.php 页面中为菜单导航图片添加热区，链接到 search_affiche.php 页面。

第 2 步 编写文件 search_affiche.php，在里面分别添加一个表单、一个文本框和一个提交(搜索)按钮。另外，为了防止用户搜索空信息，本程序在“搜索”按钮的 onClick 事件下，调用一个由 JavaScript 脚本自定义的 check()函数，用来限制文本框信息不能为空，当用户单击“搜索”按钮时，自动调用 check()函数，验证查询关键字是否为空。最后，编写代码连接 MySQL 数据库服务器，并选择数据库，设置数据库编码格式为 utf-8。通过 POST 方法获取表单提交的查询关键字，通过 mysql_query()函数执行模糊查询，通过 mysql_fetch_object()函数获取查询结果集，通过 do...while 循环语句输出查询结果，最后关闭结果集和数据库。文件 search_affiche.php 的主要实现代码如下：

```
<?php
    $conn=mysql_connect("localhost","root","66688888") or die("数据库服务器
        连接错误".mysql_error());
    mysql_select_db("db_database16",$conn) or die("数据库访问错误".
        mysql_error());
    mysql_query("set names utf-8");
    $keyword=$_POST[txt_keyword];
    $sql=mysql_query("select * from tb_affiche where title like '%$keyword%'
        or content like '%$keyword%'");
    $row=mysql_fetch_object($sql);
    if(!$row){
        echo "<font color='red'>您搜索的信息不存在，请使用类似的关键字进行
            检索!</font>";
}
    do{                                           //do...while 循环显示查询结果
```

```
?>
<tr bgcolor="#FFFFFF">
        <td bgcolor="#FFFFFF"><?php echo $row->title;?></td>
         <td><?php echo $row->content;?></td>
 </tr>
<?php
}while($row=mysql_fetch_object($sql));
        mysql_free_result($sql);                  //返回查询结果
            mysql_close($conn);                   //关闭数据库连接
?>
```

执行后会显示当前数据库中所有的公告信息，并且还具有搜索功能。其执行效果如图 15-13 所示。

查询公告信息

查询关键字 aaa 搜索

公告标题	公告内容
大话程序开发是好书	《大话程序开发》系列丛书上市！！！！
aaaaa	aaaa
bbbb	bbbb
cccc	cccc
dddd	dddd
大话程序开发是好书	啊啊啊啊啊啊
啊啊啊	的顶顶顶顶的

图 15-13　实例 15-8 的执行效果

15.3　实践案例与上机指导

通过本章的学习，读者基本可以掌握使用 PHP 操作 MySQL 数据库的知识。其实 PHP 处理数据库的知识还有很多，这需要读者通过课外渠道来加深学习。下面通过练习操作，以达到巩固学习、拓展提高的目的。

↑扫码看视频

15.3.1　修改数据库中的记录

在开发 PHP 程序的过程中，经常需要修改数据库中的数据信息。例如对于本章前面的实例 15-8 来说，里面的公告信息并不总是一成不变的，通常根据需要可以对公告的主题及内容进行编辑修改。在下面的实例中，将使用 update 语句动态编辑修改数据库中的公告信息。

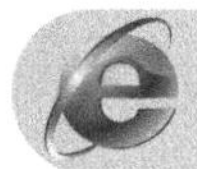

实例 15-9：修改数据库中的信息
源文件路径：daima\15\15-9

第 1 步　在实例 15-8 创建的菜单导航页 menu.php 中再添加一个热区，用于链接文件 update_affiche.php。

第 2 步　编写修改文件 update_affiche.php，使用 select 语句查询出全部的公告信息，在通过表格输出公告信息时添加一列，在这个单元格中插入一个编辑图标，并为这个图标设置超链接，链接到 modify.php 页面，并将公告的 ID 作为超链接的参数传递到 modify.php 页面中。文件 update_affiche.php 的主要实现代码如下：

```
<?php
$conn=mysql_connect("localhost","root","66688888") or die("数据库服务器连接
    错误".mysql_error());                          //连接数据库
mysql_select_db("db_database16",$conn) or die("数据库访问错误".mysql_error());
mysql_query("set names utf-8");                    //数据库字符
$keyword=$_POST[txt_keyword];                      //获取查询关键字
$sql=mysql_query("select * from tb_affiche where title like '%$keyword%' or
content like '%$keyword%'");                       //SQL 查询语句
        $row=mysql_fetch_object($sql);             //查询结果赋值
            if(!$row){                             //如果结果为空
                    echo "<font color='red'>暂无公告信息!</font>";
            }
    do{                                            //使用 do…while 循环显示查询结果
    ?>
      <tr bgcolor="#FFFFFF">
        <td><?php echo $row->title;?></td>
        <td><?php echo $row->content;?></td>
        <td align="center"><a href="modify.php?id=<?php echo $row->id;?>">
<img src="images/update.gif" width="20" height="18" border="0"></a></td>
    </tr>
<?php
    }while($row=mysql_fetch_object($sql));
        mysql_free_result($sql);
        mysql_close($conn);
?>
```

第 3 步　编写公告信息编辑文件 modify.php。首先完成与数据库的连接，然后根据超链接中传递的 ID 值从数据库中读取出指定的数据。再在页面中分别添加一个表单、一个文本框、一个编辑框、隐藏域、一个提交(修改)按钮和一个重置按钮。最后，将从数据库中读取出的数据在表单中输出。编辑文件 modify.php 的主要实现代码如下：

```
<?php
$conn=mysql_connect("localhost","root","66688888") or die("数据库服务器连接
    错误".mysql_error());
mysql_select_db("db_database16",$conn) or die("数据库访问错误".mysql_error());
mysql_query("set names utf-8");
$id=$_GET[id];
$sql=mysql_query("select * from tb_affiche where id=$id");
$row=mysql_fetch_object($sql);
?>
<table width="828" height="522" border="0" align="center" cellpadding="0"
    cellspacing="0">
    <tr>
        <td background="images/image_01.gif">             </td>
        <td height="140" background="images/image_02.gif"> 
    </td>
```

```
    </tr>
    <tr>
        <td width="202" rowspan="3" valign="top"><?php include("menu.php");?></td>
        <td height="34" background="images/image_04.gif"> 
    </td>
    </tr>
    <tr>
        <td height="38" background="images/image_06.gif"> 
    </td>
    </tr>
    <tr>
        <td height="270" valign="top">
            <table  width="626"  height="100%"  border="0"  cellpadding="0"
cellspacing="0">
            <tr>
              <td height="257" align="center" valign="top" background=
                "images/image_08.gif"><table width="600" height="257"
                border="0" cellpadding="0" cellspacing="0">
            <tr>
              <td height="22" align="center" valign="top" class=
                "word_orange"><strong>编辑公告信息</strong></td>
            </tr>
              <tr>
                <td height="235" align="center" valign="top"><table width="500"
                     height="226" border="0" cellpadding="0" cellspacing="0">
              <tr>
                <td height="226" align="center" valign="top">
                    <form name="form1" method="post" action="check_modify_ok.php">
                    <table width="520" height="212"  border="0" cellpadding=
                          "0" cellspacing="0" bgcolor="#FFFFFF">
              <tr>
                <td width="87" align="center">公告主题：</td>
                <td width="433" height="31"><input name="txt_title" type=
                     "text" id="txt_title" size="40" value="<?php echo
                     $row->title;?>">
                     <input name="id" type="hidden" value="<?php echo
                          $row->id;?>"></td>
              </tr>
                <tr>
                  <td height="124" align="center">公告内容：</td>
                  <td><textarea name="txt_content" cols="50" rows="8" id=
                     "txt_content"><?php echo $row->content;?></textarea></td>
             </tr>
                <tr>
                  <td height="40" colspan="2" align="center"><input name=
                     "Submit" type="submit" class="btn_grey" value="修改"
                     onClick="return check(form1);">
                      
                     <input type="reset" name="Submit2" value="重置"></td></tr>
                 </table>
        </form>
</td>
```

在 index.php 页面中单击“编辑公告信息”超链接后进入 update_affiche.php 页面，单击其中任意一条公告信息后的“修改”按钮，进入到公告信息编辑页面，在该页面中完成对指定公告信息的编辑，最后单击“修改”按钮，完成指定公告信息的编辑操作，执行效果如图 15-14 所示。

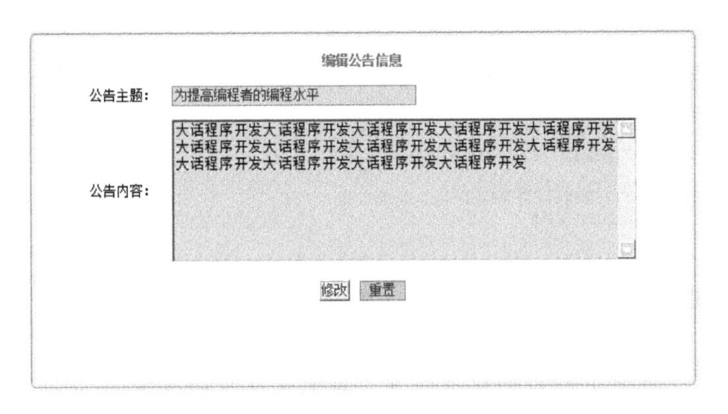

图 15-14　实例 15-9 的执行效果

15.3.2　删除数据库中的信息

在创建数据库后，难免需要删除一些不需要的记录。例如在本章前面的实例中，公告信息是用来发布网站或企业的最新信息，让浏览者了解网站的最新动态。因此，为了节省系统资源，需要定期地对公告主题和内容进行删除。在下面的实例中，演示了删除数据库中记录的过程。

实例 15-10：删除数据库中的信息

源文件路径：daima\15\15-10

本实例的功能是使用 delete 语句，根据指定的 ID 动态删除数据表中指定的公告信息。具体实现流程如下所示。

第 1 步 在菜单导航页 menu.php 中添加一个热区，链接到 delete_affiche.php 文件。

第 2 步 创建 delete_affiche.php 页面，使用 select 语句检索出全部的公告信息。在应用 do...while 循环语句通过表格输出公告信息时在表格中添加一列，在单元格中插入删除图标，并将该图标链接到 check_del_ok.php 文件，将公告 ID 作为超链接的参数传递到 check_del_ok.php 文件中。主要实现代码如下：

```
<?php
$conn=mysql_connect("localhost","root","66688888") or die("数据库服务器连接
    错误".mysql_error());                          //数据库服务器连接参数
//连接指定数据库
    mysql_select_db("db_database16",$conn) or die("数据库访问错误".mysql_error());
        mysql_query("set names utf-8");            //编码格式
        $keyword=$_POST[txt_keyword];              //获取查询关键字
        $sql=mysql_query("select * from tb_affiche where title like
            '%$keyword%' or content like '%$keyword%'");   //数据库查询语句
            $row=mysql_fetch_object($sql);
            if(!$row){
            echo "<font color='red'>暂无公告信息!</font>";
            }
        do{                                    //使用 do…while 循环，循环显示查询结果
        ?>
<tr bgcolor="#FFFFFF">
   <td><?php echo $row->title;?></td>
   <td><?php echo $row->content;?></td>
```

```
    <td align="center"><a href="check_del_ok.php?id=<?php echo $row->id;?>">
<img src="images/delete.gif" width="22" height="22" border="0"></a></td>
</tr>
<?php
    }while($row=mysql_fetch_object($sql));
    mysql_free_result($sql);                //返回查询结果
    mysql_close($conn);                     //关闭连接
?>
```

第 3 步 创建 check_del_ok.php 文件，根据超链接传递的公告信息 ID 值，执行 Delete 删除语句，删除数据表中指定的公告信息。最后使用 if...else 条件语句对 mysql_query()函数的返回值进行判断，并弹出相应的提示信息。主要实现代码如下：

```
<?php
$conn=mysql_connect("localhost","root","66688888") or die("数据库服务器连接
    错误".mysql_error());
mysql_select_db("db_database16",$conn) or die("数据库访问错误".mysql_error());
mysql_query("set names utf-8");
$id=$_GET[id];
$sql=mysql_query("delete from tb_affiche where id=$id");
if($sql){
    echo "<script>alert('公告信息删除成功！');history.back();
        window.location.href='delete_affiche.php?id=$id';</script>";
}else{
    echo "<script>alert('公告信息删除失败！');history.back(); window.location.href=
'delete_affiche.php?id=$id';</script>";
}
?>
<meta http-equiv="Content-Type" content="text/html; charset=utf-8">
```

运行后单击 index.php 页面中的“删除公告信息”超链接，在 delete_affiche.php 页面中，单击任意一条公告信息后面的删除图标，弹出删除公告信息提示，单击“确定”按钮后完成对指定公告信息的删除操作。其执行效果如图 15-15 所示。

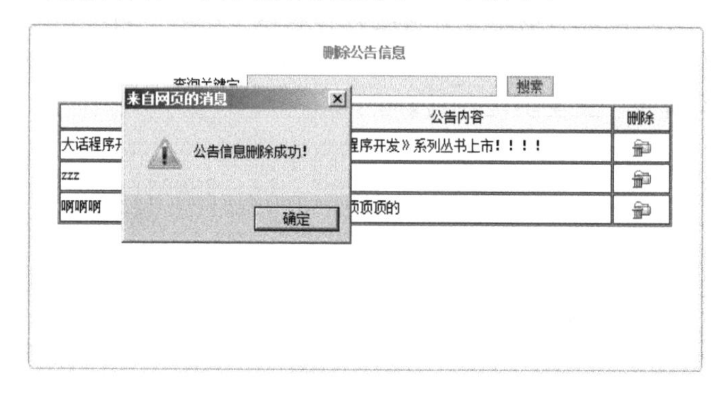

图 15-15　执行效果

15.4　思考与练习

本章详细讲解了 PHP 操作管理 MySQL 数据库数据的知识，循序渐进地讲解了使用 PHP 操作 MySQL 数据库和使用 PHP 管理 MySQL 数据库中的数据等知识。在讲解过程中，通过

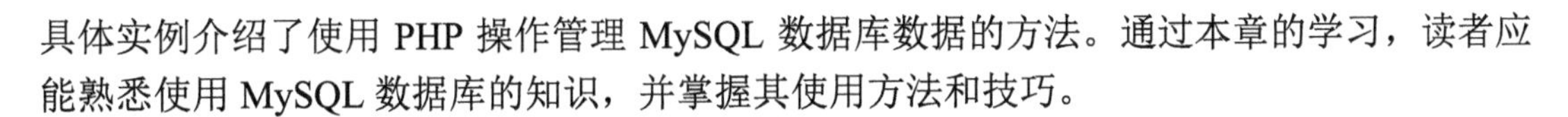

具体实例介绍了使用 PHP 操作管理 MySQL 数据库数据的方法。通过本章的学习，读者应能熟悉使用 MySQL 数据库的知识，并掌握其使用方法和技巧。

1. 选择题

(1) 在 PHP 程序中，可以使用函数(　　)连接 MySQL 服务器。

A. connect()　　B. mssql_connect()　　C. mysql_connect()

(2) 在 PHP 程序中，可以使用函数(　　)来选择目标数据库，也就是用来选择 MySQL 服务器中的数据库，如果成功则返回 true；如果失败则返回 false。

A. mysql_select_db()　　B. select_db()　　C. mssql_select_db()

2. 判断对错

(1) 函数 mysql_query()可以在指定的连接标识符关联的服务器中，向当前活动数据库发送一条查询指令。当查询指令发出后，如果没有指定 link_identifier，则使用上一个打开的连接。如果没有打开的连接，此函数会尝试有参数调用。

(2) 在 PHP 程序中，可以使用函数 mysql_fetch_row()来显示查询结果。

3. 上机练习

(1) 从结果集中获取数据。

(2) 获取结果集中记录数。

新起点电脑教程

第16章

在线商城系统

本章要点

- 系统需求分析
- 前台页面
- 购物车
- 后台页面
- 订单管理

本章主要内容

随着网络技术日新月异的发展，在线购物已经成为人们的一个习惯，电子商务发展进入到一个极高的时代。电子商务利用简单、快捷、低成本的电子通信方式，买卖双方无须见面即可完成各种商业活动，逐渐被人们所接受。在本章的内容中，将详细讲解使用 PHP 开发在线商城系统的过程。

16.1 系统需求分析

本系统的项目规划书分为如下所示的两个部分：

- 系统需求分析；
- 系统运行流程。

↑扫码看视频

在线商城系统实际上就是在网络上建立一个虚拟的超市，其主要功能如下所示。

(1) 总体配置模块。

总体配置模块用于设置系统内的公用文件以及系统数据库连接文件。

(2) 前台设计模块。

前台设计模块主要包括用户注册和登录管理、产品展示、购物车和产品种类的管理 5 个子模块。

(3) 后台管理模块。

后台管理模块主要包括添加新商品信息、修改商品信息、删除产品和管理产品目录 4 个子模块。

(4) 数据备份和恢复模块。

数据备份和恢复模块主要包括数据库备份管理和数据库恢复管理两个子模块。根据需求分析中总结的用户需求来设计系统的体系结构，每一个功能模块都需要针对数据表实现添加记录、删除记录、查询记录和更新记录等操作。

16.2 数据库设计

数据库设计是总体设计中一个重要的环节，良好的数据库设计可以简化开发过程，提高系统的性能，使系统功能更加明确。一个好的数据库结构可以使系统处理速度快、占用空间小、操作处理过程简单、容易查找等。数据库结构的变化会造成编码的改动，所以在编码之前，一定要认真设计好数据库，避免无谓的工作。

↑扫码看视频

16.2.1　数据库结构的设计

(1) 商品分类信息表 hono_cart_category，用来保存商品分类信息，表结构如图 16-1 所示。

字段	类型	整理	属性	Null	默认	额外
id	int(11)			否		auto_increment
pid	int(11)			是	NULL	
nodepath	varchar(255)	utf8_general_ci		是	NULL	
name	varchar(100)	utf8_general_ci		是	NULL	
url	varchar(255)	utf8_general_ci		是	NULL	
picture	varchar(66)	utf8_general_ci		是	NULL	
sortid	int(11)			是	NULL	
is_show	tinyint(1)			是	NULL	
is_leaf	tinyint(1)			否		
link_method	tinyint(1)			否	1	

图 16-1　表 hono_cart_category 的结构

(2) 收藏信息表 hono_cart_favorites，用来保存用户喜欢的商品信息，表结构如图 16-2 所示。

字段	类型	整理	属性	Null	默认	额外
id	int(11)			否		auto_increment
username	varchar(85)	utf8_general_ci		是	NULL	
product_id	int(11)			是	NULL	

图 16-2　表 hono_cart_favorites 的结构

(3) 商城菜单信息表 hono_cart_mainmenu，用来保存商城购物菜单，表结构如图 16-3 所示。

字段	类型	整理	属性	Null	默认	额外
id	int(11)			否		
menu_name	varchar(100)	utf8_general_ci		否		
description	text	utf8_general_ci		否		

图 16-3　表 hono_cart_mainmenu 的结构

(4) 商城结构目录信息表 hono_cart_menu，用来保存商城结构目录，表结构如图 16-4 所示。

(5) 购物车信息表 hono_cart_modules，用来保存购物车信息，表结构如图 16-5 所示。

(6) 商城用户信息表 hono_cart_users，用来保存商城购物者的信息，表结构如图 16-6 所示。

字段	类型	整理	属性	Null	默认	额外
id	int(11)			否		auto_increment
name	varchar(85)	utf8_general_ci		是	NULL	
url	varchar(255)	utf8_general_ci		是	NULL	
pid	int(11)			是	NULL	
picture	varchar(50)	utf8_general_ci		否		
func_id	varchar(255)	utf8_general_ci		否		
func_name	varchar(255)	utf8_general_ci		否		
sortid	int(11)			是	NULL	
is_user	tinyint(1)			是	NULL	

图 16-4　表 hono_cart_menu 的结构

字段	类型	整理	属性	Null	默认	额外
id	int(11)			否		auto_increment
pid	int(11)			否		
nodepath	varchar(255)	utf8_general_ci		否		
module_name	varchar(100)	utf8_general_ci		否		
description	text	utf8_general_ci		否		
module_page	varchar(255)	utf8_general_ci		否		
dispach_page	tinyint(1)			否		
picture	varchar(100)	utf8_general_ci		否		
access_level	tinyint(1)			否	1	
page_level	tinyint(2)			否	1	

图 16-5　表 hono_cart_modules 的结构

字段	类型	整理	属性	Null	默认	额外
id	int(11)			否		auto_increment
UserGrade	int(4)			是	NULL	
site_id	varchar(50)	utf8_general_ci		是	1	
username	varchar(255)	utf8_general_ci		是	NULL	
psw	varchar(255)	utf8_general_ci		是	NULL	
EmailName	varchar(255)	utf8_general_ci		否		
true_name	varchar(50)	utf8_general_ci		否		
telepnone	varchar(50)	utf8_general_ci		否		
moblie	varchar(50)	utf8_general_ci		否		
date_of_birth	date			是	NULL	
country	varchar(50)	utf8_general_ci		是	NULL	
province_state	varchar(50)	utf8_general_ci		是	NULL	
county	varchar(50)	utf8_general_ci		是	NULL	
zip_code	varchar(20)	utf8_general_ci		是	NULL	
sex	tinyint(4)			是	NULL	
my_website	varchar(255)	utf8_general_ci		是	NULL	
my_location	varchar(255)	utf8_general_ci		是	NULL	
introducton	text	utf8_general_ci		是	NULL	
college_area	varchar(100)	utf8_general_ci		否		
college	varchar(100)	utf8_general_ci		否		
upload_type	tinyint(4)			是	NULL	
photo	varchar(255)	utf8_general_ci		是	NULL	

图 16-6　表 hono_cart_users 的结构

知识精讲

在设计数据库的过程中，必须避免后期随着项目的升级出现为数据库设计打补丁的情况发生，此时需要遵循如下三个原则。

(1) 一个数据库中表的个数越少越好。只有表的个数少了，才能说明系统的 E-R 图少而精，去掉了重复多余的实体，形成对客观世界的高度抽象，进行系统的数据集成，防止打补丁式的设计。

(2) 一个表中组合主键的字段个数越少越好。因为主键的作用，一是主键索引，二是作为子表的外键，所以组合主键的字段个数少了，不仅节省运行时间，而且节省索引存储空间。

(3) 一个表中的字段个数越少越好。只有字段的个数少了，才能说明在系统中不存在数据重复，且很少有数据冗余，更重要的是督促读者学会“列变行”，这样就防止将子表中的字段拉入到主表中去，在主表中留下许多空余的字段。所谓“列变行”，就是将主表中的一部分内容拉出去，另外单独建立一个子表。

16.2.2　数据库设置信息

当建立好数据库后，数据库人员需要建立一个配置文件供程序员调用数据库。下面通过一段程序代码进行讲解，具体代码如下：

```
<?phpphp
/* ================================================================= */
//                          数据库配置信息
/* ================================================================= */
      //db
      $mysqlhost="129.0.0.1";     //服务器地址
      $mysqluser="root";          //用户名
      $mysqlpwd="1234";           //密码
      $mysqldb="07shop";          //数据库名

/* ================================================================= */
//                          表信息
/* ================================================================= */
      $TablePre = 'hono_';
   //授权表
      $TableMenu=$TablePre."cart_menu";
      $TableAdmin=$TablePre."cart_users";//授权用户
      $TableRole=$TablePre."cart_role";  //购物角色
      $TableMenu_role=$TablePre."cart_menu_role";//购物目录角色
      $TableUser=$TablePre."cart_users";//购物用户名
      $TableSite_category=$TablePre."cart_site";//购物地址
   //系统配置
      $TableConfig =$TablePre."cart_config";//购物车配置
      $TableTemplates=$TablePre."cart_templates";//购物车模板
      $TableModules=$TablePre."cart_modules";//购物模块
```

```
        $TableMain_menu=$TablePre."cart_mainmenu";//购物车菜单
    //条款
        $TableInfo_category=$TablePre."cart_menuitem";//购物目录条款
        $TableInfos=$TablePre."cart_infos";
    //购物车
        $TableEb_order_product = $TablePre."cart_order_product";//购物车建立
        $TableEb_product = $TablePre."cart_product";//购物车产品
        $TableEb_product_category = $TablePre."cart_category";//购物车种类
        $TableEb_product_order = $TablePre."cart_order";//购物车命令
        $TableEb_remark = $TablePre."cart_remark";//购物注意事项
        $TableEb_product_favorites= $TablePre."cart_favorites";//购物车收藏夹
            define("_ACCESS_","ok");
        function getVirtualDirectory()
        {
            $returnvalue="";
            $current_dir=str_replace('\\','/',dirname(__FILE__));
            $DRoot=$_SERVER['DOCUMENT_ROOT'];
            if($current_dir==$DRoot)
                return $returnvalue;
            $current_dir_array=explode($DRoot,$current_dir);
            $returnvalue.=$current_dir_array[1];
            return $returnvalue;
                    }
                $TitleName = "萌女郎商务网后台";  //<title></title>
        $pagenum = 15;
        $WebHost=$_SERVER['HTTP_HOST'];
        $SETUPFOLDER=getVirtualDirectory();
        $BASEPATH = dirname(__FILE__);
        $UploadPath = $BASEPATH."/"; //上传文件路径
        $HostUrl =  "http://".$WebHost."/";//服务器地址
        $Site_No= "1";    //站点设置
        $dispatch_page= "index.php";
        $T_Page_Level =array(1=>"首页","二级页面","详细页面");
        $T_Module_Position =array(1=>"无","首页左边","首页中间","首页右边",
            "子页面","用户页面");
        $T_Bgcolor=array(1=>"#FBFDDB","#E3E3E3");//设置背景颜色
        $T_Editor_type=array(1=>"Text","oFCKeditor","eWebeditor");//编辑类型
        $T_ToolbarSet="Basic";
        $T_FkDefaultLanguage="zh-cn";
        $T_Fk_sBasePath=$SETUPFOLDER."/admin/fckeditor/";

        //信息
        $T_Is_YesNO= array(1=>"是","否");
        $T_Gender =array(1=>"男","女");
        $T_Avatar_Type =array(1=>"上传","嵌入","默认");
        $T_Link_method =array(1=>"_top","_parent","_blank");
        $T_Upload_Type =array(1=>"图片","文件","媒体");
        $T_Dispach =array(1=>"Index","Profile");
        $T_Dispach_Page =array(1=>"index.php","profile.php");
        $T_Access_Level =array(1=>"公开","注册","特权");
        $T_Url_type =array(1=>"从模块选择","输入");
        //产品
        $T_Price_type= array(1=>"$","¥");
        $T_Order_status= array(1=>"处理中","取消","完成");
//阻止不必要的信息
```

```
$Instail_dir=$BASEPATH."/install";
if(file_exists($Instail_dir))
{
    header("location: ".$SETUPFOLDER."/install");
    exit();
}
        include $BASEPATH."/include/function.php"v//调入页面
                ini_set("session.use_cookies","1");
        session_start();
        import_request_variables("pg");
        error_reporting(7);
        error_reporting(E_ALL^(E_NOTICE|E_WARNING));
        ob_start();
            if ($_SERVER['QUERY_STRING'] != '' && !preg_match
                ('/^(|[a-z&=0-9_]+)$/is', chop($_SERVER['QUERY_STRING']))) {
            exit("Restricted access!");
        }
?>
```

16.2.3　数据库编程

在整个项目系统中，因为操作数据库的各种方法类似，所以可以编辑一些相同的代码供程序员调用。在本项目中，实现数据库操作处理的代码如下：

```
<?php include dirname(__FILE__)."/../Configuration.php"?>//调入页面
<?phpphp
class db_driver {//数据库驱动
    var $query_id      = "";//id 编号
    var $connection_id = "";//连接 ID
    var $query_count   = 0;//统计
    var $record_row    = array();//记录行数
    var $return_die    = 0;
    var $error        = "";
     var $record_object = array();
          /*连接数据库*/
                  function connect() { //连接信息
        global $mysqlhost,$mysqluser,$mysqlpwd,$mysqldb;//连接信息
    if ($this->obj['persistent']){
        $this->connection_id = mysql_pconnect( $mysqlhost , $mysqluser ,
            $mysqlpwd ); }//连接 ID
            else  {
               $this->connection_id=mysql_connect($mysqlhost,$mysqluser,
                   $mysqlpwd);
        }
               if ( !mysql_select_db($mysqldb, $this->connection_id) ) {
               echo ("ERROR: Cannot find database ".$mysqldb);
       }}
      /*处理查询*/
       function query($the_query) {
           $this->query_id = mysql_query($the_query, $this->connection_id);
            if (! $this->query_id ) {
          $this->fatal_error("mySQL query error: $the_query");
       }
       return $this->query_id;
    }
                /*处理查询*/
```

```
    function queryValue($query,$i,$fieldName) {
    if(mysql_result($query,$i,$fieldName)) {
        return mysql_result($query,$i,$fieldName);
        }
        else{
        return "";
        }
    }
      /*在最后一个查询的基础上取第一排*/
      function fetch_row($query_id = "") {//搜索显示一条记录信息
        if ($query_id == ""){
            $query_id = $this->query_id;
    }
           $this->record_row = mysql_fetch_array($query_id, MYSQL_ASSOC);
             return $this->record_row;//
           }
        function getRow($sql){//获取行
        $res=mysql_query($sql,$this->connection_id);//resourse
        if(!$res){
            echo mysql_error();
        return;
        }
        $result=mysql_fetch_array($res,MYSQL_ASSOC);
        return $result;
    }
        /*在最后一个查询的基础上取第一排*/
     function fetch_object($query_id = "") {
       return mysql_fetch_object($query_id) ;
    }
/*在最后一个查询的基础上取第一排*/
    function getAll($sql,$gettype=MYSQL_ASSOC){
        $result = array();
        $this->query_id=mysql_query($sql, $this->connection_id);
        if (! $this->query_id ){
          $this->fatal_error("mySQL query error: $the_query");
       }
        while($row=mysql_fetch_array($this->query_id,$gettype)){
            $result[]=$row;
        }
        return $result;
    }
    //由过去的查询的行中取数
     function get_affected_rows() {
       return mysql_affected_rows($this->connection_id);
    }
       //取结果中的行数集
    function get_num_rows() {
       return mysql_num_rows($this->query_id);
    }
/*取最后插入的ID从SQL自动增量*/
     function get_insert_id() {
       return mysql_insert_id($this->connection_id); }
       /*返回查询的使用量*/
      function get_query_cnt() {
       return $this->query_count;
    }
       /*摆脱MySQL内存的结果集*/
      function free_result($query_id="") {
```

```
            if ($query_id == "") {
        $query_id = $this->query_id;
    }
        @mysql_free_result($query_id);
    }
      /*关闭数据库*/
    function close_db() {
        return mysql_close($this->connection_id);
    }
      /*返回一个数组的表*/
     function get_table_names() {
        $result     = mysql_list_tables($this->obj['sql_database']);
        $num_tables = @mysql_numrows($result);
        for ($i = 0; $i < $num_tables; $i++){
            $tables[] = mysql_tablename($result, $i);
        }
                mysql_free_result($result);
                return $tables;
    }
        /*返回一个字段的数组*/
      function get_result_fields($query_id="") {
            if ($query_id == ""){
        $query_id = $this->query_id;
    }
        while ($field = mysql_fetch_field($query_id)){
           $Fields[] = $field;
        }
                        return $Fields;
    }
       /*基本误差的处理程序*/
       function fatal_error($the_error) {
        if ($this->return_die == 1) {
        $this->error = mysql_error();
        return TRUE;
    }    } }
$db=new db_driver();//实例化
 $db->connect();//连接信息
 $db->query("set names utf8"); //选择字符集
 $sql="select * from ".$TableConfig." where id=1";
 $config_row=$db->getRow($sql);
?>
```

16.3　前 台 设 计

完成了数据库设计工作后，这也宣告整个项目的前期工作已经完成。接下来将进入正式设计和编码阶段，首先需要完成前台页面的设计工作。

↑扫码看视频

16.3.1 用户注册和登录管理

在在线商城系统中，用户的注册和登录管理十分重要，这类信息丢失将会导致难以估计的损失。在设计登录系统时，一定要考虑到多方面的因素，下面将详细讲解。

1. 用户注册

因为用户需要在商城里面交易，所以必须拥有一个属于自己的账户和密码，只有这样才能正常地在里面交易，如图 16-7 所示。

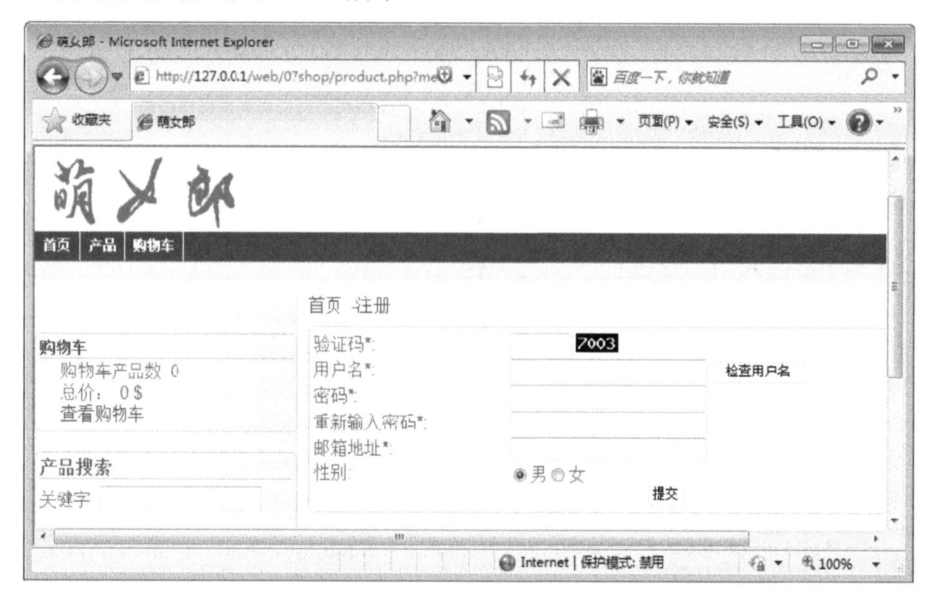

图 16-7 注册页面

注册页面文件 register.php 的主要实现代码如下：

```
<?php defined("_ACCESS_") or die('Restricted access'); ?>
<link href="<?php=$SETUPFOLDER?>/modules/register/css/style.css" rel=
    "stylesheet" type="text/css">
<table  width="100%" border="0" cellspacing="0" cellpadding="0">
  <tr>
    <td width="5" height="6" class="box_top_left"><img src="<?php=$SETUPFOLDER?>
/images/box_top_left.gif" /></td>
    <td    class="box_top_bg"> </td>
    <td width="5"  class="box_top_right"></td>
  </tr>
  <tr>
    <td  class="box_left"> </td>
    <td  class="register_container">
       <script language="javascript">
            function send_request_get_reg(url) {
                create_request(); //创建请求
                http_request.onreadystatechange = processCheckUsername;
                //http 地址
                http_request.open("GET", url, true);//请求打开
```

```
            http_request.send(null);//请求收发
        }
                function send_request_post_reg(url,querystring,func) {
            create_request();
            if(func=='reg') http_request.onreadystatechange = processReg;

            http_request.open("POST", url, true);//请求打开
            http_request.setRequestHeader("Content-Type",
                "application/x-www-form-urlencoded");"
            http_request.send(querystring);
        }
                function processReg() {
                var form=document.getElementById("form1");
                if (http_request.readyState == 4) {
                    if (http_request.status == 200) {
                        if(http_request.responseText==1)
                        {
            location='<?php=$SETUPFOLDER?>/index.php?menuid=
                12&level=2&flag=reg';
                                                    }
                        if(http_request.responseText==2) {
                            alert('Username exsit please change it! ');
                        }
                        if(http_request.responseText==3) {
                            alert('Enter Validate code error! ');
                        }
                                                } else { //页面不正常
                        alert("error");
                    }}}
            function checkReg() {//检测注册
            var form=document.getElementById("form1");
            if(form.validate_code.value.length!=4) {//检查验证码
                alert("验证码必须是 4 位 !");
                form.validate_code.focus();
                return;
           } if(!isCharVar(form.reg_username.value)||form.reg_username.
                value.length
<3||form.reg_username.value.length>15) {//检验用户名
                alert("用户名 3 - 15 字符 !");
                form.reg_username.focus();
                return;
            }
            if(form.reg_psw.value.length<6|| form.reg_psw.value.length>15) {
                alert("密码 6 - 15 字符和数字 !");//检查密码
                form.reg_psw.focus();
                return;
            }
            if(form.reg_psw.value!=form.reg_psw1.value) {//输入密码检查
                alert("两次输入密码不一致 !");
                form.reg_psw1.focus();
                return;
            }
            if(!isEmail(form.EmailName.value)) {//邮箱检验
                alert("请输入有效的邮箱地址!");
                form.EmailName.focus();
```

```
                    return;
                }
                                var sex=1;
                if(form.sex[1].checked) sex=2;
    querystring="username="+form.reg_username.value+"&psw="+form.reg_psw.value+"
&EmailName="+form.EmailName.value+"&sex="+sex+"&validate_code="+form.
validate_code.value;
                 send_request_post_reg('<?php=$SETUPFOLDER?>/ajax/
                    reg.php',querystring,"reg");
            }
                        function checkUsername() {//检测用户名
                var form=document.getElementById("form1");
              if(form.reg_username.value==""){
                    alert("请输入用户名!");
                    form.reg_username.focus();
                    return;
                }           send_request_get_reg('
<?php=$SETUPFOLDER?>/ajax/checkusername.php?username='+form.reg_username.value);
            }
            function processCheckUsername() {//检查用户名
                    if (http_request.readyState == 4) {
                        if (http_request.status == 200) {
                          if(http_request.responseText==2)
                            {
                                alert("用户名已经存在! ");
                            }
                            if(http_request.responseText==1)
                            {
                                alert('用户名可用 !');
                            }

                        } else {
                            alert("page error!");
                        }
                    }
                }
        </script>
      <table border="0" class="register_table" cellpadding="0" cellspacing=
        "0" width="100%">
          <tr class="register_tr">
            <td class="register_td_title">验证码<span class="star">*
                </span>:</td>
            <td class="register_td_box"><input class="register_box" style=
                "float:left;" name="validate_code" type="text" id=
                "validate_code" size="4" maxlength="4" />
                  <img src='<?php=$SETUPFOLDER?>/include/validateCode.php'>
            </td>
          </tr>
        <tr class="register_tr">
          <td class="register_td_title">用户名<span class="star">* </span>:</td>
          <td class="register_td_box"><input name="reg_username" class=
    "register_box" type="text" id="reg_username" style="WIDTH: 185px" />
                <input type="button" class="register_button" onclick=
    "checkUsername()" value="检查用户名" /></td>
          </tr>
```

```
        <tr class="register_tr">
          <td  class="register_td_title"> 密 码 <span  class="star">*
</span>:</td>
          <td  class="register_td_box"><input    class="register_box"
name="reg_psw" type="password" id="reg_psw" style="WIDTH: 185px" /></td>
        </tr>
        <tr class="register_tr">
          <td class="register_td_title">重新输入密码<span class="star">*
</span>:</td>
          <td  class="register_td_box"><input    class="register_box"
name="reg_psw1" type="password" id="reg_psw1" style="WIDTH: 185px" /></td>
        </tr>
        <tr class="register_tr">
          <td  class="register_td_title"> 邮 箱 地 址 <span  class="star">*
</span>:</td>
          <td  class="register_td_box"><input    class="register_box"
name="EmailName" type="text" id="EmailName" style="WIDTH: 185px" /></td>
        </tr>
        <tr class="register_tr">
          <td class="register_td_title">性别:</td>
          <td class="register_td_box"><?php
                for($i=1;$i<=count($T_Gender);$i++)
                {
                    if((int)$sex==$i||(empty($sex)&&$i==1))
                        echo "<input name='sex' type='radio' checked
 value='".$i."'>".$T_Gender[$i];
                    else
                        echo "<input name='sex' type='radio'  value=
'".$i."'>".$T_Gender[$i];
                }
            ?></td>
        </tr>
        <tr  class="register_tr">
          <td colspan="2" align="center">
            <input  type="button"  class="register_button"  value=" 提 交 "
onclick="checkReg()" />
          </td>
        </tr>
      </table>
     </td>
  <td  class="box_right"> </td>
 </tr>
 <tr>
  <td height="6" class="box_bottom_left"></td>
  <td  class="box_bottom_bg"> </td>
  <td class="box_bottom_right"></td>
 </tr>
</table>
```

2．用户登录页

当用户拥有了一个账户后，就可以登录系统并进行交易。本项目用户登录页面的效果如图 16-8 所示。

图 16-8　用户登录页

用户登录页面文件 login.php 的主要实现代码如下：

```
<?php defined("_ACCESS_") or die('Restricted access'); ?>
<?php
?>
   <link href="<?php=$SETUPFOLDER?>/modules/login/css/style.css" rel=
"stylesheet" type="text/css">
 <?php
if(!isLogin())
{
?>
<table class='login_container' width="100%" border="0" cellspacing="0"
cellpadding="0">
  <tr>
    <td width="5" height="6" class="box_top_left"><img src=
"<?php=$SETUPFOLDER?>/images/box_top_left.gif" /></td>
    <td   class="box_top_bg"> </td>
    <td width="5"  class="box_top_right"></td>
  </tr>
  <tr>
    <td  class="box_left"> </td>
    <td class="login_container">
       <script language="javascript">
              function send_request_post_checkuser(url,querystring,func) {
                 create_request();
                 if(func=='login') http_request.onreadystatechange = processLogin;
                 if(func=='forgetPassword')  http_request.onreadystatechange
= processForgetPassword;
                              http_request.open("POST", url, true);
                 http_request.setRequestHeader("Content-Type","
application/x-www-form-urlencoded");
                 http_request.send(querystring);
              }
                     function processLogin() {
                    var form=document.getElementById("form1");
                    if (http_request.readyState == 4) {
                       if (http_request.status == 200) {
```

```
                    if(http_request.responseText==1){
                                 top.location=
'<?php=$SETUPFOLDER."/".$dispatch_page?>?menuid=12&level=2&flag=logined';
                                              }
                    if(http_request.responseText==2) {
                        alert('用户名或密码错误！ ');
                    }
                   } else { //页面不正常
                    alert("error");
                  } } }
               function checkLogin() {
             var form=document.getElementById("form1");
            if(form.username.value=="") {
                alert("请输入用户名!");
                form.username.focus();
                return;
             }
             if(form.psw.value==""){
                alert("请输入密码!");
                form.psw.focus();
                return;
             }
             querystring="username="+form.username.value+
"&psw="+form.psw.value;
          send_request_post_checkuser('<?php=$SETUPFOLDER?>/ajax/
login.php',querystring,"login");
          }
                   </script>
                    <span>用户登录</span>
<p> 用户名: <input class="login_input_box" type="text"  name='username'
id="username" />  <br />
<p> 密 码   :  <INPUT   class="login_input_box"  type='password'
name='psw' id="psw"></p>
<span><input   type="button"    class="login_button"   value=" 登 录 "
onclick="checkLogin()"    /></span>        <br     /><span><A     href=
"<?php=$SETUPFOLDER."/"/$dispatch_page?>?menuid=10&level=2">忘记密码?
</A>    <A               href="<?php=$SETUPFOLDER."/
".$dispatch_page?>?menuid=11&level=2">注册!</A></span>
   </td>
   <td  class="box_right"> </td>
  </tr>
  <tr>
   <td height="6" class="box_bottom_left"></td>
   <td  class="box_bottom_bg"> </td>
   <td class="box_bottom_right"></td>
  </tr>
</table>
<?php
}
?>
```

3. 忘记密码

用户在使用的过程中，难免会发生忘记密码的情形，程序员必须保证能在安全的情况下找回密码。本系统将在注册时要输入自己的邮箱，如果忘记密码，则系统发送一封邮件告诉客户用户信息，如图 16-9 所示。

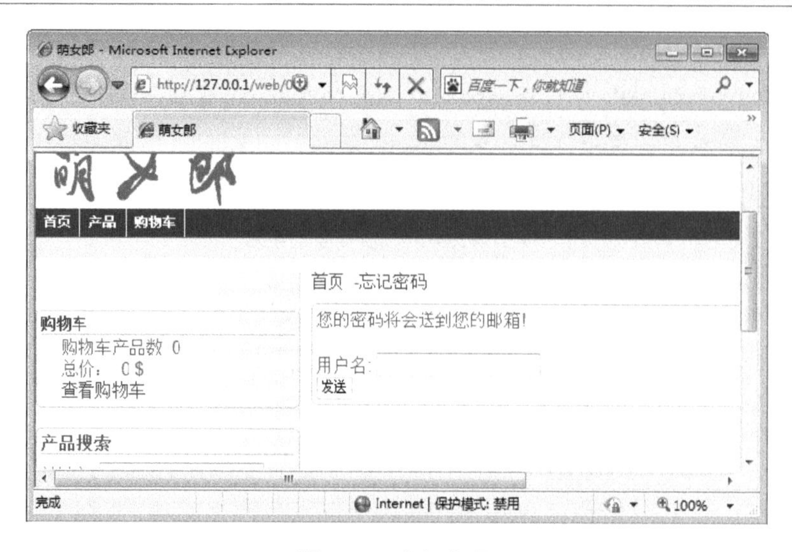

图 16-9　忘记密码

忘记密码页面的实现代码(forgetpassword.php)如下所示。

```
<?php Php defined("_ACCESS_") or die('Restricted access'); ?>
<table class='login_container' width="100%" border="0" cellspacing="0"
cellpadding="0">
  <tr>        <td width="5" height="6" class="box_top_left"><img src=
"images/box_top_left.gif" /></td>
    <td   class="box_top_bg"> </td>
    <td width="5"  class="box_top_right"></td>
  </tr>
  <tr>
    <td  class="box_left"> </td>
    <td class="login_td">
<script language="javascript">
        function send_request_post_checkuser(url,querystring,func) {
            create_request();
            if(func=='login') http_request.onreadystatechange = processLogin;
            if(func=='forgetPassword')  http_request.onreadystatechange  =
processForgetPassword;
                        http_request.open("POST", url, true);
            http_request.setRequestHeader("Content-Type","
application/x-www-form-urlencoded");
            http_request.send(querystring);
        }
                function processForgetPassword() {
                var form=document.getElementById("form1");
                if (http_request.readyState == 4) {
                    if (http_request.status == 200) {
                        if(http_request.responseText==1)
                        {
                    alert('您的密码已经送入您的注册邮箱! ');
                                            }
                        if(http_request.responseText==2) {
                            alert('用户名错误,请重新输入! ');
                        }
                        if(http_request.responseText==3) {
                            alert('您的注册邮箱无效请联系管理员! ');
                        }
```

```
                                } else { //页面不正常
                        alert("error");
                    }}}
                function checkForgetPassword() {//检测密码
                var form=document.getElementById("form1");
                if(form.psw_username.value==""){
                    alert("请输入用户名!");
                    form.psw_username.focus();
                    return;
                }
    querystring="psw_username="+form.psw_username.value;
send_request_post_checkuser('<?php=$SETUPFOLDER?>/ajax/forgetpass.php',
querystring,"forgetPassword");
            }
    </script>
    <span >您的密码将会送到您的邮箱!</span>
    <p>
用户名: <input class="login_input_box" type="text"  name='psw_username'
id="psw_username" /> <br />
    span class="main-box-bg">
            <input type="button" class="button" value="发送" onclick=
"checkForgetPassword()" />
            </span><br />   </p>
<td  class="box_right"> </td>
  </tr> <tr>
    <td height="6" class="box_bottom_left"></td>
    <td  class="box_bottom_bg"> </td>
    <td class="box_bottom_right"></td></tr>
  </table>
```

16.3.2　产品种类的管理

产品种类至关重要，其功能是将商城中的产品分类别进行管理，便于浏览者更加及时地找到需要的产品。产品分类页面文件 popup_category.php 的主要实现代码如下：

```
<?php defined("_ACCESS_") or die('Restricted access'); ?>
<link  href="<?php=$SETUPFOLDER?>/modules/product_category/css/style.css"
rel="stylesheet" type="text/css">
<div class="left_product_category_container">
<?php
 $sql="select  a.*,2 as page_level from  ".$TableEb_product_category." as a
where  a.is_show=1 and a.pid=0 order by a.sortid" ;
$result_nav=$db->getAll($sql);
$nav_count=count($result_nav);
 $dispatch_page="product.php";
 $menuid="201";
if($nav_count>0) {
?> <div id="leftproduct_menu_ddsidemenubar" class="markermenu">
        <ul>
            <?php
            $nav_nodepath="";
          for($k=0;$k<$nav_count;$k++)
{  $link_url=$SETUPFOLDER."/".$dispatch_page."?menuid=".$menuid."&pcatid=
   ".$result_nav[$k]['id']."&level="
   .$result_nav[$k]['page_level'];
                $nav_nodepath.=$result_nav[$k]['id'].",";
```

```
                //检查节点
$rel="";if($result_nav[$k]['is_leaf']==2)
$rel="rel='ddsubmenuside".$result_nav[$k]['id']."'";
            ?>
    <li                                                  <?php=$rel?>><a
target="<?php=$T_Link_method[$result_nav[$k]['link_method']]?>"
href="<?php=$link_url?>"><?php=$result_nav[$k]['name']?></a></li>
if(!empty($nav_nodepath))
            {

    $nav_nodepath=substr($nav_nodepath,0,strlen($nav_nodepath)-1);
            }
            ?>
       </ul>
    </div>
   <script type="text/javascript">
    ddlevelsmenu.setup("leftproduct_menu_ddsidemenubar", "sidebar")
    </script>
    <?php
    //子菜单
    if(!empty($nav_nodepath))   {
        $nav_nodepath_array=explode(',',$nav_nodepath);
        $where="  a.is_show=1 and a.pid<>0 and ";
        $nav_nodepath_count=count($nav_nodepath_array);
        //reomve current category
        for($k=0;$k<$nav_nodepath_count;$k++)       {
            $where.=" a.id<>".$nav_nodepath_array[$k]." and ";
        }
        $where.=" (";
        for($k=0;$k<$nav_nodepath_count-1;$k++)
        {
            $where.="
FIND_IN_SET('".$nav_nodepath_array[$k]."',a.nodepath)>0 or ";
        }
       $where.=" FIND_IN_SET('".$nav_nodepath_array[$nav_nodepath_count-1]."',
            a.nodepath)>0)";
        $sql="select a.*,2 as page_level from ".$TableEb_product_category."
            as a where  ".$where." order by a.sortid" ;
        $resultCategroy=$db->getAll($sql);

        for($k=0;$k<$nav_nodepath_count;$k++)
        {
            $level_num=1;
            subNavLeftProductCategory($resultCategroy,$nav_nodepath_
                array[$k],$k);
        }
            }
    ?>
 <?php
}
    function subNavLeftProductCategory($resultCategroy,$kd,$kndex){
        global $level_num,$dispatch_page,$T_Link_method,$menuid,$level_num_flag,
            $flag, $nav_nodepath_array,$SETUPFOLDER;
        if($level_num!=1&&$level_num_flag==$level_num)      {
            echo "<ul>";
        }
        $level_num++;
        if($level_num==2)        {
echo "<ul id='ddsubmenuside".$nav_nodepath_array[$kndex]."' class=
    'ddsubmenustyle blackwhite'>";
```

```
        }
        $level_num_flag=$level_num;
        for($k=0;$k<count($resultCategroy);$k++)       {
    $link_url=$SETUPFOLDER."/".$dispatch_page."?menuid=".$menuid."
    &pcatid=".$resultCategroy[$k]['id']."&level="
    .$resultCategroy[$k]['page_level'];
        if($kd==$resultCategroy[$k][pid])          {
            if($resultCategroy[$k]['is_leaf']==2)          {
echo "<li><a target='".$T_Link_method[$resultCategroy[$k]['link_method']]."'
href='".$link_url."'>".$resultCategroy[$k]['name']."</a>";
                }
                else                {
echo "<li><a target='".$T_Link_method[$resultCategroy[$k]['link_method']]."'
 href='".$link_url."'>".$resultCategroy[$k]['name']."</a></li>";
        }
                if($resultCategroy[$k]['is_leaf']==1) continue;

    subNavLeftProductCategory($resultCategroy,$resultCategroy[$k][id],
        $kndex);
            }       }
        $level_num--;
        echo "</ul>";
        }
?>
</div>
```

16.4　后 台 管 理

经过前面内容的介绍，已经完成了基本信息管理模块的工作。接下来开始实现系统后台模块的编码工作，此阶段的工作对界面美观方面的要求不是很高，这和前台设计有很大的区别。

↑扫码看视频

16.4.1　添加新商品

在在线商城系统中，随着时间的增多，肯定要不断地添加新商品，它和超市进货一样，总有许多新产品不断地上架。添加新商品页面文件 eb_productadd.php 的实现代码如下：

```
<?php Php require "../../db/Connect.php"?>
<?php Php include "../../include/authorizemanager.php"?>
<?phpphp
   //添加
   $status=$_POST['status'];
   if($status=="add")  {
       $indate=date('Y-m-j H:i:s');
       $eb_product_category_id=$_POST['eb_product_category_id'];//产品分类
```

```
        $product_name=$_POST['product_name'];//产品名称
        $market_price=$_POST['market_price'];//市场价格
        $price=$_POST['price'];//当前价格
        $price_type=$_POST['price_type'];//当前价格货币
        $keywords=$_POST['keywords'];
        $quantity=$_POST['quantity'];//数量
        $is_verify=$_POST['is_verify'];//审核
        $is_recomend="1";//是否推荐
        $featured=$_POST['featured'];//推荐
        $content=$_POST['content'];//描述
        $publish_people=$_SESSION['SessionAdminUser']['username'];//发布人
        $publish_time=$indate;//发布时间
        $picture=$_POST['picture'];//商品图片
        $click_count="0";//点击数
        $remark_count="0";//评论数
        $file_name = $_FILES["file"]['name'];
        $picture=substr($file_name,strrpos($file_name,'.'),
            strlen($file_name)-strrpos($file_name,'.'));
        if(!empty($picture))
            $picture=getRandomNum().$picture;
             $sql="insert into ".$TableEb_product."(keywords,eb_product_
            category_id,product_name,market_price,price,quantity,
            is_verify,is_recomend,featured,content,publish_people,
            publish_time,picture,click_count,remark_count)values
            ('".$keywords."',".$eb_product_category_id.",
            '".$product_name."',".$market_price.",".$price.",
            ".$quantity.",".$is_verify.",".$is_recomend.",".$featured.",
            '".$content."','".$publish_people."','".$publish_time."',
            '".$picture."',".$click_count.",".$remark_count.")";
        $query=$db->query($sql);
        if(!empty($file_name))
        {
                $FileName=$UploadPath."upload/eb_product/".$picture;
                $file = $_FILES['file']['tmp_name'];
               if(copy($file,$FileName))
               {
                   unlink($file);
               }
               $FileName_s=$UploadPath."upload/eb_product/s".$picture;
                ImageResize($FileName,$config_row['product_picture_thumbnail_
                    width'],$config_row['product_picture_thumbnail_height'],
                    $FileName_s);
               $message=1;

        }
    }
?>
```

16.4.2 修改商品信息

在在线商城系统中，仓库的信息也会随时发生变化。当某一种产品发生变化时，系统应能及时修改产品的信息。修改商品信息页面文件 eb_productedit.php 的主要实现代码如下：

```
<?php require "../../db/Connect.php"?>
<?php include "../../include/authorizemanager.php"?>
```

```
<?php
    $status=$_POST['status'];
    if($status=="removePic")    {
        $sql=" select * from ".$TableEb_product." where id=".$id;
        $row=$db->getRow($sql);
        $FileName=$UploadPath."upload/eb_product/".$row['picture'];
        if(file_exists($FileName))      {
            unlink($FileName);      }
        $FileName=$UploadPath."upload/eb_product/s".$row['picture'];
        if(file_exists($FileName))      {
            unlink($FileName);      }
        $sql="update  ".$TableEb_product." set picture='' where id=".$id;
        $query=$db->query($sql);    }
        if($status=="edit") {
        $indate=date('Y-m-j H:i:s');
        $eb_product_category_id=$_POST['eb_product_category_id'];//产品分类
        $product_name=$_POST['product_name'];//产品名称
        $market_price=$_POST['market_price'];//市场价格
        $price=$_POST['price'];//当前价格
        $price_type=$_POST['price_type'];//当前价格货币
        $keywords=$_POST['keywords'];
        $quantity=$_POST['quantity'];//数量
        $is_verify=$_POST['is_verify'];//审核
        $is_recomend="1";//是否推荐
        $featured=$_POST['featured'];//推荐
        $content=$_POST['content'];//描述
        $publish_people=$_SESSION['SessionAdminUser']['username'];//发布人
        $publish_time=$indate;//发布时间
        $picture=$_POST['picture'];//商品图片
        $click_count="0";//点击数
        $remark_count="0";//评论数
            $file_name = $_FILES["file"]['name'];
            $picture=substr($file_name,strrpos($file_name,'.'),
                strlen($file_name)-strrpos($file_name,'.'));
            if(!empty($picture))
                $picture=getRandomNum().$picture;
            if(!empty($file_name))      {
                $sql="update  ".$TableEb_product." set
    keywords='".$keywords."',eb_product_category_id=".$eb_product_category_id.",
    product_name='".$product_name."',  market_price=".$market_price.",
    price=".$price.",quantity=".$quantity.",   is_verify=".$is_verify.",
    is_recomend=".$is_recomend.",
    featured=".$featured.",content='".$content."',
    publish_people='".$publish_people."', publish_time='".$publish_time."',
    picture='".$picture."' where id=".$id;
                $query=$db->query($sql);
                if($query)              {
                    $FileName=$UploadPath."upload/eb_product/".$picture;
                    $file = $_FILES['file']['tmp_name'];
                    if(copy($file,$FileName))                   {
                        unlink($file);
                        $FileName_s=$UploadPath."upload/eb_product/s".$picture;
    ImageResize($FileName,$config_row['product_picture_thumbnail_width'],
        $config_row['product_picture_thumbnail_height'],$FileName_s);
                    }           }   }
            else    {
                $sql="update ".$TableEb_product." set keywords='".$keywords."',
```

```
eb_product_category_id=".$eb_product_category_id.",
    product_name='".$product_name."',  market_price=".$market_price.",
    price=".$price.",quantity=".$quantity.",   is_verify=".$is_verify.",
    is_recomend=".$is_recomend.",
    featured=".$featured.",content='".$content."',
    publish_people='".$publish_people."',
    publish_time='".$publish_time."' where id=".$id;
                $query=$db->query($sql);         }
                        $message=1; }
    $sql="select * from  ".$TableEb_product."  where id=".$id;
    $row=$db->getRow($sql);?>
```

16.4.3 删除产品

在在线商城系统中，经常会发生商品下架的情形，此时需要管理人员将这种商品删除。删除产品页面文件 eb_product.php 的主要实现代码如下：

```
<?phpphp
    //删除
    $status=$_POST['status'];
    if($status=="remove")   {
        $id=$_POST['id'];
        $sql=" select * from ".$TableEb_product."  where id=".$id;
        $row=$db->getRow($sql);
        $FileName=$UploadPath."upload/eb_product/".$row['picture'];
        if(file_exists($FileName)&&!empty($row['picture']))        {
             unlink($FileName);
        }
        $FileName=$UploadPath."upload/eb_product/s".$row['picture'];
        if(file_exists($FileName))       {
             unlink($FileName);
        }

       $sql="delete from ".$TableEb_product."   where id=".$id;
       $query=$db->query($sql);
        $sql="delete from ".$TableEb_remark."   where eb_product_id=".$id;
       $query=$db->query($sql);
    }
    //删除全部
    if($status=="removeSelect"){
      $checkednums=array();
      $ids=$_POST['ids'];
      $checkednums=explode('.',$ids);
      $filter="";
      for($i=0;$i<count($checkednums)-2;$i++)     {
           $filter=$filter.$checkednums[$i].",";
      }
      $filter=$filter.$checkednums[count($checkednums)-2].")";
      $sql=" select * from ".$TableEb_product."  where id in (".$filter;
      $results=$db->getAll($sql);
      for($i=0;$i<count($results);$i++)   {

    $FileName=$UploadPath."upload/eb_product/".$results[$i]['picture'];
           if(file_exists($FileName)&&!empty($results[$i]['picture']))
           {
                unlink($FileName);
```

```
        }

$FileName=$UploadPath."upload/eb_product/s".$results[$i]['picture'];
        if(file_exists($FileName))          {
             unlink($FileName);
        }
              }
  $sql="delete from  ".$TableEb_product."  where id in (".$filter;
  $query=$db->query($sql);
  $sql="delete from ".$TableEb_remark." where eb_product_id in (".$filter;
  $query=$db->query($sql);
}
    //核实
if($status=="verify")   {
  $checkednums=array();
  $checkednums=explode('.',$ids);
  $filter="";
  for($i=0;$i<count($checkednums)-2;$i++)     {
        $filter=$filter.$checkednums[$i].",";
  }
  $filter=$filter.$checkednums[count($checkednums)-2].")";
  $sql="update  ".$TableEb_product." set is_verify=1  where id in (".$filter;
  $query=$db->query($sql);
}
//联合核实
if($status=="unverify"){
  $checkednums=array();
  $checkednums=explode('.',$ids);
  $filter="";
  for($i=0;$i<count($checkednums)-2;$i++)     {
        $filter=$filter.$checkednums[$i].",";
  }
  $filter=$filter.$checkednums[count($checkednums)-2].")";
  $sql="update  ".$TableEb_product." set is_verify=2  where id in (".$filter;
  $query=$db->query($sql);
}
     if($status=="okfeatured")   {
  $checkednums=array();
  $checkednums=explode('.',$ids);
  $filter="";
  for($i=0;$i<count($checkednums)-2;$i++)     {
        $filter=$filter.$checkednums[$i].",";
  }
  $filter=$filter.$checkednums[count($checkednums)-2].")";
  $sql="update  ".$TableEb_product." set featured=1  where id in (".$filter;
  $query=$db->query($sql);
}
if($status=="unfeatured")   {
  $checkednums=array();
  $checkednums=explode('.',$ids);
  $filter="";
  for($i=0;$i<count($checkednums)-2;$i++)     {
        $filter=$filter.$checkednums[$i].",";
  }
  $filter=$filter.$checkednums[count($checkednums)-2].")";
  $sql="update  ".$TableEb_product." set featured=2  where id in (".$filter;
  $query=$db->query($sql);
}
```

```
//转移产品
if($status=="change_product")
{
  $checkednums=array();
  $checkednums=explode('.',$ids);
  $filter="";
  for($i=0;$i<count($checkednums)-2;$i++)
  {
       $filter=$filter.$checkednums[$i].",";
  }
  $filter=$filter.$checkednums[count($checkednums)-2].")";
  $sql="update  ".$TableEb_product." set eb_product_category_id=
    ".$change_product_category_id."  where id in (".$filter;
  $query=$db->query($sql);
    }
$page=$_POST['page'];
if(empty($page))
{$page=1;}
else   {
     if($page<1){ $page=1;}
}
        $b=false;
        $filter="";
        $eb_product_category_id=$_POST['eb_product_category_id'];
        $fvalue=$eb_product_category_id;
             if(!empty($fvalue))           {
           if($b)
              $filter.=" and";
           $filter.=" (".$TableEb_product.".eb_product_category_id =
             ".$fvalue." Or CONCAT(',',".$TableEb_product.".nodepath,',')
             like '%,".$fvalue.",%') ";
           $b=true;
        }
        $product_id=$_POST['product_id'];
        $fvalue=$product_id;
        if(!empty($fvalue))           {
           if($b)
              $filter.=" and";
           $filter.=" product_id like '%".$fvalue."%' ";
           $b=true;
        }
        $product_name=$_POST['product_name'];
        $fvalue=$product_name;
        if(!empty($fvalue))           {
           if($b)
              $filter.=" and";
           $filter.=" product_name like '%".$fvalue."%' ";
           $b=true;
        }
        $is_verify=$_POST['is_verify'];
        $fvalue=$is_verify;
        if(!empty($fvalue))           {
           if($b)
              $filter.=" and";
           $filter.=" is_verify = ".$fvalue." ";
           $b=true;
        }
        $is_recomend=$_POST['is_recomend'];
```

```
        $fvalue=$is_recomend;
        if(!empty($fvalue))
        {
            if($b)
                $filter.=" and";
            $filter.=" is_recomend = ".$fvalue." ";
            $b=true;
        }
        $featured=$_POST['featured'];
        $fvalue=$featured;
        if(!empty($fvalue))          {
            if($b)
                $filter.=" and";
            $filter.=" featured = ".$fvalue." ";
            $b=true;
        }
                $is_special=$_POST['is_special'];
        $fvalue=$is_special;
        if(!empty($fvalue))          {
            if($b)
                $filter.=" and";
            $filter.=" is_special = ".$fvalue." ";
            $b=true;
        }
        $is_hot=$_POST['is_hot'];
        $fvalue=$is_hot;
        if(!empty($fvalue))          {
            if($b)
                $filter.=" and";
            $filter.=" is_hot = ".$fvalue." ";
            $b=true;         }
        $fvalue="has_link_table";
        if(!empty($fvalue))          {
         if($b)
              $filter.=" and";
  $filter.=" ".$TableEb_product.".eb_product_category_id =
      ".$TableEb_product_category.".id  ";
         $b=true;         }
  $sql="select ".$TableEb_product.".* ,".$TableEb_product_category.".name
  as eb_product_category_name  from ".$TableEb_product." ,
  ".$TableEb_product_category."  ";
  $sql1="select count(*) as num from ".$TableEb_product." ,
  ".$TableEb_product_category."  ";
  if($b)  {
      $sql.=" where ".$filter." order by ".$TableEb_product.".id desc limit
          ".(($page-1)*$pagenum).",$pagenum";
      $sql1.=" where ".$filter."  order by ".$TableEb_product.".id desc ";
  }
  else    {
      $sql.="  order by ".$TableEb_product.".id desc  limit
          ".(($page-1)*$pagenum).",$pagenum";
      $sql1.="   order by ".$TableEb_product.".id desc  ";
  }
      $result=$db->getAll($sql);
  $row=$db->getRow($sql1);
  $totalnum=$row['num'];
  $page_num=ceil($totalnum/$pagenum);
?>
```

16.4.4 管理产品目录

在在线商城系统中，为了方便前台管理和使用，需要对产品目录进行管理，例如新增类别、删除类别和修改类别等。管理产品目录页面文件 eb_product_categoryadd.php 的主要实现代码如下：

```
<?phpphp
   //新增数据类别
    $status=$_POST['status'];
    if($status=="add")  {
        $indate=date('Y-n-j H:i:s');
        $name=$_POST['name'];//栏目名
    $sql="select max(sortid) as sortid from  ".$TableEb_product_category.
        " where pid=0";
        $rowsortid=$db->getRow($sql);
        $sortid=(int)$rowsortid['sortid']+1;
            $is_leaf = "1";
        $file_name = $_FILES["file"]['name'];
        $picture=substr($file_name,strrpos($file_name,'.'),
            strlen($file_name)-strrpos($file_name,'.'));
        if(!empty($picture))
            $picture=getRandomNum().$picture;
               $sql="insert into ".$TableEb_product_category."(link_method,
                is_leaf,id,name,pid,url,picture,sortid,is_show)values
                (".$link_method.",.$is_leaf.",".$id.",'".$name."',0,
                '".$url."','".$picture."',".$sortid.", ".$is_show.")";
        $query=$db->query($sql);
        $sql="select max(id) as id from  ".$TableEb_product_category;
        $rowMax=$db->getRow($sql);
        $nodepath="0,".$id;
        $sql="update ".$TableEb_product_category." set nodepath='".$nodepath."'
            where id=".$id;
        $query=$db->query($sql);
    }
        if($status=="addSub")
{
    $sql="select max(sortid) as sortid from  ".$TableEb_product_category."
        where pid=".$pid;
            $rowsortid=$db->getRow($sql);
            $sortid=(int)$rowsortid['sortid']+1;
            $is_leaf = "1";
            $file_name = $_FILES["file"]['name'];
            $picture=substr($file_name,strrpos($file_name,'.'),
                strlen($file_name)-strrpos($file_name,'.'));
            if(!empty($picture))
                $picture=getRandomNum().$picture;
                $sql="insert into
                ".$TableEb_product_category."(link_method,is_leaf,id,
                name,pid,url, picture,sortid,is_show)values
                (".$link_method.",".$is_leaf.",".$id.",'".$name."',".$pid.",
                '".$url."','".$picture."',".$sortid.",".$is_show.")";
            $query=$db->query($sql);
            update parent category is_leaf=2
            $sql="update ".$TableEb_product_category." set is_leaf=2 where
                id=".$pid;
            $db->query($sql);
```

```
            $sql="select max(id) as id from ".$TableEb_product_category;
            $rowMax=$db->getRow($sql);
            $sql="select * from ".$TableEb_product_category." where
                id=".$pid;
            $rowParent=$db->getRow($sql);
            $nodepath=$rowParent['nodepath'].",".$id;
            $sql="update ".$TableEb_product_category." set nodepath=
                '".$nodepath."' where id=".$id;
            $query=$db->query($sql);
    }
    if(!empty($file_name)) {
            $FileName=$UploadPath."upload/eb_product_category/".$picture;
            $file = $_FILES['file']['tmp_name'];
          if(copy($file,$FileName))
   {
              unlink($file);
          }
}
?>
```

16.5 项 目 测 试

到此为止，整个在线商城系统全部开发完毕，接下来需要进行在线测试方面的工作。此阶段需要仔细认真，尽量发现全部 Bug，可以借助专业的质量控制工具作为辅助。

↑扫码看视频

在浏览器中输入系统的测试地址，项目运行后的主界面效果如图 16-10 所示。

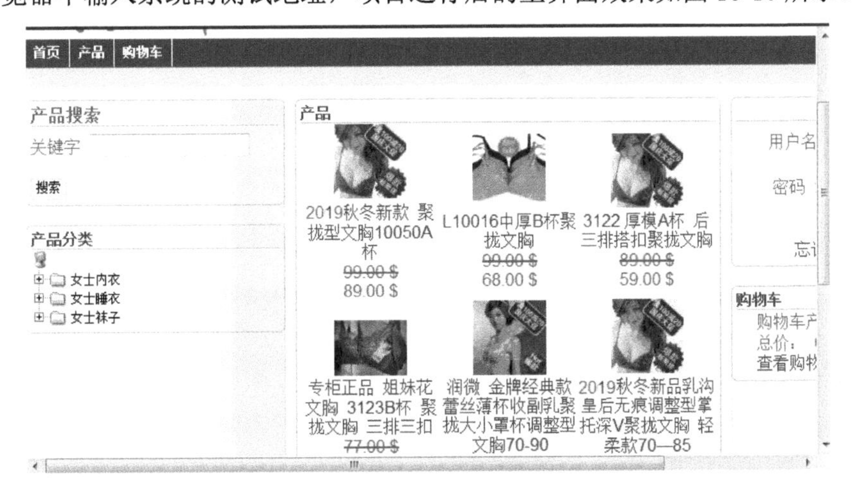

图 16-10 系统首页

知识精讲

通过本项目的具体实现，可以对进度流程有一个全新的认识。很多初学者在遇到项目时，总是在粗略估计后立即投入到代码编写工作中，这样后期往往会出现很多错误。因为以前都是小项目，修改的工作量也不是很多。但是想象一下如果在大项目中，这是很恐怖的，所以提前的规划很重要。

习题答案

第1章

1. 选择题

(1) C
(2) A

2. 判断对错

(1) 正确
(2) 正确

第2章

1. 选择题

(1) A
(2) A

2. 判断对错

(1) 正确
(2) 错误

第3章

1. 选择题

(1) A
(2) D

2. 判断对错

(1) 正确
(2) 正确
(3) 正确

第4章

1. 选择题

(1) A
(2) A

2. 判断对错

(1) 错误
(2) 错误

第5章

1. 选择题

(1) A
(2) B

2. 判断对错

(1) 正确
(2) 错误

第6章

1. 选择题

(1) C
(2) C

2. 判断对错

(1) 正确
(2) 正确

第 7 章

1. 选择题

(1) D
(2) A

2. 判断对错

(1) 正确
(2) 正确

第 8 章

1. 选择题

(1) A
(2) A

2. 判断对错

(1) 正确
(2) 正确

第 9 章

1. 选择题

(1) D
(2) A

2. 判断对错

(1) 正确
(2) 错误

第 10 章

1. 选择题

(1) A
(2) A

2. 判断对错

(1) 正确
(2) 错误

第 11 章

1. 选择题

(1) A
(2) A

2. 判断对错

(1) 正确
(2) 错误

第 12 章

1. 选择题

(1) B
(2) A

2. 判断对错

(1) 正确
(2) 正确

第 13 章

1. 选择题

(1) A
(2) A

2. 判断对错

(1) 正确
(2) 正确

第 14 章

1. 判断对错

(1) 正确
(2) 正确

第 15 章

1. 选择题

(1) B

(2) A

2. 判断对错

(1) 错误

(2) 正确

注意：

本书上机练习的代码文件均在本书配套素材文件夹中。